Image Generation
with Python

機械学習実践シリーズ

Pythonで学ぶ画像生成

北田俊輔 著

インプレス

本書の前提

本書は線形代数、微分、確率などの数学的基礎知識およびPythonの基礎知識をお持ちの方を対象読者として想定しています。また、CPU、GPU、RAMなどのコンピュータの知識があることを前提としている部分もありますが、わからない場合は読み飛ばしていただいても問題ありません。

本書ではGoogle Colaboratory（Colab）を使ったプログラムの実行を前提としていますが、ご自身の使いやすいテキストエディタや統合開発環境を使用していただいても構いません。Colabを使用するにはGoogleアカウントが必要になります。Colabは深層学習で必須となるGPUを無料で利用でき、かつ本書で使用するPython、PyTorch（https://pytorch.org/）などがデフォルトでインストールされています。バージョンについては、それぞれPython 3.10以降、PyTorch 2.0.0以降を使用してください。なお、Colabを無料で使用する場合は、使える計算リソースや利用時間に制限があります。これに伴い、第4章以降の一部実装例において本書と同様の結果を得るのが難しい場合があります。そのようなときは、有料プランに課金して実行することを推奨します。

本書で参照するコード全体は、以下のGitHubリポジトリよりダウンロードできます。

https://github.com/py-img-gen/python-image-generation

本書では上記リポジトリのノートブックをもとに解説を進めます。画像生成モデルの訓練および推論にはいくつかランダムに決められる要素があるため、必ずしも同じ結果を得られるとは限らないことにご注意ください。また、動作に問題がある場合には、上記のリポジトリのIssuesでご報告ください。

ご注意

■本書に記載の情報は、2025年2月執筆時点のものです。ソフトウェアやサービスに関しては、特に理由のない限り執筆時点での最新バージョンをもとに動作を確認しています。バージョンが更新された結果、本書での説明と機能や画面構成などに違いが生じる場合があります。

■本書の内容に関して適用した結果生じたこと、また、適用できなかった結果について、著者および出版社ともに一切の責任を負いかねますので、あらかじめご了承ください。

■画像生成モデルやその学習元となるデータのライセンスには、研究利用用途のみで使用が許諾されており、商用利用が不可であるものがあります。ご注意ください。

CONTENTS

第3章 拡散モデルの導入

第4章 潜在拡散モデルとStable Diffusion

序　章

2024年のノーベル物理学賞は、現在の**AI**（**Artificial Intelligence**）や**機械学習**（**Machine Learning**）[Carbonell et al., 1983]の基礎となる、ANN（**Artificial Neural Network**）に贈られました[1]。現在は、**生成AI**（**Generative AI**）と呼ばれる、新たなデータを生成することが可能な**生成モデル**（**Generative Model**）を用いたAI技術が世界的に高い注目を集めています。これらの技術は**深層学習**（**Deep Learning**、**ディープラーニング**）[LeCun et al., 2015]と呼ばれる、ANNを複雑化した機械学習技術です。ここで、**モデル**（**Model**）とは一般に、事象の本質や仕組みを簡潔に表す数式や理論を示す数理モデルを指します。また、機械学習の文脈では、学習データの特性を表現する数学的な枠組みを指す場合もあります。

画像生成が注目されるようになった事の発端は2022年8月にリリースされた画像生成AIのStable Diffusionです。同年11月には対話型AIのChatGPTもリリースされ、世界中で生成AIが急速に普及しました。これらに伴い、Midjourney[2]やDALL-E 3[3]などのクラウド上で動作する画像生成サービスが注目を集めています。特に手元のPCでも動作するStable Diffusionの公開後、入力されたテキストで生成する画像を指示できるテキストからの画像生成（Text-to-Image）技術が実現し、画像生成AIブームは加速しました。画像生成AI技術は日々進化を続けています。

Stable DiffusionやDALL-E[Ramesh et al., 2021]といった画像生成AIのベースとなる技術とは何でしょうか？ 答えは**拡散モデル**（**Diffusion Model**）[Sohl-Dickstein et al., 2015][Ho et al., 2020]です。現在注目されている**Text-to-Image**（**テキストからの画像生成**）技術は、**DDPM**（**ノイズ除去拡散確率モデル**）[Ho et al., 2020]をもとにしています。これまでとは異なる新たな生成モデルとして、より高精度な画像の生成が可能で、従来主流であったモデルと比べて安定して学習可能であり、これまでのモデルを遥かに超える生成性能を有しています。

本書ではこれから需要が高まる画像生成AI分野において、将来のキャリアやビジネスチャンスを拡大する一助になるように以下4つの観点で構成を考えました。

- 拡散モデルに焦点を当てた構成：Stable Diffusionが公開されてから急速に発展を遂げた拡散

---

1 The Nobel Prize in Physics 2024：https://www.nobelprize.org/prizes/physics/2024/summary/
2 Midjourney：https://www.midjourney.com/home
3 https://openai.com/index/dall-e-3/

モデルに特化し、生成モデルの中でもその重要性と応用に注目します。

- Pythonによる実装方法の紹介：Python[Van Rossum et nd Drake Jr, 1995]は機械学習やディープラーニング（深層学習）[LeCun et al., 2015]の分野で広く使われています。今回はdiffusersというライブラリを用いたシンプルな実装で画像生成技術を実装します。
- 理論と実践を組み合わせた構成：各章の前半に理論的な背景の説明、後半に実践的なアプローチを紹介する構成にしています。現在の画像生成の中心となる拡散モデルを、Pythonで学べるようにしています。
- AI入門者にもやさしい構成：できるかぎりAIや画像生成の事前知識がなくても大丈夫なように本書を構成しました。AIの基礎概念から段階的に学んでいくため、初心者の方でも取り組みやすい構成になっています。また、図解や画像生成例を本文中で紹介するようにして、直感的に理解していただけるよう心がけました。

本書のコンセプト

本書では段階的な例題を通じて拡散モデルの理論と実践スキルの習得を以下の点に焦点を当てて目指します。流れが非常に速い画像生成技術の発展にいち早くキャッチアップできるよう、できる限り一次情報である論文を関連技術の情報として紹介しています。日本語訳として定着していない専門用語については、原文のままで説明することもあります。

- 画像生成AIの概要とそれを支える最先端の各コンポーネントの導入
- 深層学習に欠かせないTransformerモデルの理論と実装の理解
- DDPM（ノイズ除去拡散確率モデル）の理論と実装の理解
- Stable Diffusionとその元になったLatent Diffusion Modelの説明と実習
- huggingface diffusersを用いたStable Diffusionによる画像生成とその応用

これらを踏まえ、「画像生成技術の基本的な概念の理解」「Pythonを用いた拡散モデルの理論と実践」「創造的なアイディアの発展と表現力の向上」の3つを重視しています。本書では現在主流の画像生成技術の基本的な概念や理論について一部数式を交えて解説します。それらを通じて画像生成の基本原理や代表的な手法について学ぶことで、生成AIモデルが画像を生成するメカニズムを理解し、応用的なレベルまで理解が深まります。さらにPythonを活用して拡散モデルの理論と実践に取り組みます。Pythonはその使いやすさと豊富なライブラリのサポートにより、画像生成技術の実装に広く利用されています。Pythonを通じて拡散モデルを実装し、実際の画像生成タスクに取り組むことで、理論と実践を結びつけるスキルが身につきます。本書を通じて読者のみなさんが、画像生成技術と協働する方法を学び、創造的なアイディアを発展させて表現力を向上されることを願っています。生成モデルとのインタラクションによって、独自の作品やクリエイティブなコンテンツを生み出すことが可能になります。本書での学習を通して自身の表現力を引き出し、新たな視点やアイディアを開拓する能力を養っていただければさいわいです。

本書の目的と構成

本書では理論的な背景と実践的なアプローチを組み合わせており、拡散モデル（Diffusion Model）の理論的な解説とPythonを用いた実際のコーディングを通じて、理解とスキルの両面を高められるように構成しております。AIや画像生成の基礎概念から段階的に導入していくため、これまで画像生成に触れてこなかった方にも取り組みやすいよう意識しました。

本書は6つの章から構成されています。第1章では画像生成の概要からはじめ、まずは実際に画像生成がどのようなものであるかを体験してもらいつつ、急激な技術の発展による弊害についても説明します。第2章では第1章で取り組んだ画像生成の基礎となる深層学習の基礎について、現在主流のTransformerモデルも含めて説明します。第3章では画像生成を実現する上で重要となる生成モデルの考え方や、画像生成を爆発的に広めた拡散モデルの基礎について説明します。第4章では拡散モデルを発展させた潜在拡散モデルと、画像生成を民主化したと言っても過言ではないStable Diffusionについて説明します。第5章では拡散モデルをもとに、画像生成にとどまらない様々な応用について紹介します。最後に第6章では素晴らしい生成性能を見せる拡散モデルであっても実現できていない部分や画像生成における問題点、画像生成のその先に見えてくる未来について紹介します。

紙面の都合上、機械学習や深層学習といった基礎知識の導入は最小限に留めています。これらの知識を補完するために、本書と併せて『Pythonで学ぶ画像認識』[田村 and 中村, 2023]を読むことで、深層学習を使った画像認識の基礎を学べます。また、著者がColoso.[4]というビデオオンデマンド型オンライン教育サービスにて公開している動画コンテンツ「画像生成AI 入門：Python による拡散モデルの理論と実践」[5]を併せて視聴すると、より深い理解が得られると考えています。

サンプルコードと紙面への記載について

本書で参照するコード全体は、以下のGitHubリポジトリよりダウンロードできます。紙面の都合上、各ノートブックで現れるセットアップ処理や初期化処理などの一部のコードを省略する場合がありますので、ノートブックと合わせて本書を読み進めることを推奨します。

https://github.com/py-img-gen/python-image-generation

Colabでは、ノートブックと呼ばれるファイルを作成し、セルを追加することでコードを記述します。セルにはコードを記述するコードセルと、Markdown[6]形式でテキストを記述するテキストセルがあります。以下はセルに記述したコードとその実行例を示します。

In [1]

```python
def print_hello(value: str) -> None:
    print(f"Hello {value}!")

print_hello("Python")
```

Out [1]

```
Hello Python!
```

以下は本書の横幅に収まらない長いテキストを表示する例です。この場合、↲ を記載して、コー

4　Coloso.：https://coloso.jp/
5　画像生成 AI 入門：Pythonによる拡散モデルの理論と実践：https://coloso.jp/programming/researchscientist-kitada-jp
6　https://ja.wikipedia.org/wiki/Markdown

ドが継続していることを示します。

In [2]

```
sentence = "春はあけぼの、ようよう白く成りゆく山際、少し明かりて、紫だちたる
雲の細くたなびきたる。"

print(sentence)
```

Out [2]

```
春はあけぼの、ようよう白く成りゆく山際、少し明かりて、紫だちたる雲の細くたなびきた
る。
```

サンプルコードの実装を一部簡易化するために、本書用にpy-img-gen[7]ライブラリを用意しました。このライブラリのインストール時は、サンプルコードの動作に必要なライブラリの他、オプションとして追加のライブラリを選択可能です。Colabをはじめとしたノートブックでは、コードセルに対して先頭に！をつけることで、シェルコマンドと呼ばれるシステム操作が可能なコマンドを実行できます。py-img-genライブラリ（Library）はこの！を使用して以下のようにインストールできます。

```
!pip install py-img-gen
```

各ノートブックでさらに別のライブラリのインストールが必要な場合は、それらも合わせて指定しています。例えば第5章2節で紹介するControlNetの実装に必要なライブラリは以下のようにインストールします。

```
!pip install py-img-gen[controlnet]
```

7 py-img-gen/py-img-gen-lib: https://github.com/py-img-gen/py-img-gen-lib

なお、追加のライブラリは複数指定できます。以下は上記のControlNetに加え、第5章4節で紹介するLoRAに必要なライブラリをインストールする例です。

```
!pip install py-img-gen[controlnet, lora]
```

各ノートブックの先頭に必要となるモジュールのインストールについて記載しています。サンプルコード実行時にはこれらのインストールを**忘れず・必ず**に実行してください。

謝辞

本書の執筆に際し、多大なご支援をいただきました方々に心より感謝申し上げます。

まず、貴重な機会を与えてくださいました田村雅人さん、中村克行さん、渡辺彩子さんに感謝を申し上げます。編集協力として同僚であるLINEヤフー株式会社のImage and Video AI部の、井尻善久さん、岡田俊太郎さん、長内淳樹さん、土井賢治さんにご協力いただきました。お忙しい中での編集サポート、本当にありがとうございました。一人での執筆だったため精神的にも大変でしたが、そんな中で温かい支えをくださった方々に深く感謝いたします。また、株式会社トップスタジオの畑明恵さん、勝野久美子さん、岩本千絵さんには、温かい心遣いと共に編集プロセスを助けていただきました。ありがとうございました。

本書で使用している絵文字はCC-BY-SA 4.0ライセンスで提供されているオープンソースの絵文字アイコンプロジェクトOpenMoji[8]によってデザインされています。

8　OpenMoji：https://openmoji.org/

第1章

画像生成とは?

本章では、コンピュータが画像を生成する仕組みの概要とその応用について説明します。近年の画像生成技術は大きく発展しました。その結果、人間の創造的な営みの代表である画像表現がコンピュータでも実現できるようになりました。ここでは特に画像生成AIとして注目を集める技術を紹介します。具体的には「指定したテキストから画像を生成するAI」の概要を説明します。さらにこの技術が社会に与える影響についても解説します。

第1節 画像生成の概要

画像生成（**Image Generation**）（**画像合成**（**Image Synthesis**）とも呼ばれる）は、コンピュータに画像を生成させる生成AIの一分野として発展してきました。Tsirikoglouら[Tsirikoglou et al., 2020]の調査によるとコンピュータによる画像生成の概念は1950年代半ばから存在していましたが、本格的な研究の起こりは1970年代半ばからと報告されています[Gouraud, 1971][Blinn, 1977]。1980年代にはコンピュータゲームの普及によりコンピュータグラフィックスの研究が加速し、1990年代には映画産業にも応用されるようになりました。以降、広告や医療、**VR**（**Virtual Reality**）／**AR**（**Augumented Reality**）、科学や工学など多様な分野に応用され今日に至ります。

現在の画像生成技術は、機械学習および深層学習技術により大きく進化しました。これら前提となる技術であるベイズの定理[Bayes, 1763]や最小二乗法[Legendre, 1805]などの確立は、18〜19世紀まで遡ることができます。昨今のAIブームの火付け役となった**ニューラルネットワーク**（**Neural Network、NN**）[Rosenblatt, 1958][Rumelhart et al., 1986][LeCun et al., 1998][Krizhevsky et al., 2012]や深層学習の概念は1940年代には概念化されており、1950年代にはその基礎となった**パーセプトロン**（**Perceptron**）[Rosenblatt, 1958]が提案されました。これらは深層学習の第一波として捉えられています。1980年代には深層学習の第二波である**RNN**（**Recurrent Neural Network**）[Hopfield, 1982]や**誤差逆伝播法**（**Backpropagation**）[Rumelhart et al., 1986]、**強化学習**（**Reinforcement Learning**）[Kaelbling et al., 1996]、そして**CNN**（**Convolutional Neural Network**）[Fukushima, 1980][LeCun et al., 1998][Krizhevsky et al., 2012]が提案されました。

そして現在、第三波として2010年代初頭に**AlexNet**[Krizhevsky et al., 2012]を代表とする深層学習の技術が急速に発展し、2017年に発表された**Transformer**[Vaswani et al., 2017]は、現在のほぼすべての深層学習モデルに影響を与えています。昨今の画像生成において重要な技術となっている**拡散モデル**は2015年に原型が提案され[Sohl-Dickstein et al., 2015]、2020年には現在主流の形となりました[Ho et al., 2020]。

本書で扱う画像生成技術は、図1-1に示した**プロンプト**（**Prompt**）と呼ばれるテキストを入力して画像を生成する**Text-to-Image技術**と呼ばれるものを中心としています。この技術は2000年代初期に取り組みがはじまり[Zhu et al., 2007]、2015年頃から徐々に注目を集めるようになりました[Mansimov et al., 2015]。生成AIと言うと昨今ChatGPTをはじめとしたテキスト生成AIが注目を集めていますが、テキストをもとにした画像生成もこうした生成AI技術の1つです。Text-to-Image技術に指定するテキストは英語であることが多く、日本語を指定したい場合は、Google翻訳[1]やDeepL[2]といった翻訳サービスや、ChatGPTによる翻訳結果を使用するのが一般的です。

---

1 Google翻訳：https://translate.google.com
2 DeepL翻訳：https://www.deepl.com/translator

画像生成を担うのは**画像生成モデル**と呼ばれる枠組みで、このモデルにテキストを入力することで、その内容を考慮した画像を生成できます。図1-1の例では「馬に乗る宇宙飛行士」というテキストを指定して画像を生成しています（このテキストはText-to-Imageにおいて頻繁に使用されます）。昨今の画像生成技術の驚くべき点は、「馬に乗る宇宙飛行士」という、現実には珍しい状況の画像も生成できることです。このような生成が実現できる理由は様々考えられますが、一般的には非常に大規模なデータで生成モデルを学習しているため、それぞれの構成要素（例えば、馬っぽいもの、宇宙飛行士っぽいもの）を理解し、これらの組み合わせが最適になるよう、学習データからうまく推論していると言えそうです。

図1-1 指定したテキストをもとに画像を生成するText-to-Imageの枠組みによる画像生成の概要

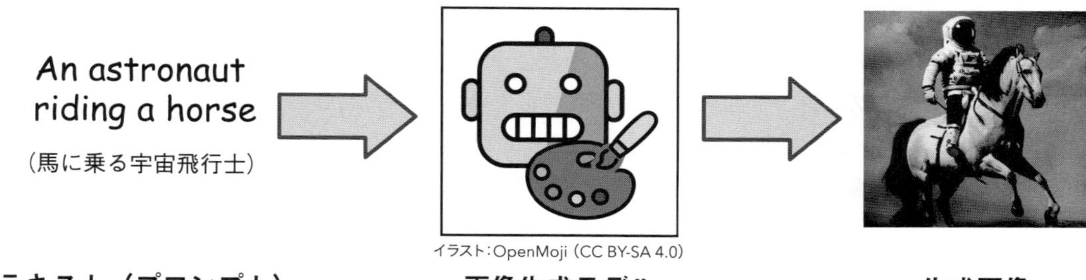

こうした技術の発展を受けて、画像生成AI技術は幅広く使われるようになってきました。Text-to-Image技術が注目されはじめた当初、雑誌「コスモポリタン」では、表紙に画像生成技術であるDALL-E 2を使用した事例を公開しました[3]。図1-2に表紙作成途中の様子を示します。Text-to-Image技術を使用している他、指定した画像の外側を描画するような**画像拡張**（**Outpainting**）も使用して画像を編集していく様子が見て取れます。この例では段階を踏んで表紙が作成されていますが、途中、スニーカーのようなものが生成されたり、靴の向きが逆になったりしているのがわかります。何回か入力するテキストを試行錯誤した後、最後の立体感のある宇宙飛行士の靴が生成されたようです。

3　DALL-E 2 Makes Its First-Ever Magazine Cover for Cosmopolitan：https://www.cosmopolitan.com/lifestyle/a40314356/dall-e-2-artificial-intelligence-cover/

図1-2 雑誌「コスモポリタン」の表紙を画像生成技術で作成する様子。画像はhttps://www.cosmopolitan.com/lifestyle/a40314356/dall-e-2-artificial-intelligence-cover/より引用。

図1-2の表紙制作過程のように、多くの場合、最終的に所望の画像を生成するにはプロンプトの微調整を繰り返すことになります。ここで重要な概念として**プロンプトエンジニアリング**（**Prompt Engineering**）があります。これはプロンプトを生成モデルに正しく伝える方法論として知られており、Text-to-ImageモデルやChatGPTといった**言語モデル**（**Language Model**）[Bengio et al., 2000]を効率的に扱うためのプロンプトを開発および最適化する分野へと発展しています。

図1-3にText-to-Image生成におけるプロンプトエンジニアリングの概要を示します。この例では、まず描きたい対象をラフに指定してスタートしています。その後、生成された画像を確認して、より具体的な条件をプロンプトに追加していくことで生成品質を上げていきます。このとき、使用している画像生成モデルの特性を活かして、画風や画質を表す指標、さらにはレンダリングエンジンの名前を入れることで、スタート時に比べ、より高品質な画像を生成できます。プロンプトエンジニアリングを指南するガイドも多数公開されており、中でも「Prompt Engineering Guide」[4]は、プロンプトエンジニアリングの基本的な考え方や具体的なプロンプトの設定方法を解説しています。

4 Prompt Engineering Guide：https://www.promptingguide.ai/

図1-3 Text-to-Imageにおけるプロンプトエンジニアリングの例

ここからスタート

Prompt: cute space robot holding big paintbrush.

綺麗にできないかな？

Prompt: cute space robot holding big paintbrush. big head, high detail, beautiful light.

ピクサー風はどうだろう？

Prompt: cute space robot holding big paintbrush. big head, high detail, beautiful light, depth of field, sharp focus, clean design, Pixar.

4Kを指定して高画質化！

Prompt: cute space robot holding big paintbrush. big head, high detail, beautiful light, depth of field, sharp focus, clean design, pixar, **4k**, octane render.

プロンプトにより具体的な条件を追加していくと生成品質が向上していく

レンダリングエンジンの名前をいれると高画質に！

現在の画像生成技術の進化を示す事例として、AI生成作品が人間の作品を超えた例があります。米ニュースサイトMotherboardは2022年8月31日（現地時間）、米コロラド州で開催されたファインアートコンテストで、画像生成AI「Midjourney(ミッドジャーニー)」が生成した絵が、デジタルアーツ部門の1位を獲得したことを報じました[5,6,7]。図1-4にその作品を示します。見ての通り非常に高精細な絵画のような出来栄えになっています（作成方法について詳しくは脚注のURLを参照してください）。こうした非常にリアルな画像が作成可能になった結果、画像生成技術は特にクリエイティブ分野に大きな可能性を与えるようになりましたが、一方でその技術をどのように使うべきかについては様々な議論が行われています。これらについては第1章3節で概要を取り上げるとともに、最終章である第6章でも詳しく紹介します。

5 画像生成AI「Midjourney(ミッドジャーニー)」が描いた絵が米美術品評会で1位を獲得―SNSを中心に物議｜知財図鑑：https://chizaizukan.com/news/5LxKHxLewfQRCpBnjmmoBI/

6 An AI-Generated Artwork Won First Place at a State Fair Fine Arts Competition, and Artists Are Pissed：https://www.vice.com/en/article/an-ai-generated-artwork-won-first-place-at-a-state-fair-fine-arts-competition-and-artists-are-pissed/

7 AI won an art contest, and artists are furious | CNN Business：https://edition.cnn.com/2022/09/03/tech/ai-art-fair-winner-controversy/index.html

図1-4 米コロラド州で開催されたファインアートコンテストで、画像生成サービスMidjourneyが生成した絵がデジタルアーツ部門の1位を獲得した事例。https://www.vice.com/en/article/an-ai-generated-artwork-won-first-place-at-a-statefair-fine-arts-competition-and-artists-are-pissed/より引用。

第2節 テキストからの画像生成

本節では昨今注目を集めている画像生成技術の凄さをまず体感していただきます。理論や動作原理については以降の章に任せて、実際に最先端の技術を用いたText-to-Imageを体験していただきます。本書では、プログラミング言語であるPythonを使用して、指定したテキストから画像を生成するプログラムを作成します。このテキストは先述のようにプロンプトと呼ばれています。Pythonの詳細な記述方法については本書の対象外としますが、Python公式が提供しているチュートリアル[8]や東京大学による「Pythonプログラミング入門」[9]などの様々な資料が公開されているため、本書を読み進める上で、Pythonの基本的な使い方を学んでおくことをお勧めします。

Pythonの実行環境として、本書では**Google Colaboratory**(**Colab**) というサービスを使用することを前提としています。今回使用する画像生成技術は深層学習をもとにしており、実行時にはGPUと呼ばれる並列処理に特化した演算装置が必要です。Colabでは一定期間ではありますが無料でGPUを使用可能になっています[10]。Colabの使い方については東京大学 数理・情報教育研究センターが公開している「1-0. Colaboratory(Colab) の使い方 — Python プログラミング入門 documentation」(https://utokyo-ipp.github.io/1/1-0.html) などを参考にしてください。

これまで様々な画像生成技術が提案されてきましたが、画像生成が爆発的に注目を浴びるきっかけとなったのが拡散モデルによる技術の発展です。従来は**GAN**(**Generative Adversarial Network**、**敵対的生成ネットワーク**)[Goodfellow et al., 2014]と呼ばれる、生成モデルと識別モデルを競わせることで画像生成を行う手法が主流でした。しかし、拡散モデルは生成モデルの学習をより安定化させることに成功し、高品質な画像生成を実現しました。このような背景もあり、人工知能の研究コミュニティを超えて、様々な人達が拡散モデルに注目するようになりました。最近では入力テキストから図1-5のような画像生成が可能なDALL-E[11、12]やImagen[13、14]といったシステムでも、拡散モデルが重要な役割を担っています。

8 「Pythonチュートリアル」https://docs.python.org/ja/3/tutorial/
9 「Pythonプログラミング入門」https://utokyo-ipp.github.io/
10 https://research.google.com/colaboratory/faq.html#free-to-use
11 DALL-E 2：https://openai.com/index/dall-e-2/
12 DALL-E 3：https://openai.com/index/dall-e-3/
13 Imagen 2：https://deepmind.google/technologies/imagen-2/
14 Imagen 3：https://deepmind.google/technologies/imagen-3/

図 1-5 SoTA(最先端)のクローズドな画像生成モデルによる生成結果の例。(a)および(b)はhttps://openai.com/index/dall-e-3/より引用。(c)はhttps://deepmind.google/technologies/imagen-2/、(d)はhttps://deepmind.google/technologies/imagen-3/より引用。DALL-E 2よりもDALL-E 3では高品質な画像が生成されている。またImagen 2では本物の写真と同程度の品質を達成しており、さらにImagen 3では画像中に忠実に文字を描画できている。

(a) DALL-E 2

(b) DALL-E 3

(c) Imagen 2

(d) Imagen 3

拡散モデルは画像生成に限らず、コンピュータで画像を扱う**コンピュータビジョン**(**Computer Vision**)分野で多くの成功を収めています。さらに、**動画生成**(**Video Generation**)[Ho et al., 2022]や**音声合成**(**Speech Synthesis**)[Kong et al., 2021]、強化学習 [Janner et al., 2022][Black et al., 2024][Zhu et al., 2023]など様々な分野に応用されています。こうした多方面にわたる成功は、研究成果が広く世界に公開されていることが大きな要因と考えられています[Sonnenburg et al., 2007]。一方で、特に画像生成の分野では、非常に高品質な画像を生成可能なDALL-EやImagenなどのモデルの詳細が非公開である**クローズド**(**Closed**)な状態となっており、機械学習コミュニティやユーザーはモデル本体の詳細にアクセスできませんでした。

より開かれた、モデルの詳細が公開された**オープン**(**Open**)なコミュニティのために、Hugging Face[15]社を中心に作成、メンテナンスされている拡散モデルのコード群として**diffusers**[16]が存在します。このdiffusersは、これまで研究者がそれぞれ独自に作成していたコードやレポジトリを集めて整理整頓することを目指しており、世界中に散らばっていた実装やバラバラなコードを統一的に扱える環境を提供しています。このライブラリは**OSS**(**Open Source Software**)として広く公開されているため、Hugging Face社のみならずコミュニティからの支援もあり、長期的に維持されることが期待できます。diffusersでは、世界で広く利用されている深層学習フレームワークであるPyTorchがメインで採用されています。

diffusersを使用することでインパクトのある画像生成技術を、技術者はもちろん一般ユーザーも利用しやすい形で再現することが可能です。また拡張性も担保されており、独自のモデルを訓練したり、他のレポジトリで学習済みのモデルを再利用した生成が可能になる、使いやすい**API**

15 Hugging Face:https://hf.co/
16 https://hf.co/docs/diffusers/index

(**Application Programming Interface**) が提供されています。

以降では、実際にdiffusersを使用して、画像生成の火付け役となった拡散モデルである**Stable Diffusion v1**(SD v1)[Runway et al., 2022]、その後継である**Stable Diffusion v2**(SD v2)[Runway et al., 2022]、およびアニメに特化した hakurei/waifu-diffusion[17]やnitrosocke/Nitro-Diffusion[18]を使用して画像生成に挑戦していきます。

Text-to-Image手法の実践

実際にPythonとdiffusersを使用して、指定したテキストから画像を生成するプログラムを作成していきます。ここではSD v1、SD v2、hakurei/waifu-diffusion、nitrosocke/Nitro-Diffusionのモデルを使用した画像生成の方法を紹介します。各モデルはそれぞれ異なる特徴を持っており、生成される画像も異なるため、実際に使用してみることでその違いを体感できると思います。

ではpython-image-generation/notebooks/1-2_text-to-image-generation.ipynb[19]を開いてください。まずはプログラム全体を通じた設定を記述します。最初に必要な**ライブラリ**(**library**)を**インポート**(**import**)します。その後、モデルを動作させるデバイスの指定、計算時の精度の指定、再現性確保のためのシード値の設定を行います。なお、今回使用するdiffusersをはじめとしたパッケージは開発速度が非常に速いため、将来的な変更がある旨がFutureWarningと呼ばれる警告として表示されることが少なくありません。本書では簡易的に警告を表示しないように設定していますが、実際の開発ではこれらの警告を無視することなく、その内容を確認し、必要に応じてコードを修正することをお勧めします。

In [1]

```
import warnings
import torch

# GPU が使用できる場合は GPU (= cuda) を指定し、
# そうでない場合は CPU を指定
device = torch.device(
    "cuda" if torch.cuda.is_available() else "cpu"
)
```

17 https://huggingface.co/hakurei/waifu-diffusion
18 https://huggingface.co/nitrosocke/Nitro-Diffusion
19 https://github.com/py-img-gen/python-image-generation/blob/main/notebooks/1-2_text-to-image-generation.ipynb

```
# 通常は単精度 (float32) を使用するが、
# メモリ使用量削減のため半精度 (float16)を使用
dtype = torch.float16
# 生成結果の再現性を確保するためにシード値を設定
seed = 42
# 将来的な変更がある旨を表示する FutureWarning をここでは無視する
warnings.simplefilter("ignore", FutureWarning)
```

以降、実際にdiffusersを使用して画像を生成するまでの手順を説明します。まずはdiffusersのStableDiffusionPipeline[20]をインポートします。このパイプラインは、画像生成モデルであるStable Diffusionを簡単に動作させるために提供されています。

次にパイプラインにあらかじめ訓練されたモデルを読み込むための設定を行います。ここではStable Diffusionのオリジナルとなるstable-diffusion-v1-5/stable-diffusion-v1-5[21]を指定します。オリジナルのモデルはHugging Face Hub[22]と呼ばれるプラットフォームにアップロードされており、そのデータをdiffusersのパイプラインに定義されているfrom_pretrained()[23]関数で、ダウンロードして読み込むことができます。

In [2]

```
from diffusers import StableDiffusionPipeline

model_id = "stable-diffusion-v1-5/stable-diffusion-v1-5"

pipe = StableDiffusionPipeline.from_pretrained(
    model_id, torch_dtype=dtype
)
```

パイプラインを先に指定したデバイスへ移動させます。Colabなどの GPU が使用できる環境では、以下のように GPU へ移動した旨が表示されます。なお、ここではprintにおいてフォーマット済み

20 https://hf.co/docs/diffusers/api/pipelines/stable_diffusion/text2img#diffusers.StableDiffusionPipeline
21 https://hf.co/stable-diffusion-v1-5/stable-diffusion-v1-5
22 Hugging Face Hub documentation：https://hf.co/docs/hub/index
23 https://huggingface.co/docs/diffusers/v0.31.0/en/api/pipelines/overview#diffusers.DiffusionPipeline.from_pretrained

文字リテラル[24]を使用して出力を見やすくフォーマットしています。

In [3]

```
print(f"Move pipeline to {device}")

pipe = pipe.to(device)
```

Out [3]

```
Move pipeline to cuda
```

準備したパイプラインで画像を生成します。以下のセルを実行するだけで、textに指定したテキストをもとに画像を生成可能になります。ここでは画像生成手法を試すときに頻繁に使用される「馬に乗る宇宙飛行士の写真」を指定して画像を生成してみます。このような写真は実際には存在しませんが、Stable Diffusionはこのテキストをもとにどのような画像を生成するでしょうか？

In [4]

```
# 宇宙飛行士が馬に乗っている写真
text = "a photograph of an astronaut riding a horse"

# 画像を生成
output = pipe(prompt=text)

# ここで image は
# [PIL](https://pillow.readthedocs.io/en/stable/) 形式
image = output.images[0]

# 画像を表示
image
```

diffusersでは画像データをpillow[25、26]と呼ばれる画像処理ライブラリを使用して処理しています。pillowのオブジェクトはノートブック上で直接表示できます。

---

24 https://docs.python.org/ja/3.8/tutorial/inputoutput.html#formatted-string-literals
25 python-pillow/Pillow: Python Imaging Library (Fork): https://github.com/python-pillow/Pillow [Wolf et al., 2020]
26 pillowは、開発が停止しているPIL(Python Image Library)から派生しています。この名残で、Pythonでの使用時はPILをインポートする形をとります。

先ほどのセルを複数回実行すると、毎回異なる画像が得られます。同じ出力（＝決定論的な出力）が欲しい場合は、pipeに乱数の種であるシードを指定します。同じシード値seedを指定した乱数生成器generatorをpipeに渡すと、常に同じ生成画像が得られます。

In [5]

```
# シード値を生成する generator を定義し、シード値を manual_seed で設定
generator = torch.manual_seed(seed)

# pipe の引数である generator に上記のシード値を渡して画像を生成
output = pipe(prompt=text, generator=generator)
image = output.images[0]

image
```

pipeにあるnum_inference_stepsを指定することで画像生成時に使用するステップ数[27]を変更できます。一般的に、より多くのステップ数を指定することでより良い生成結果を得られます。現在主流であるStable Diffusionでは、デフォルトでステップ数50が推奨されています。より早く生成結果を得たい場合は、より少ないステップ数を使用します。

以下、これまでの実行結果と同じシード値を使用して、ステップ数を少なく設定してみましょう。これまでの生成結果と見比べて、どのように結果が変化したか確認してみてください。

In [6]

```
generator = torch.manual_seed(seed)

# 推論時のステップ数であるnum_inference_steps を15 に設定
# (デフォルトは50)
output = pipe(
    prompt=text, generator=generator, num_inference_steps=15
)
image = output.images[0]
```

27　第3章1節にて詳細を説明します。

```
image
```

同じテキストに対して複数の画像を生成するには、pipeのnum_images_per_promptに生成したい画像の枚数を指定します。ここでは12枚の画像を生成して、縦4枚、横3枚のグリッド上に並べて表示します。グリッド画像にはmake_image_grid()[28]を使用します。

In [7]

```
from diffusers.utils import make_image_grid

text = "a photograph of an astronaut riding a horse"

num_rows = 4  # 行数を指定
num_cols = 3  # 列数を指定
num_images = num_rows * num_cols  # 行数 x 列数が生成画像数に

output = pipe(prompt=text, num_images_per_prompt=num_images)

# make_image_grid 関数を使用してグリッド上に複数生成画像を表示
make_image_grid(
    images=output.images, rows=num_rows, cols=num_cols
)
```

SD v1を使用した画像生成

ここまでSD v1を使用した画像生成の動作を確認してきました。以下、日本文学の一節をテキストに指定したときの生成結果を確認してみましょう。第4章で詳しく紹介しますが、Stable Diffusionをはじめとした手法は、主に英語を中心とした情報源で訓練されています。こうしたモデルに日本文学の一節を指定した場合にどのような画像が生成されるでしょうか？

まずは夏目漱石の『吾輩は猫である』冒頭より、「吾輩は猫である。名前はまだ無い。」を使って画像を生成してみましょう。なお、SD v1は英語のみに対応しているため、英訳したテキストで指定します[29]。夏目漱石はどのような猫をイメージしていたのでしょうか？ SD v1はどのようにその

28 https://huggingface.co/docs/diffusers/v0.31.0/en/api/utilities#diffusers.utils.make_image_grid
29 ここでは、Aiko Ito、Graeme Wilsonによる英訳を使用。

イメージを表現するでしょうか？

In [8]

```
# 吾輩は猫である。名前はまだ無い。(夏目漱石『吾輩は猫である』冒頭より)
text = "I am a cat. As yet I have no name."

# シード値を固定して画像を生成
generator = torch.manual_seed(seed)
output = pipe(prompt=text, generator=generator)
image = output.images[0]

image
```

次に川端康成の『雪国』冒頭より、「国境の長いトンネルを抜けると雪国であった。」を使って画像を生成してみましょう。英訳例は様々存在すると思います[30]。みなさまの好みに合わせて英文を変えて、生成結果の違いについても確認すると面白いでしょう。

In [9]

```
# 国境の長いトンネルを抜けると雪国であった。(川端康成『雪国』冒頭より)
text = "The train came out of the long tunnel into the snow ↵
country."

# シード値を固定して画像を生成
generator = torch.manual_seed(seed)
output = pipe(prompt=text, generator=generator)
image = output.images[0]

image
```

最後に清少納言の『枕草子』冒頭より、「春は曙、ようよう白く成りゆく山際、少し明かりて、紫だちたる雲の細くたなびきたる。」を使って画像を生成してみましょう。こちらも様々な英訳例

30 ここでは、Edward G. Seidenstickerによる英訳を使用。

が存在します[31]。以下のテキストではどのような画像が生成されるでしょうか？

In [10]

```
# 春はあけぼの、ようよう白く成りゆく山際、少し明かりて、紫だちたる雲の細くたなびきたる。
# （清少納言『枕草子』冒頭より）
text = "In the dawn of spring, the mountains are turning white, and the purple clouds are trailing thinly with a little light"

generator = torch.manual_seed(seed)
output = pipe(prompt=text, generator=generator)
image = output.images[0]

image
```

Colabを使用している場合、**VRAM**（**Video Random Access Memory**）の節約のためにpipeなどで使用していたメモリを解放する処理を実行します。これを実行しなくても一定の処理を継続することはできますが、RuntimeError: CUDA out of memory. Tried to allocate ...というエラーが発生することがあります。ここではまずGPU上のパイプラインをCPUに移した後、delやgcを使用してメモリを解放します。以降、同様の操作がたびたび現れるので覚えておくとよいでしょう。

In [11]

```
import gc

pipe = pipe.to("cpu")
del pipe
gc.collect()
torch.cuda.empty_cache()
```

31 ここでは、DeepLによる英訳を使用。

Out [11]

```
Flushing GPU memory for `PNDMScheduler` ...
Flushing GPU memory for `CLIPTextModel` ...
Flushing GPU memory for `CLIPTokenizer` ...
Flushing GPU memory for `UNet2DConditionModel` ...
Flushing GPU memory for `AutoencoderKL` ...
Flushing GPU memory for `StableDiffusionPipeline` ...
```

SD v2を使用した画像生成

次に、SD v1をバージョンアップしたSD v2を使用した画像生成の方法を紹介します。第4章5節にて詳細を紹介しますが、SD v1系に対してSD v2系の優れている点は以下が中心です[32]。

- プロンプトテキストを扱うコンポーネントが変更され、より一貫性が増した点
- **ネガティブプロンプト**（**Negative Prompt**）と呼ばれる、画像生成に反映してもらいたくない条件が入力可能になった点
- 有名人の顔画像生成性能が向上した点
- 芸術性の高い画像が生成可能になった点
- SD v1に対する根本的な機能改善：被写界深度を捉えることが可能になったり、より高い解像度の画像を生成可能になった点

使用するパイプラインStableDiffusionPipelineはSD v1と同じですが、SD v2としてmodel_idにはstabilityai/stable-diffusion-2[33]を指定します。pipeをGPUへ移動する処理もSD v1のときと同様です。

In [12]

```
model_id = "stabilityai/stable-diffusion-2"

pipe = StableDiffusionPipeline.from_pretrained(
    model_id, torch_dtype=torch.float16
)
pipe = pipe.to(device)
```

32 Stable Diffusion 1 vs 2 - What you need to know：https://www.assemblyai.com/blog/stable-diffusion-1-vs-2-what-you-need-to-know/
33 https://hf.co/stabilityai/stable-diffusion-2

SD v1がデフォルトで生成する画像の解像度512 × 512に対して、SD v2はより高解像度な768 × 768サイズの画像を生成可能です。高解像度画像を生成する場合より多くのVRAMが必要になりますが、Colabで使用できるVRAMには制限があります。ここではxformers[34]によるパイプラインの最適化を行うことで、使用するVRAMを大幅に削減しています。

In [13]

```
pipe.enable_attention_slicing()
```

これでSD v2による画像生成の準備ができました。以下を実行して宇宙飛行士が馬に乗っている画像を生成してみましょう。

In [14]

```
text = "a photograph of an astronaut riding a horse"

generator = torch.manual_seed(seed)
output = pipe(prompt=text, generator=generator)
image = output.images[0]

image
```

以下、SD v1と同じように日本文学の一節をプロンプトに指定した際の結果です。生成結果を比べて、どのような違いがあるか確認してみてください。

In [15]

```
# 吾輩は猫である。名前はまだ無い。
text = "I am a cat. As yet I have no name."

output = pipe(
    prompt=text, generator=torch.manual_seed(seed)
)
image = output.images[0]
```

34 https://github.com/facebookresearch/xformers

```
image
```

In [16]

```
# 国境の長いトンネルを抜けると雪国であった。
text = "The train came out of the long tunnel into the snow country."

output = pipe(
    prompt=text, generator=torch.manual_seed(seed)
)
image = output.images[0]

image
```

In [17]

```
# 春はあけぼの、ようよう白く成りゆく山際、少し明かりて、紫だちたる雲の細くたなびきたる。
text = "In the dawn of spring, the mountains are turning white, and the purple clouds are trailing thinly with a little light"

output = pipe(
    prompt=text, generator=torch.manual_seed(seed)
)
image = output.images[0]

image
```

SD v2の実践の最後に、VRAMを解放する処理を実行しておきます。次に新たなパイプラインを読み込む関係上、これまで使用したpipeを明示的に削除することでVRAMを解放します。

In [18]

```
pipe = pipe.to("cpu")
del pipe
gc.collect()
torch.cuda.empty_cache()
```

hakurei/waifu-diffusionを使用した画像生成

hakurei/waifu-diffusionはSD v1をベースにアニメ画像で微調整をした拡散モデルです。アニメキャラクターのような画風の画像生成を得意としています。ベースとなるパイプラインであるStableDiffusionPipelineに対してmodel_idにhakurei/waifu-diffusionを指定して読み込みます。

In [19]

```
model_id = "hakurei/waifu-diffusion"

pipe = StableDiffusionPipeline.from_pretrained(
    model_id, torch_dtype=torch.float16
)
pipe = pipe.to(device)
```

hakurei/waifu-diffusionでは以下のようにキーワードを並べる形でプロンプトを指定することで、意図したアニメキャラを生成可能です。ここでは12枚の画像を生成して、縦4枚、横3枚のグリッド上に並べて表示します。

In [20]

```
text = "1girl, aqua eyes, baseball cap, blonde hair, closed mouth, earrings, green background, hat, hoop earrings, jewelry, looking at viewer, shirt, short hair, simple background, solo, upper body, yellow shirt"

num_rows, num_cols = 4, 3
num_images = num_rows * num_cols

generator = torch.manual_seed(seed)
```

```
output = pipe(
    prompt=text,
    generator=generator,
    num_images_per_prompt=num_images,
)

make_image_grid(output.images, rows=num_rows, cols=num_cols)
```

最後に、VRAMを解放する処理を実行し、次のパイプラインの実践に備えます。

In [21]

```
pipe = pipe.to("cpu")
del pipe
gc.collect()
torch.cuda.empty_cache()
```

nitrosocke/Nitro-Diffusionを使用した画像生成

nitrosocke/Nitro-DiffusionはSD v1の構成をベースに、ゼロからモデルを訓練した、複数の画風を生成可能な拡散モデルです。3つの画風archer、arcane、disneyがそれぞれ独立するように訓練されているため、プロンプトに指定したキーワードをもとにした高品質な画像生成が可能です。複数の画風を同時に指定することで、スタイルを混ぜ合わせた画像も生成できます。ベースとなるパイプラインはこれまで同様StableDiffusionPipelineで、model_idにnitrosocke/Nitro-Diffusionを指定します。

In [22]

```
model_id = "nitrosocke/nitro-diffusion"

pipe = StableDiffusionPipeline.from_pretrained(
    model_id, torch_dtype=torch.float16
)
pipe = pipe.to(device)
```

ここでは2つのスタイルarcherとarcane[35]を指定して画像を生成してみます。2つのスタイルがどのように組み合わされた画像になるでしょうか？

In [23]

```
text = "archer arcane style magical princess with golden hair"

num_rows, num_cols = 4, 3
num_images = num_rows * num_cols

generator = torch.manual_seed(seed)
output = pipe(
    prompt=text,
    generator=generator,
    num_images_per_prompt=num_images,
)

make_image_grid(output.images, rows=num_rows, cols=num_cols)
```

NSFW画像生成防止機構について

上記の画像生成では、「Potential NSFW content was detected in one or more images. A black image will be returned instead.」[36]と表示されて、一部が真っ黒な画像となる場合があります。これは**NSFW**（**Not Safe for Work**）と呼ばれる、一般的にはアダルトコンテンツや卑猥な内容・暴力的な映像・残酷な表現を含む画像や動画など、職場環境で視聴や閲覧が適切でないとされるコンテンツを防止する機構が動作した結果として表示される警告です。diffusersのStableDiffusionPipelineをはじめとしたパイプラインでは、デフォルトでNSFWフィルターが有効になっています。具体的にはNSFWフィルターはdiffusersではSafety Checkerと呼ばれ、StableDiffusionSafetyChecker[37]として実装されています。ただし、これらの結果は必ずしも生成画像を適切にフィルタリングしていないかもしれません。画像生成AIにおいては、不適切な画像の生成をどのように防止していくのかも今後の重要な議論点となっています。

35 いずれも欧米で人気のアニメ作品のタイトルである。
36 https://github.com/huggingface/diffusers/blob/v0.31.0/src/diffusers/pipelines/stable_diffusion/safety_checker.py#L95-L98
37 https://github.com/huggingface/diffusers/blob/v0.31.0/src/diffusers/pipelines/stable_diffusion/safety_checker.py

第3節 画像生成技術の進歩による弊害

前節では、実際に現在のText-to-Image技術を体験しました。画像生成技術の進歩による利点は多くありますが、その一方で様々な弊害も懸念されています。本節では、こうした技術の進歩による弊害を3つの観点から概覧します。具体的には（1）訓練データの観点、（2）悪意のある応用の観点、（3）セキュリティとプライバシーリスクの観点です。これらについては、第6章1節および第6章2節にてさらに補足します。

データセットによる倫理的リスク

画像生成モデルには訓練データが不可欠です。しかしデータセット由来のバイアスの影響が問題視されています[Schramowski et al., 2023]。本書を通じて使用するStable Diffusionは、それによって生成された画像に大量の不適切なコンテンツが含まれる可能性があることが指摘されています。Schramowskiらの研究[Schramowski et al., 2023]ではこうした不適切なコンテンツを評価するための新たなテスト方法や、そもそも不適切な画像生成を抑止するための方法を提案しています。これらの方法についての詳細は第5章6節にて紹介します。

また、画像生成技術には、社会集団の公平性に関する問題があることが指摘されています[Struppek et al., 2023][Bansal et al., 2022]。図1-6に互いにほぼ同一または類似した形状を持つテキスト文字（ホモグリフ）をプロンプトに注入した際の文化的バイアスの発現例を示します。この例ではプロンプト中の特定のアルファベット文字をそれに似た別の言語の文字に置き換えることで、その言語に関連した画像が生成されることを確認しています。この結果から、画像生成モデルは特定のUnicode文字に対して文化的なバイアスを反映しうることが示唆されています。

このような事例に対して、社会的多様性の観点から新たなベンチマークが提案されています[Bansal et al., 2022]。このベンチマークでは性別や肌の色、文化の3つの軸によって、倫理的介入による生成画像の変化を評価することが可能であると述べられています。

図1-6 DALL-E 2におけるホモグリフをプロンプトに注入した際に発生する文化的バイアスの発現例。図は[Struppek et al., 2023a]より引用。プロンプトとして「A photo of an actress」を入力するとき、アルファベットの「o」を似た韓国語の文字にした場合は韓国人女性のような画像が生成される。インド語やアラビア語でもそれぞれ同様の現象が観測できたことが報告されている。

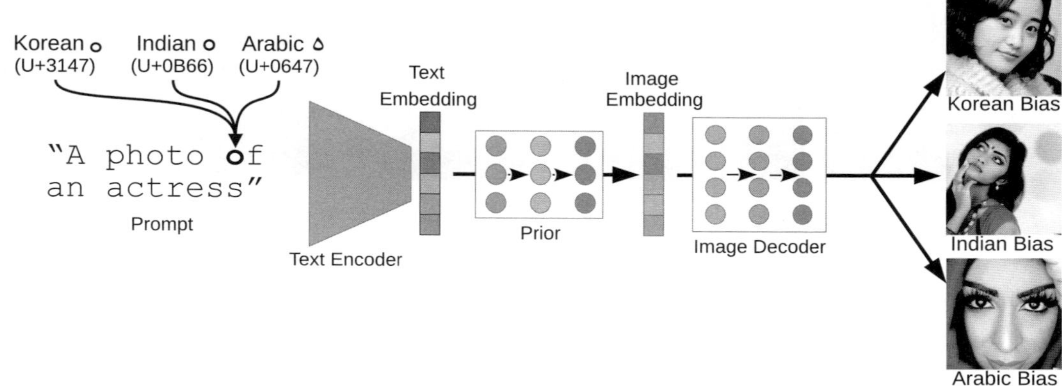

悪意のある目的での応用

最新の画像生成モデルを使用することで非常に高品質な画像が生成できるようになりましたが、その一方で悪意ある目的での応用が懸念されています。特に生成画像を用いた情報の改ざんやフェイクニュースの拡散は、社会的な問題として深刻な影響を及ぼす可能性があります。こうした問題に対して、実画像と生成画像の比較によって、拡散モデルの視覚的偽装に関する体系的な研究が行われています[Sha et al., 2023]。この研究では、生成された画像を本物と見分けるための特徴を明らかにし、その特徴を利用して生成画像の検出を行っています。

図1-7に実画像と生成画像の周波数解析結果を示します。ここではStable Diffusionを含む一般的な拡散モデルの生成結果を使用しています。実画像に比べて生成画像の中心部分は明るさがより強く、周波数スペクトルがより集中する傾向があります。こうした結果をもとにした生成画像の検出の取り組みは、一定の成果を上げています。一方で、生成画像を完全に検出することは難しく、また手法が進化することでさらに本物のような自然な画像が生成されることが予想されるため、今後も継続的な研究が求められています。

図1-7 画像生成モデルによって生成された画像の周波数解析結果を可視化したもの。[Sha et al., 2023]より引用。Realは MSCOCOデータセットからサンプリングされた実画像、それ以外は各モデルの生成画像に対する結果。

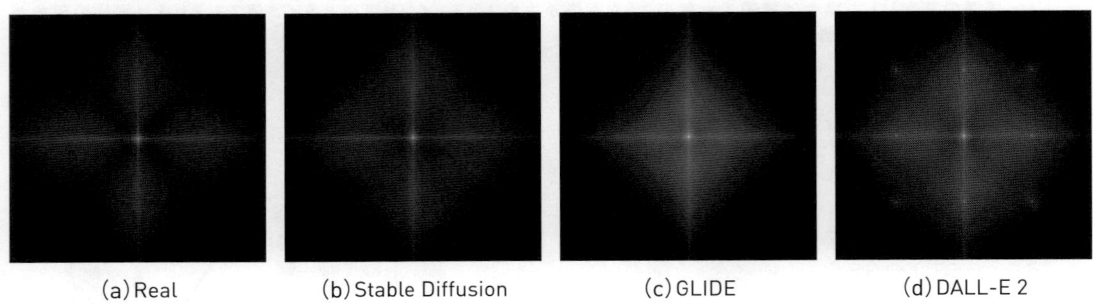

(a) Real　(b) Stable Diffusion　(c) GLIDE　(d) DALL-E 2

現在の最先端である拡散モデルによる出力に対して、既存の生成画像検知手法の有効性を評価する取り組みがあります[Ricker et al., 2022][Corvi et al., 2023]。これらの研究では、これまでの画像生成の主流であったGANと比較して、既存の検出手法による性能が大きく低下することが報告されています。この理由としては、拡散モデルとGANによって生成された画像では高周波における特徴が一致しないことが挙げられています。こうした報告を踏まえ、最新の拡散モデルに追従するように、新たな検出手法の開発が求められています。

画像生成の発展は芸術家に大きな影響を与えています。これに伴い芸術的画像生成の懸念について議論されています[Ghosh et al., 2022]。これらは、画像生成技術は芸術の発展にとって有望な表現方法の1つとして肯定的な見解を示していますが、一方で芸術的な画像生成が適切に使用されない場合に盗作や利益移転のリスクが懸念されています。技術の発展により芸術家の代替が可能になるという意見もありますが、完全な代替は不可能であり、既存の芸術家との共存が重要であると述べられています[38]。

セキュリティとプライバシーのリスク

画像生成技術の発展に着目し、サービス化する企業が増加すると予想されます。サービスとして公開された画像生成モデルに対して、セキュリティやプライバシーのリスクが懸念されています。本節では画像生成技術に対する**バックドア攻撃**（**Backdoor Attack**）と**メンバーシップ推論攻撃**（**Membership Inference Attack**）[Shokri et al., 2017]の事例を紹介します。

バックドア攻撃はシステムやソフトウェアに秘密のアクセス経路を設ける攻撃手法です。この手

38 Alibaba's AI makes thousands of ads a second but won't replace humans：https://www.cnbc.com/2018/07/04/alibabas-ai-makes-thousands-of-ads-a-second-but-wont-replace-humans.html

法では通常の認証プロセスを回避して不正アクセスが可能になります。Text-to-Image生成技術において、入力されたテキストの理解を司るText Encoderにバックドア攻撃を適用する方法が提案されています[Struppek et al., 2023]。バックドアとして仕込んだ「トリガー」を入力すると、条件に従った画像生成操作が可能になってしまいます。図1-8に[Struppek et al., 2023]にて紹介されているバックドア攻撃の方法を示します。この方法ではText-to-Image手法で活用されている、テキストと画像の橋渡し役でもあるCLIP[39]のText Encoderにバックドアを仕込みます。これにより特定のトリガーを入力することで意図的な画像生成操作が可能になります。この攻撃方法は前項で紹介したホモグリフ攻撃に似た形で実行されます[40]。例えばアルファベットの「o」に似たキリル文字を入力したときのみ、特定の画像が生成されるようにText Encoderを微調整しています。こうして汚染されたText Encoderを公開しておけば、間違ってダウンロード、使用されることでバックドア攻撃が可能になります。本手法を提示している論文のタイトルに含まれるRickroll(リックロール)は、ネット上で説明とは異なる内容のハイパーリンクを貼る行為を指しており、この手法を用いて同様の操作が可能であることを指しています。

図1-8 CLIPベースのText-to-Imageモデルに対するバックドア攻撃の概念。画像は[Struppek et al., 2023b]より引用。トリガーとなる文字(例:「o」に似た別の文字)をバックドアとして入れることで所望の動作(ここではロック歌手を生成)を実現するようにText Encoderを微調整する。こうして汚染させたText Encoderをよく使用されるドメイン名になりすまして公開する形で偽装する(例:openai/clip-vit-large-patch14 → openal/clip-vit-large-patch14)。

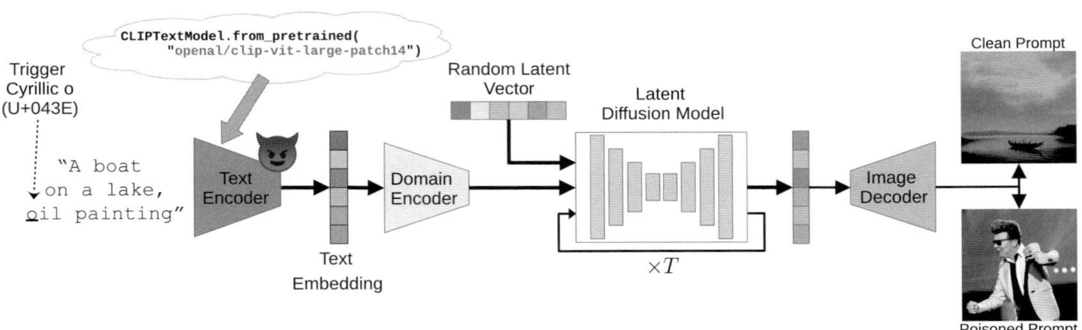

メンバーシップ推論攻撃はサービスなどで公開された機械学習モデルを狙ったデータ窃取手法の1つです。この手法では、まず攻撃者が標的となる機械学習モデルにデータを入力します。その後、モデルの応答を分析することで、入力したデータがモデルの訓練データに含まれるか否か(メン

39 CLIPについては第4章で詳しく説明します。
40 ホモグリフを用いたバイアスの発見[Struppek et al., 2023]とホモグリフを用いたバックドア攻撃[Struppek et al., 2023]は同一の著者の研究です。

バーシップかどうか）を推論することができます[41]。画像生成モデルも同様に、ある画像がモデルの訓練に使用されたかどうかを推論可能です。Wuらの研究[Wu et al., 2022]ではメンバーシップ情報を予測するための仮定とその検証が行われています。この研究で提示されている複数の攻撃手法すべてが攻撃を成功させており、メンバーシップ情報が漏洩してしまう危険性が指摘されています。

まとめ

第1章では画像生成技術の基礎と実践、そしてその社会的影響について解説しました。

まず画像生成の概要として、Text-to-Imageモデルの基本的な仕組みや、Stable Diffusionをはじめとした最新の画像生成技術について説明しました。これらの技術は、創造性を必要とする芸術、映画、ゲーム、ファッションなど幅広い分野で需要が高まっています。

次に、実践的な内容として、diffusersライブラリを使用したText-to-Image生成の基本的な実装方法を紹介しました。SD v1/SD v2、hakurei/waifu-diffusion、nitrosocke/Nitro-Diffusionなど、複数のモデルを用いた画像生成の方法や、それぞれのモデルの特徴と使い分けについて解説しました。また、NSFWフィルタリングなど、画像生成における安全性への配慮についても触れました。

最後に、画像生成技術の進歩による弊害について3つの観点から考察しました。これらの課題については、画像生成技術の健全な発展のために継続的な議論と対策が必要とされています。

41 Membership Inference Attacks：https://www.mbsd.jp/aisec_portal/attack_mi.html

COLUMN

すべてを救うPythonの型ヒント

本書で実装に使用しているPythonは動的型付け言語です。厳密に型を宣言する静的型付け言語とは異なり、型を気にせず気軽にコードを書くことができます。しかしながらPythonを使ってノリノリで書いたコードを翌朝、あるいは1週間後に見たときに、そのコードが何をしているのかまったくわからないという経験はありませんか？ この問題に対し、Pythonの型ヒント[42]は非常に効果的なツールになります。本コラムでは型ヒントの概要について紹介します。なお、型ヒントの書き方や詳細については本書の付録Webページ[43]を参照してください。

Python 3.5から導入された型ヒントは、コードの品質と保守性を向上させるための機能です。動的型付け言語であるPythonに静的型チェックの要素を加えることで、開発効率の改善とバグの早期発見を実現します。型ヒントはあくまでも「ヒント」であり、実行時の型チェックは行われません。しかしmypy[44]のような静的型チェッカーやその機能を利用したVSCodeなどのテキストエディタ、その他IDEによる事前のチェックが可能であり、大規模な開発はもちろん、今回のような小規模な開発においても有用です。

型ヒントを使用することで、未来の自分やコードを読む他人に対してコードの意図を明確に伝えられます。また、テキストエディタ、さらにはAIに対しても意図を伝えることが可能です。画像生成をはじめとした試行錯誤の多い実験コードでは、開発速度を上げるために変数名を深く考えずに命名してしまう場合があります。変数名に適切な名前が付けられずとも、変数の動作や型は決まっていることが多いはずです。型ヒントを使うことで、その型から変数の役割を推測することができます。また、最近のテキストエディタでは型情報によって補完機能を提供できるため、開発効率を大幅に向上できます（型情報がない場合は賢い補完が利用できない場合があります）。昨今ではAIによるコード補完、生成技術も進化しています。GitHub Copilot[45]ようなツールでは型ヒントを通して変数や関数の意図を伝えることで、より賢いコード補完を得ることができます。

動的型付け言語はその手軽さから多くのユーザーに使われていますが、型情報がないことで生じる問題も少なくありません。これはPythonに限った問題ではなく、JavaScriptに型システムを導入しているTypeScriptなどの事例があります。またPythonの主要ライブラリでも型ヒントの導入が進んでいます。本書で利用するPyTorchや`diffusers`も例外ではありません。型ヒントはコードの一部から段階的に導入することができるので、このコラムを読んだらすぐ、目の前にあるPythonコードに型ヒントを記述しましょう！

---

42 typing — Support for type hints — Python 3.11.10 documentation：https://docs.python.org/3.11/library/typing.html
43 https://py-img-gen.github.io/column/typehint-in-python/
44 python/mypy: Optional static typing for Python：https://github.com/python/mypy
45 https://docs.github.com/copilot

第2章

深層学習の基礎知識

本章では、現在の画像生成技術の根幹を担う深層学習を導入します。深層学習とは、ニューラルネットワークを多層にした機械学習手法を指します。行列演算を用いた「層」を多数に重ねてモデルを構成するため、「深層学習」と呼ばれています。現在画像生成で用いられているStable Diffusionをはじめとした拡散モデルもほぼすべて深層学習に基づいています。以降の章でこれらの技術を解説するため、深層学習の基礎知識を理解しておくことが重要です。

第1節 深層学習の概要

本節では、ニューラルネットワークの基礎となっているパーセプトロンを用いた教師あり学習について解説します。**教師あり学習**（**Supervised Learning**）の具体例として、犬と猫の画像からこれらを認識するタスクを例に説明します。

教師あり学習

機械学習には大きく3つの学習方法が存在します。1つ目は今回取り扱う**教師あり学習**（**Supervised Learning**）です。機械学習タスクにおいて多くの問題は教師あり学習で解くことができます。2つ目は**教師なし学習**（**Unsupervised Learning**）です。教師あり学習とは異なり、教師となるデータがない状態でデータの構造やパターンを学習させる手法です。3つ目は**強化学習**（**Reinforcement Learning**、**RL**）[Kaelbling et al., 1996]です。この手法は教師となる状態を定義することが難しい場合に使用されます。ChatGPTの一部の学習では、より人間らしい対話を実現するためにこの手法が使用されています。また、教師あり学習と教師なし学習の中間には**半教師あり学習**（**Semi-supervised Learning**）があります。この手法では教師データに加え、教師データがないものも効果的に学習に利用します。

教師あり学習で扱うタスクは、出力の形式に基づいて**分類問題**（**Classification**）と**回帰問題**（**Regression**）に分けられます。分類問題は離散的なカテゴリを予測する問題設定です。回帰問題は連続的な実数を予測する問題設定です。分類問題には通常**識別モデル**（**Discriminative Model**）が適用されます。識別モデルには、文書分類モデルや画像認識モデルがあります。一方で、生成を通じて分類結果を得るアプローチとして、**生成モデル**（**Generative Model**）を適用する場合もあります。生成モデルには本書で扱う画像生成モデルなどが含まれます。

現在注目されている画像生成モデルである拡散モデルは、生成モデルの一種です。第3章1節で詳しく説明しますが、本節ではまず識別モデルに焦点を当てます。識別モデルは深層学習技術を理解する上で基礎となる重要な概念です。

パーセプトロン

本節では、犬と猫の認識という分類問題を題材に、パーセプトロンによる教師あり学習について説明します。入力として画像、出力として犬か猫かに対応する2値を考えます。この問題設定では、画像を数値データに変換し、そのデータを基にして犬か猫かを判定することを目指します。具体的には、パーセプトロンの出力が0より大きい場合には1(＝犬）を出力し、それ以外は0(＝猫）を出力するルールを採用します。まず入力画像をコンピュータで計算可能な数値の並び（ベクトル）へ変換する必要があります。機械学習モデルはこうしたベクトルである**特徴ベクトル**（**Feature Vector**）をもとに入力画像を犬か猫かに分類します。

特徴ベクトルの作成方法はタスクによって異なります。例えば犬と猫の場合、身体の形状や毛の色、耳の形などが特徴として考えられます。ここで、ある特徴1(x_1)と特徴2(x_2)を用いて犬と猫を分類することを考えます。これらの特徴をまとめた特徴ベクトルは$\boldsymbol{x} = [x_1, x_2]^\top$のように表されます。

図2-1に複数の犬と猫の画像に対して算出した特徴ベクトルをプロットした結果を示します。このプロット上で犬と猫を分ける境界線である**決定境界**（**Decision Boundary**）が描ければこれらを分類可能です。以下、実際にパーセプトロンを用いて決定境界をデータから学習し、**クラス**（**Class**）を分類する方法を説明します。

図2-1 犬と猫をある2軸の特徴で分類する例

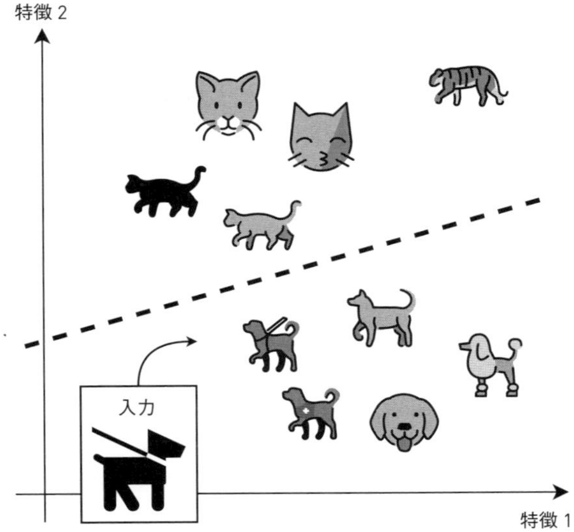

特徴2

入力

特徴1　イラスト：OpenMoji(CC BY-SA 4.0)

パーセプトロン$f(\boldsymbol{x}; \boldsymbol{w}, b)$は$D$次元のベクトル$\boldsymbol{x} \in \mathcal{R}^D$を入力として受け取り、同じく$D$次元の**重み**（**Weight**）ベクトル$\boldsymbol{w} \in \mathcal{R}^D$を用いて計算します。具体的には$\boldsymbol{x}$の各要素$x_i$と対応する重み$w_i$を掛け合わせて合計します。その後、**バイアス**（**Bias**）と呼ばれる値bを加えます。

$$f(\boldsymbol{x};\boldsymbol{w},b) = w_1x_1 + w_2x_2 + \cdots + w_Dx_D + b \tag{2.1}$$

$$= \sum_{i=1}^{D} w_ix_i + b = \boldsymbol{w}^\top \boldsymbol{x} + b. \tag{2.2}$$

パーセプトロンの出力が0より大きい場合には1(＝犬)、それ以外は0(＝猫) を出力します。この分類ルールは以下のように表されます。

$$\hat{y} = \begin{cases} 1 & \text{if } f(\boldsymbol{x};\boldsymbol{w},b) > 0 \\ 0 & \text{otherwise} \end{cases} \tag{2.3}$$

適切な重み$\boldsymbol{w}$とバイアスbを設定することにより、入力データを表す特徴ベクトルからの機械的な分類が可能になります。なお、重み$\boldsymbol{w}$は特徴ベクトルに含まれる特徴の重要度を決め、バイアスbは境界線の切片を決める役割を果たします。

パーセプトロンの具体的な学習の流れを図2-2にて説明します。

1. まずランダムな値で初期化した重みとバイアスでパーセプトロンを初期化します。
2. その時点でのパーセプトロンのパラメータを用いて、いくつかの訓練データを処理し、犬か猫かを判定します。
3. 判定結果と正解データとを比較して、分類精度を数値で評価します。この数値は**損失**（**Loss**）と呼び、損失を計算するための関数を**損失関数**（**Loss Function**）と呼びます。
4. 損失の値を小さくするようにパーセプトロンのパラメータを更新します。更新方法の詳細については次の第2節にて説明します。学習がうまく進んでいくと損失の値は徐々に減っていき、最終的に犬と猫を正しく判定できるパラメータを得ることができます。

図 2-2 パーセプトロンの学習の流れ

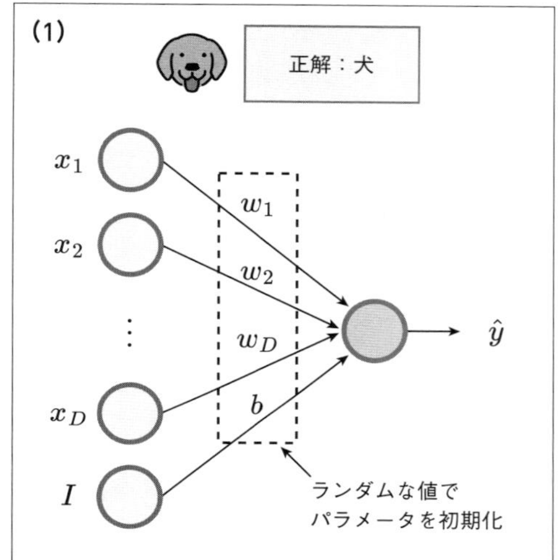

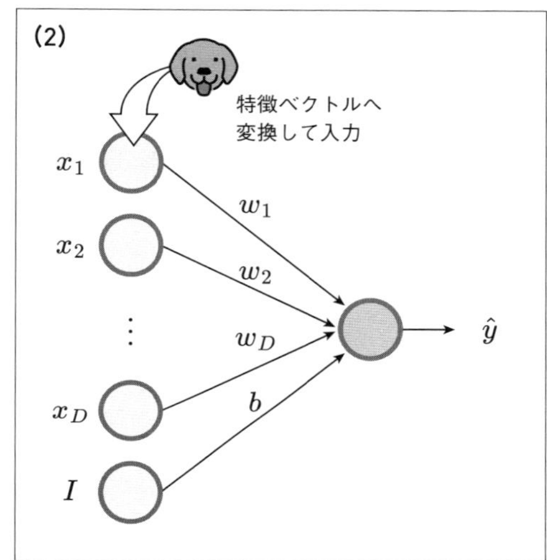

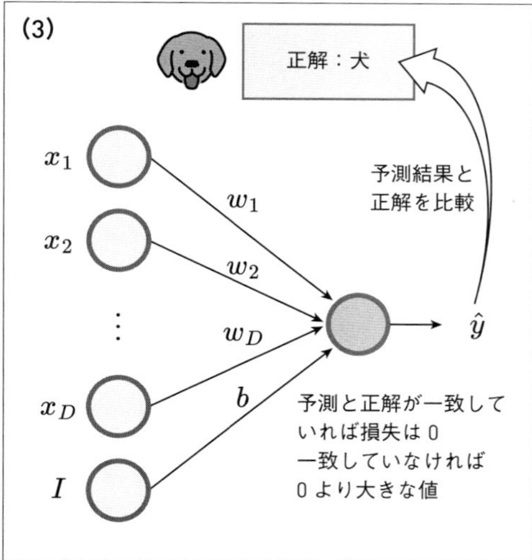

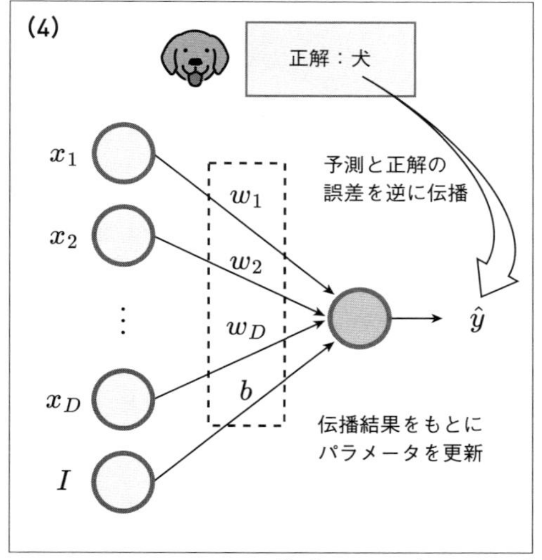

イラスト：OpenMoji（CC BY-SA 4.0）

データから分類方法を自動的に学習できるパーセプトロンですが、大きな2つの制限や限界として（1）有効な特徴ベクトルの作成が設計者に依存するなど自明ではない点、（2）線形でしか分類できない点が挙げられます。

前者について、適切な特徴ベクトルが得られれば単純なパーセプトロンのような方法でも高精度な分類が可能です。一方で、特徴ベクトルの設計は一般的に難しく、様々な視点による工夫が必要になります。**特徴量エンジニアリング**（**Feature Engineering**）は、機械学習モデルの予測性能を向上させるために、設計者が自身の知見や実験に基づき特徴ベクトルを最適化していくプロセスとして知られています。

後者について、パーセプトロンは直線で分離可能な問題（**線形分離可能**（**Linearly Separable**））には有効ですが、非線形分離問題（**線形分離不可能**（**Linearly Inseparable**））には対応できません。この問題は非線形モデルでニューラルネットワークの一種である多層パーセプトロンなどを使用することで解決できます。

第2節 深層学習の訓練と評価

本節ではパーセプトロンを拡張した、一般的な多層のニューラルネットワークである**多層パーセプトロン**（**Multi-layer Perceptron**）および深層学習について説明します。その後ニューラルネットワークの訓練に必要な技術である**確率的勾配降下法**（**Stochastic Gradient Descent**）[Robbins and Monro, 1951]と**誤差逆伝播法**（**Backpropagation、BP**）[Rumelhart et al., 1986]について説明します。最後に深層学習フレームワークであるPyTorchの使用方法について説明します。

ニューラルネットワーク

ニューラルネットワークには**順伝播型**（**Feed Forward**）[Krizhevsky et al., 2012][Vaswani et al., 2017][Devlin et al., 2019]や**再帰型**（**Recurrent**）[Rumelhart et al., 1986][Hochreiter and Schmidhuber, 1997][Chung et al., 2014]などの種類が存在します。本節ではStable Diffusionをはじめ画像生成モデルで幅広く採用されている順伝播型ニューラルネットワークについて説明します。

順伝播型ニューラルネットワークは図2-3に示すように**入力層**（**Input Layer**）、**隠れ層**（**Hidden Layer**）、**出力層**（**Output Layer**）で構成されます。入力データはこれらの層を通じて処理され、最終的な計算結果が出力されます。昨今では非常に多くの隠れ層を持つ「深い」ネットワーク構造を有する深層学習モデルが一般的になっています。順伝播型ニューラルネットワークは数学的には入力ベクトルに線形変換あるいは非線形変換を繰り返し適用して、最終的な出力を得る関数であると言えます。

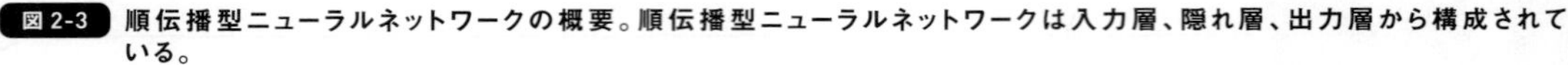
図 2-3 順伝播型ニューラルネットワークの概要。順伝播型ニューラルネットワークは入力層、隠れ層、出力層から構成されている。

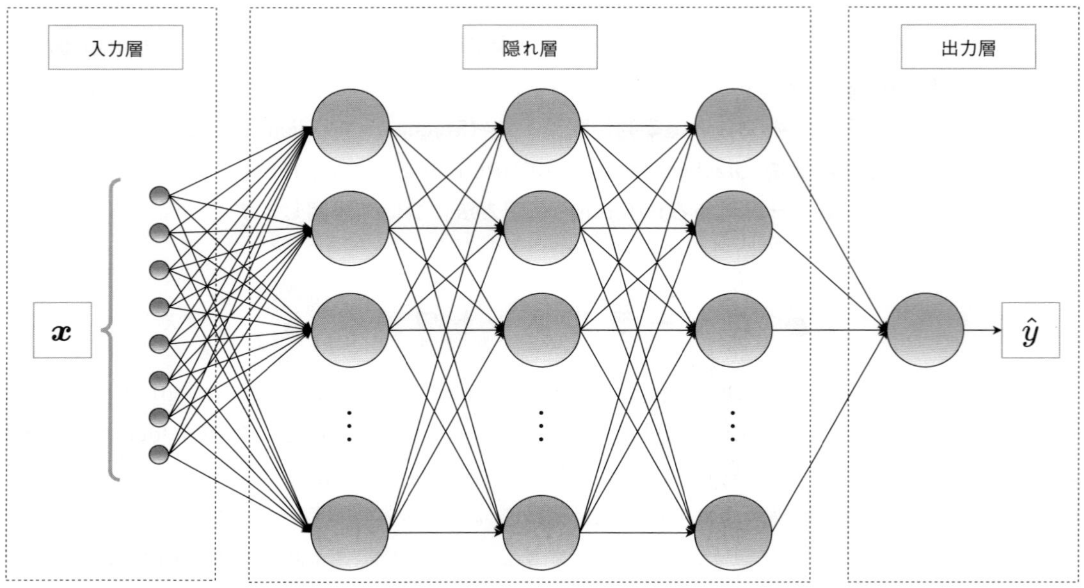

線形変換と非線形変換について概要を説明します。線形変換とは平面上の点(x, y)を点(x', y')へ変換するときに、$x' = ax + by, y' = cx + dy$となるような操作を指します。この式は、ある直線に対して、直線上のあらゆる点を別の直線上の点へ変換することを意味します。線形変換を行列とベクトルで表記すると、以下のようになります。

$$\begin{bmatrix} x' \\ y' \end{bmatrix} = \begin{bmatrix} a & b \\ c & d \end{bmatrix} \begin{bmatrix} x \\ y \end{bmatrix} \tag{2.4}$$

対して非線形変換とは、$\sin(x)$や$\log(x)$、x^2のように変換後が直線にならない、線形変換ではない変換のことを指します。パーセプトロンの項で説明したように、線形変換では複雑な決定境界を表現することはできません。しかし非線形変換を使用したニューラルネットワークなどを利用することで複雑な境界を表現可能になります。

順伝播型ニューラルネットワークでは、主に以下のような**全結合層**（**Fully-connected Layer**）によってベクトル$\boldsymbol{x}$をベクトル$\boldsymbol{h}$へ変換していきます。

$$\boldsymbol{h} = \phi(\boldsymbol{W}\boldsymbol{x} + \boldsymbol{b}) \tag{2.5}$$

なお、$\boldsymbol{h}$、$\boldsymbol{W}$、$\boldsymbol{b}$のことを、それぞれ「**隠れベクトル**（**隠れ状態**）」「**重み行列**」「**バイアスベクトル**」と呼びます。重み行列とバイアスベクトルはともにモデルのパラメータであり、学習によって値が調整されます。また、ϕを**活性化関数**（**Activation Function**）と呼びます。詳細については次の項目で説明します。パーセプトロンと比較すると、$\boldsymbol{W}$と$\boldsymbol{b}$が行列とベクトルになっており、計算結果もベクトルになります。また非線形変換である活性化関数を導入することで、より複雑な決定境界を表現できます。

深層学習では、非線形変換を何度も繰り返すことで入力データから有用な特徴ベクトルを計算します。このとき、第l層目の隠れベクトル$\boldsymbol{h}^l$とすると、第$l+1$層目の出力は以下のように書けます。

$$\boldsymbol{h}^{l+1} = \phi^l(\boldsymbol{W}^l \boldsymbol{h}^l + \boldsymbol{b}^l) \tag{2.6}$$

ここで重み行列$\boldsymbol{W}^l$、バイアスベクトル$\boldsymbol{b}^l$、活性化関数ϕ^lは層ごとに別のものを用いることもあれば、すべての層で共通のものを用いる場合もあります。このような非線形変換などを繰り返して、最終的な出力ベクトル$\boldsymbol{o}$を得ます。

出力層について、分類問題では一般的に出力層の出力ベクトルの次元数は、分類対象となるカテゴリやクラスの種類と同じになります。例えば犬と猫の分類では、犬もしくは猫の2種類で、出力ベクトルの次元数も2次元となるように設計します。一般化すると、出力層の手前で$\boldsymbol{o}$をN次元のベクトル$\boldsymbol{q}$へ変換した後、以下のように定義される**ソフトマックス関数**（**Softmax Function**）[Boltzmann, 1868][Gibbs, 1902]に入力して、合計が1となるように変換します。

$$\mathrm{softmax}(q_c) = \frac{\exp(q_c)}{\sum_{\tilde{c}=1}^{N} \exp(q_{\tilde{c}})} \tag{2.7}$$

ここでcはカテゴリのインデックスであり、クラスの種類は全部でN種類です。ソフトマックス関数の出力は合計すると1になるため、各クラスに対する予測確率のようなものとして解釈することができます。モデルの学習時は、ソフトマックス関数の出力ベクトルが正解ベクトルに近づくようにパラメータを調整します。分類問題の正解はどれか1つのカテゴリになるため、$[0, 0, 1, \cdots, 0, 0]^\top$のように、正解のクラスの要素だけが1、それ以外がすべて0となるベクトルを正解ベクトルとして使用します。このようなベクトルを**ワンホットベクトル**（**One-hot Vector**）と呼びます。分類問題の損失関数には、以下のような**交差エントロピー**（**Cross Entropy**）損失関数が頻繁に用いられます。

$$\mathcal{L}(\boldsymbol{p}, \boldsymbol{q}) = -\sum_{c=1}^{N} p_c \log(q_c). \tag{2.8}$$

ここでp_cは正解のワンホットベクトルのc番目の要素です。このような損失関数の値を最小化することで、入力データから正しいカテゴリを予測することが可能になります。この損失関数のように、最適化の対象となる関数を**目的関数**（**Objective Function**）とも呼びます。

活性化関数

活性化関数ϕはニューラルネットワークに非線形性を与える重要な役割を果たしています。以下、活性化関数として頻繁に使用される関数についてその外形を図2-4で示します。シグモイド関数は入力を0から1の範囲の値へ変換します（図2-4(a)）。入力がベクトルである場合は、各次元の値に対して適用されます。このため、入力と出力の次元数は同じになります。双曲線正接関数（tanh関数）は入力を-1から1の範囲の値へ変換します（図2-4(b)）。正規化線形関数（ReLU関数）は深層学習で非常によく用いられている活性化関数の1つです。入力が0以下であれば0を出力し、0より大きければそのままの値を出力します（図2-4(c)）。

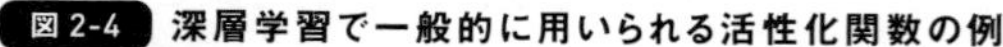
図2-4　深層学習で一般的に用いられる活性化関数の例

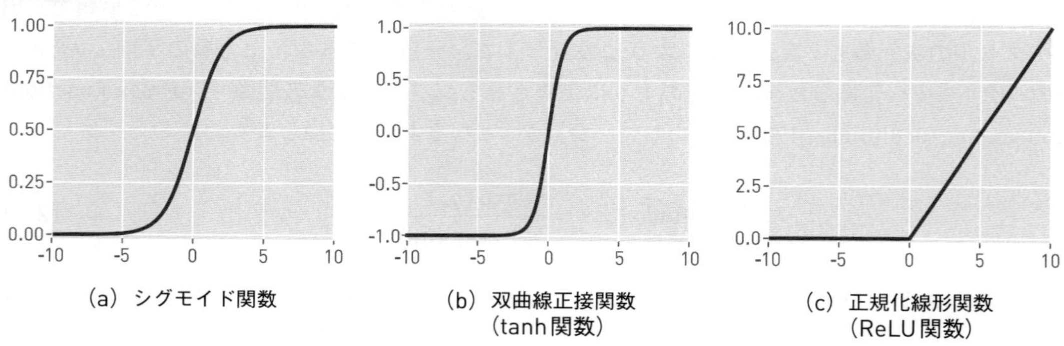

(a) シグモイド関数　(b) 双曲線正接関数（tanh関数）　(c) 正規化線形関数（ReLU関数）

確率的勾配降下法と誤差逆伝播法

ニューラルネットワークの学習では、損失関数を最小化することでモデルの性能を向上させることができます。この最小化を実現する**最適化手法**（**Optimizer**）は、モデルのパラメータを反復的に調整することで損失を減少させる方法です。まずは基礎となる最適化手法である**勾配降下法**（**Gradient Decent**）[Robbins and Monro, 1951]を紹介します。この方法は関数の傾き（1階微分）の値を用いて関数の最小値を探索する手法です。ステップkにおけるパラメータθ^kに対し、次のように値を更新します。

$$\theta^{k+1} = \theta^k - \eta \frac{\partial \mathcal{L}(\theta^k)}{\partial \theta^k} \qquad [2.9]$$

ここでηは**学習率**（**Learning Rate**）と呼ばれる値で、事前に決めておく必要があります。この値は**ハイパーパラメータ**（**Hyperparameter**）と呼ばれる学習パラメータの1つであり、次項で詳しく説明します。

図2-5に勾配降下法によるパラメータ更新の概要を示します。パラメータの値はランダムな初期値からはじめ、式[2.9]の更新式を用いて徐々に最適な値を探索します。勾配降下法の長所は関数の傾きのみを計算すればよいため、シンプルで計算が速い点です。一方で、勾配をもとにした手法全般に共通する課題として、複雑な目的関数では局所的な最小値（局所解）にとどまる可能性があることが挙げられます。この問題に対応するために、複数の初期値から探索を行うなどの工夫がされます。

図2-5 最急降下法を用いた際のステップkにおけるパラメータθと損失$\mathcal{L}$の関係

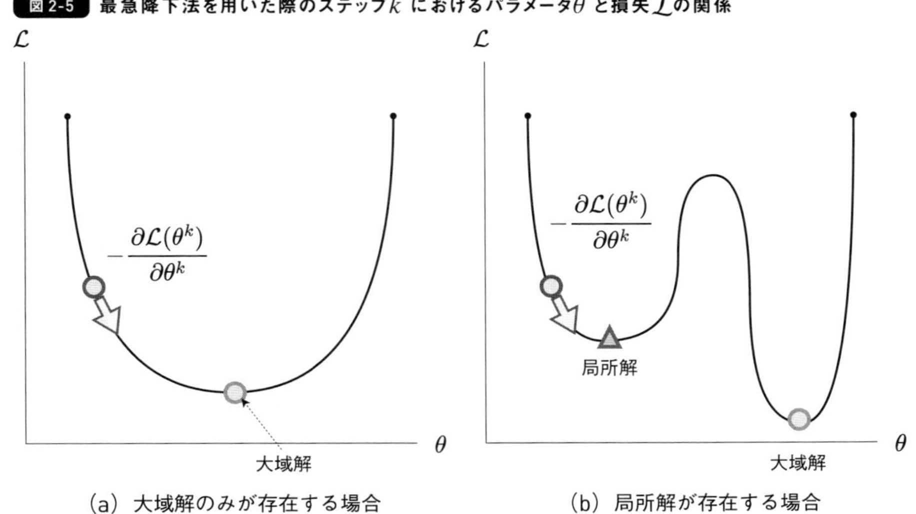

勾配降下法ではすべての訓練事例を用いて関数の傾きを計算し、パラメータを更新します。こうした一度の更新にすべての訓練データを用いる方法を**バッチ**（**Batch**）法と呼びます。しかし、大量のデータを用いて目的関数を最小化するパラメータを探索する場合に、一度にすべてのデータを計算機で処理させるのは、特にメモリ容量や計算速度の観点で困難です。

勾配降下法に対して深層学習における損失関数の最小化には、**確率的勾配降下法**（**Stochastic Gradient Decent**）が用いられます。確率的勾配降下法では訓練データからランダムに選択されたデータのみで傾きを計算し、勾配降下法同様にパラメータを更新します。ランダムに複数のデータを用いる手法を**ミニバッチ**（**Mini-batch**）法と呼びます。ニューラルネットワークの学習ではミニバッチ法が経験的に予測性能が向上する傾向にあります [Keskar et al., 2017][Smith et al., 2018] [1、2]。

損失関数の傾きを得るために、偏微分の計算をします。これは前述の通り確率的勾配降下法によってモデルのパラメータを最適化するために必要になります。なお、確率的勾配降下法における更新式自体は、式[2.9]で示した勾配降下法の更新式と基本的には変わりませんが、データの一部を用いて計算する点が異なります。ニューラルネットワークで用いられる損失を計算する方法として、**誤差逆伝播法**（**Backpropagation**）が利用されています。この手法ではニューラルネットワークの出力に対して計算された損失を、計算方向とは逆にたどって損失を伝播させることで偏微分を計算する方法です。

誤差逆伝播法による偏微分の計算として、**計算グラフ**（**Computational Graph**）を用いた方法があります。例として$y = wx + b$の計算グラフを図2-6に示します。なお、ここでは$a = wx$とします。

図 2-6 計算グラフの例

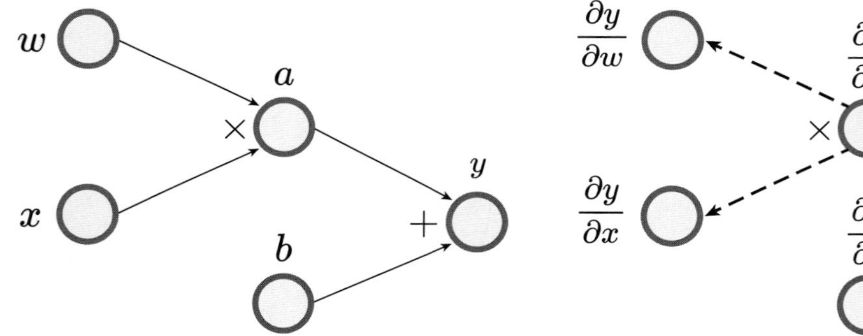

(a) $y = wx + b$の計算グラフ　(b) 誤差逆伝播法による$y = wx + b$の偏微分の計算

計算グラフは計算の流れをノードとエッジで表現したものです。wやxなどの変数をノードとして、乗算や加算などの演算をエッジとして表現します。誤差逆伝播法では、出力側から入力側に向かって逆順で偏微分の値を計算します。yを最小化するために、a、b、w、xのそれぞれに関する偏微分を計算すると、次のようになります。

1 optimization - Batch gradient descent versus stochastic gradient descent - Cross Validated：https://stats.stackexchange.com/questions/49528/batch-gradient-descent-versus-stochastic-gradient-descent

2 What is the trade-off between batch size and number of iterations to train a neural network? - Cross Validated：https://stats.stackexchange.com/questions/164876/what-is-the-trade-off-between-batch-size-and-number-of-iterations-to-train-a-neu

$$\frac{\partial y}{\partial a} = 1, \quad \frac{\partial y}{\partial b} = 1, \quad \frac{\partial y}{\partial w} = \frac{\partial y}{\partial a} \cdot \frac{\partial a}{\partial w} = x, \quad \frac{\partial y}{\partial x} = \frac{\partial y}{\partial a} \cdot \frac{\partial a}{\partial x} = w \qquad [2.10]$$

$\partial y/\partial w$と$\partial y/\partial x$の計算では1つ前（出力側）の偏微分の結果を利用しています。このように連鎖させながら偏微分を計算する方法を**連鎖律**（**Chain Rule**）と呼びます。

計算グラフが深層学習のように巨大で複雑になったとしても、基本的な手続きは変わりません。計算グラフの出力側から入力側へ向かって順番に偏微分を計算することが可能です。ニューラルネットワークの学習では、誤差逆伝播法で求めた偏微分の値を用いて確率的勾配降下法でパラメータを更新していきます。

ハイパーパラメータ

ハイパーパラメータ（**Hyperparameter**）は、モデルを学習するにあたって事前に決めておかなくてはならないパラメータです。例として、層の数、入出力の次元数、ミニバッチに含まれるサンプル数であるバッチサイズなどがあります。前述の通り、確率的勾配降下法の学習率も該当します。これらのハイパーパラメータは深層学習モデルの性能に大きな影響を与えます。

適切なハイパーパラメータの設定や探索は一般的に難しい問題の1つです。探索方法としては、あらかじめ指定したハイパーパラメータの組み合わせをすべて試す**グリッドサーチ**（**Grid Search**）、ランダムに試す**ランダムサーチ**（**Random Search**）、目的関数における最適値が得られる確率が高いハイパーパラメータを順にサンプリングする**ベイズ最適化**（**Bayesian optimization**）などが存在します。ハイパーパラメータ探索用のフレームワークであるOptuna[Akiba et al., 2019]などを利用すると、効率的にハイパーパラメータを探索できます。

深層学習モデルの訓練・検証・評価

深層学習をはじめとした機械学習モデルの学習は、**訓練**（**Training**）、**検証**（**Validation**）、**評価**（**Test**）という3つのステップに分けられます。それぞれのステップで使用されるデータは**訓練データ**（**Training Data**）、**検証データ**（**Validation Data**）、**評価データ**（**Test Data**）と区別されます。

訓練データはモデルを訓練するために使用します。他のデータと比較して一般的に最も多くのサンプル数が必要になります。検証データは学習の途中でモデルの性能を評価するために使用します。モデルは訓練データに徐々に適合していく一方で、**過学習**（**Overfitting**）に陥る恐れがあります。過学習とは、「モデルが訓練データに対して過剰に適合してしまい、訓練データ以外の未知データに対してうまく予測できない状態」を指します。

評価データは訓練が完了した後の最終的な性能評価に使用されるデータのことです。評価データは学習済みモデルの性能を評価するためだけに使用され、検証データはモデルのハイパーパラメータを調整するために利用されます。

特にモデルの訓練では、データをミニバッチに分割して学習を進めます。この際に重要なハイパーパラメータとなるのが**イテレーション**（**Iteration**）や**エポック**（**Epoch**）の数です。イテレーションとは、1回のパラメータ更新に対応する処理単位です。具体的には、1つのミニバッチデータを用いて順伝播と逆伝播を行い、モデルのパラメータを1度更新することを指します。一方、エポックは訓練データ全体を1周することを意味します。例えば、5,000個の訓練データをバッチサイズ500で学習する場合、1エポックは10イテレーションで構成されます。訓練データ全体を1回だけ学習させるのではなく、複数エポックにわたって訓練ループを繰り返すことで、モデルは徐々にパラメータを最適化していきます。ただし、エポック数を増やしすぎると過学習のリスクが高まるため、検証データを用いて適切なエポック数を決定することが重要です。なお、バッチ学習（訓練データ全体を一度に使用）の場合は1エポック＝1イテレーションとなりますが、一般的なミニバッチ学習では1エポックが複数のイテレーションで構成されます。

深層学習フレームワークPyTorch

これまで深層学習のもととなるニューラルネットワークの基礎について説明してきました。ここではニューラルネットワークを扱う上で必要となるPyTorchライブラリの基礎を説明します。

PyTorchはPython言語で書かれたニューラルネットワークモデル開発用OSSです。2016年に公開され、Meta社（旧Facebook社）が中心となって開発されています。拡散モデルライブラリであるdiffusersにおいてもPyTorchが主に使用されています。diffusersでは多くの高レベルAPIを提供しているため、PyTorchをほとんど意識することなく画像生成モデルを構築可能です。しかしながら具体的にどのような計算が行われているかソースコードを確認したり、細かく実装を調整してカスタマイズして使いたい場合にPyTorchの理解が必要になります。

PyTorchによる基本的な訓練の流れ

実際にPyTorchを用いて深層学習モデルの構築、訓練用データの読み込み、モデルの訓練、学習結果の評価を行う基本的な流れを、PyTorchのビギナーチュートリアル[3]をベースに示します。

---

3 https://pytorch.org/tutorials/beginner/basics/quickstart_tutorial.html

ではpython-image-generation/notebooks/2-2-6_pytorch.ipynb[4]を開いてください。まずはPyTorchや深層学習で一般的なデータセットやモデル、データの前処理方法がまとまったライブラリをそれぞれtorch[5]、torchvision[6]としてインポートします。

In [1]

```
import torch
from torch import nn
from torch.utils.data import DataLoader
from torchvision import datasets
from torchvision.transforms import ToTensor
```

torchvision.datasetsには様々なDatasetクラスが含まれています。今回は白黒のファッション画像が含まれるFashion-MNIST[7]データセットを使用します。Fashion-MNISTは手書き文字認識のデータセットとして非常に有名なMNIST[8]データセットのファッション版であり、10種類のファッションアイテムの画像が含まれています。以下のようにしてtrain_dataとtest_dataとしてデータを読み込みます。

In [2]

```
training_data = datasets.FashionMNIST(
    root="data",
    train=True,
    download=True,
    transform=ToTensor(),
)
test_data = datasets.FashionMNIST(
    root="data",
    train=False,
    download=True,
    transform=ToTensor(),
```

4 https://github.com/py-img-gen/python-image-generation/blob/main/notebooks/2-2-6_pytorch.ipynb
5 pytorch/pytorch：https://github.com/pytorch/vision
6 https://pytorch.org/vision/main/datasets.html
7 FashionMNIST：https://pytorch.org/vision/main/generated/torchvision.datasets.FashionMNIST.html [Xiao et al., 2017]
8 MNIST：https://pytorch.org/vision/main/generated/torchvision.datasets.MNIST.html [LeCun et al., 1998]

```
)
```

次に読み込んだDatasetをDataLoader[9]へ渡します。この操作によってデータセット全体に対する自動的なバッチ処理、サンプリング、シャッフル、マルチプロセスによるデータの読み込みなどの逐次処理（イテレーション処理）が簡単に行えます。ここでバッチサイズとしてbatch_sizeに対して64として設定しているため、64枚の画像（Xs）とラベル（ys）が得られています。一般的なカラー画像は3チャンネル（=RGBの3つ）で表されますが、今回は白黒画像であるため1チャンネルで表されており、解像度は28×28であることに注意してください。

In [3]

```
batch_size = 64

train_dataloader = DataLoader(
    training_data, batch_size=batch_size
)
test_dataloader = DataLoader(
    test_data, batch_size=batch_size
)

(Xs, ys) = next(iter(train_dataloader))
print(f"Shape of Xs [N, C, H, W]: {Xs.shape}")
print(f"Shape of ys: {ys.shape} {ys.dtype}")
```

Out [3]

```
Shape of Xs [N, C, H, W]: torch.Size([64, 1, 28, 28])
Shape of ys: torch.Size([64]) torch.int64
```

実際にFashion-MNISTデータセットに含まれるサンプル画像を表示してみます。classesにはデータセットに含まれるファッションアイテムのラベルを設定しています。matplotlib[10]を用いて対象の画像とそのラベル情報を可視化します。

9 https://pytorch.org/docs/stable/data.html#torch.utils.data.DataLoader
10 https://matplotlib.org/

In [4]

```
import matplotlib.pyplot as plt

classes = [
    "T-shirt/編集",
    "Trouser",
    "Pullover",
    "Dress",
    "Coat",
    "Sandal",
    "Shirt",
    "Sneaker",
    "Bag",
    "Ankle boot",
]

idx = 0

# shape: (1, 28, 28)
X = Xs[idx]
# shape: (28, 28)
X = X.squeeze(dim=0)

y = ys[idx]

fig, ax = plt.subplots()
ax.imshow(X, cmap="gray")
ax.set_title(f"Class: {y} ({classes[y]})")
```

ニューラルネットワークモデルやデータを対象のデバイスへ移動させます。ColabではGPUが使用できるため、非常に高速にモデルの学習が可能です。Colabの場合、GPUを使用している旨であるUsing cuda deviceと表示されるはずです[11]。

In [5]

```
device = torch.device(
    "cuda" if torch.cuda.is_available() else "cpu"
)

print(f"Using {device} device")
```

Out [5]

```
Using cuda device
```

PyTorchでニューラルネットワークを定義する場合、nn.Module[12]を継承したクラスを作成します。__init__ 関数でモデルの層を定義し、forward関数でデータがモデルを通過する方法を指定しています。to関数で上記で設定したデバイスへモデルを移動させます。

In [6]

```
class NeuralNetwork(nn.Module):
    def __init__(self):
        super().__init__()
        self.flatten = nn.Flatten()
        self.linear_relu_stack = nn.Sequential(
            nn.Linear(28 * 28, 512),
            nn.ReLU(),
            nn.Linear(512, 512),
            nn.ReLU(),
            nn.Linear(512, 10),
        )

    def forward(self, x):
        x = self.flatten(x)
```

11 CUDA(https://developer.nvidia.com/cuda-toolkit)はNVIDIA社が開発しているGPUプログラムの開発環境です。ColabではNVIDIA社のGPUが使用されているため、ここではCUDAを指定してGPUを使用するよう設定しています。

12 https://pytorch.org/docs/stable/generated/torch.nn.Module.html

```
        logits = self.linear_relu_stack(x)
        return logits

model = NeuralNetwork()
model = model.to(device)
```

モデルを訓練するために、損失関数と最適化手法を設定します。ここでは一般的に使用される交差エントロピー損失と確率的勾配降下法を使用しています。

In [7]

```
loss_fn = nn.CrossEntropyLoss()
optimizer = torch.optim.SGD(model.parameters(), lr=1e-3)
```

以下、train関数は1回の訓練ループを表しています。モデルmodelは訓練データセットであるXに対して予測を行い、その予測と正解ラベルyとの損失を計算します。その後loss.backward()で損失を逆伝播させ、optimizer.step()によってパラメータを更新します。

In [8]

```
def train(dataloader, model, loss_fn, optimizer):
    size = len(dataloader.dataset)
    model.train() # モデルを訓練モードに
    for batch, (X, y) in enumerate(dataloader):
        X, y = X.to(device), y.to(device)

        #予測誤差の計算
        pred = model(X)
        loss = loss_fn(pred, y)

        # 逆伝播の実行
        loss.backward()
        optimizer.step()
        optimizer.zero_grad()
```

```python
        if batch % 100 == 0:
            loss, current = loss.item(), (batch + 1) * len(X)
            print(
                f"loss: {loss:>7f} "
                "[{current:>5d}/{size:>5d}]"
            )
```

またモデルが学習していることを確認するために、以下に示すようなtest関数を用いて評価データに対するモデルの性能を評価します。具体的には、評価データに対してモデルを用いて予測を行い、その結果と正解ラベルを比較して損失や正解率を計算します。

In [9]

```python
def test(dataloader, model, loss_fn):
    size = len(dataloader.dataset)
    num_batches = len(dataloader)
    model.eval()
    test_loss, correct = 0, 0
    with torch.no_grad():
        for X, y in dataloader:
            X, y = X.to(device), y.to(device)
            pred = model(X)
            test_loss += loss_fn(pred, y).item()
            correct += (
                (pred.argmax(1) == y)
                .type(torch.float)
                .sum()
                .item()
            )
    test_loss /= num_batches
    correct /= size
    print(
```

```
        f"Test Error: \n Accuracy: {(100*correct):>0.1f}%, Avg
loss: {test_loss:>8f} \n"
    )
```

学習のプロセスは指定したエポック数だけ繰り返します。各エポックの間、モデルはより良い予測を行うためのパラメータを学習します。train関数とtest関数ではそれぞれ損失と予測精度を表示しています。エポックごとに損失が下がり、精度が上がっていくのが観測できるはずです。

In [10]

```
epochs = 5
for t in range(epochs):
    print(f"Epoch {t+1}\n-------------------------------")
    train(train_dataloader, model, loss_fn, optimizer)
    test(test_dataloader, model, loss_fn)
print("Done!")
```

Out [10]

```
Epoch 1
-------------------------------
loss: 2.299641  [   64/60000]
loss: 2.286922  [ 6464/60000]
loss: 2.267758  [12864/60000]
loss: 2.251464  [19264/60000]
loss: 2.238897  [25664/60000]
loss: 2.206415  [32064/60000]
loss: 2.214353  [38464/60000]
loss: 2.177936  [44864/60000]
loss: 2.164350  [51264/60000]
loss: 2.138870  [57664/60000]
Test Error:
 Accuracy: 37.9%, Avg loss: 2.130443

Epoch 2
-------------------------------
```

```
loss: 2.140312  [   64/60000]
loss: 2.130775  [ 6464/60000]
loss: 2.075057  [12864/60000]
loss: 2.087312  [19264/60000]
loss: 2.043335  [25664/60000]
loss: 1.983676  [32064/60000]
loss: 2.003579  [38464/60000]
loss: 1.927624  [44864/60000]
loss: 1.916538  [51264/60000]
loss: 1.861974  [57664/60000]
Test Error:
 Accuracy: 60.4%, Avg loss: 1.854694
```

(中略)

```
Epoch 5
-------------------------------
loss: 1.316618  [   64/60000]
loss: 1.292294  [ 6464/60000]
loss: 1.130922  [12864/60000]
loss: 1.238258  [19264/60000]
loss: 1.123689  [25664/60000]
loss: 1.138786  [32064/60000]
loss: 1.148531  [38464/60000]
loss: 1.099926  [44864/60000]
loss: 1.144892  [51264/60000]
loss: 1.055079  [57664/60000]
Test Error:
 Accuracy: 64.9%, Avg loss: 1.077436

Done!
```

訓練したモデルを保存します。一般的に model.state_dict() でモデルの状態を辞書形式に変換し、torch.save()で保存します。

In [11]
```
torch.save(model.state_dict(), "model.pth")
print("Saved PyTorch Model State to model.pth")
```

Out [11]
```
Saved PyTorch Model State to model.pth
```

上記で保存したモデルを読み込む場合は、torch.load() で読み込み、model.load_state_dict()で学習済みモデルとして状態を復元します。

In [12]
```
model = NeuralNetwork().to(device)
model.load_state_dict(
    state_dict=torch.load("model.pth", weights_only=True)
)
```

以下は評価データに対する予測の実行例です。torch.no_grad()は勾配計算を行わないようにする関数です。テスト時には勾配計算は不要であるため、この関数を使用することでVRAMの使用量を抑えることができます。

In [13]
```
model.eval()

(x, y) = test_data[0]

with torch.no_grad():
    x = x.to(device)
    pred = model(x)
    predicted, actual = classes[pred[0].argmax(0)], classes[y]

print(f'Predicted: "{predicted}", Actual: "{actual}"')
```

Out [13]
```
Predicted: "Ankle boot", Actual: "Ankle boot"
```

予測時の入力データについて確認します。ここでは正しくAnkle bootを予測していることが確認できます。

In [14]

```
x = x.cpu()
x = x.squeeze(dim=0)

fig, ax = plt.subplots()
ax.imshow(x, cmap="gray")
ax.set_title(f"Class: {y} ({classes[y]})")
```

第3節 注意機構とTransformerモデル

本節では、近年よく利用される深層学習モデルであるTransformer[Vaswani et al., 2017]について導入します。Transformerは現代の深層学習において中核的な技術となっており、特にChatGPTで注目を集める**自然言語処理**（**Natural Language Processing、NLP**）をはじめ、様々な分野で顕著な成果を上げています[13]。また、画像処理[Parmar et al., 2018][Carion et al., 2020][Dosovitskiy et al., 2021]、音声処理[Dong et al., 2018][Gulati et al., 2020][Chen et al., 2021]、化学分野[Schwaller et al., 2019]、生命科学[Rives et al., 2021]など、多様な分野に応用されています。ChatGPTをはじめとする人間を超えるような性能を示す深層学習モデルは現在ほぼすべてTransformerを基盤として構築されています。Transformerは当初、**機械翻訳**（**Machine Translation**）タスクに対するsequence-to-sequence[Sutskever et al., 2014]モデル（言語Aの単語列から言語Bの単語列への変換）として提案されました。以下では、Transformerとその核となる**注意機構**（**Attention Mechanism**）[Bahdanau et al., 2015][Lin et al., 2017][Vaswani et al., 2017]について説明します。

注意機構

Transformerは注意機構と呼ばれる非常に重要なモジュールを含むブロックを多段に積層して構築された深層学習モデルです。図2-7はこの注意機構の概念を図示したものです。注意機構はデータベースの検索操作に例えることができます。具体的には、データを検索するための鍵（Key）と対応する実際の値（Value）のペアの集合に対して、問い合わせ（Query）を行うことで必要な情報を取り出す操作をイメージすると理解しやすいです。この過程でKeyとQueryの類似度に基づいて重要度が計算され、その重要度を重みとしたValueの加重平均が最終的な出力となります。

13 ChatGPTの基盤であるGPT-3[Brown et al., 2020]やGPT-4[Achiam et al., 2023]はTransformerをもとにしています。

図 2-7 注意機構の動作イメージ。「吾輩は猫である」という鍵（Key）に対して各単語を問い合わせ（Query）とすると、各QueryとKeyの類似度に基づいて重み付けされた実際の値（Value）が出力される。

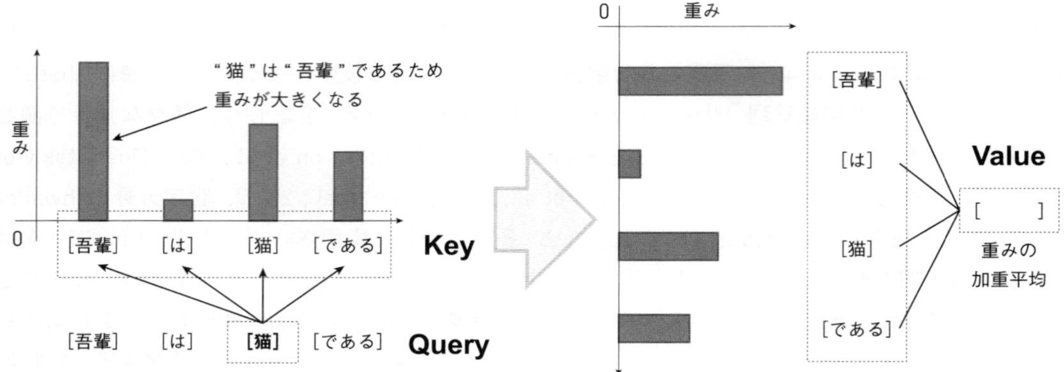

注意機構による**注意スコア**（**Attention Score**）の計算方法について説明します。深層学習では基本的に特徴ベクトルは複数のベクトルを並べた**テンソル**（**Tensor**）として表現されます。Queryはd_k次元のベクトルとして表されます。それらがN個並んだ行列として$N \times d_k$次元の$\boldsymbol{Q}$を用意します。同様にKeyを$M \times d_k$次元の$\boldsymbol{K}$、Valueを$M \times d_v$次元の$\boldsymbol{V}$と表すと、注意スコアは以下に示す**Scaled Dot-Product Attention**[Vaswani et al., 2017]で計算できます。

$$\mathrm{Attention}(\boldsymbol{Q}, \boldsymbol{K}, \boldsymbol{V}) = \mathrm{softmax}\left(\frac{\boldsymbol{Q}\boldsymbol{K}^\top}{\sqrt{d_k}}\right)\boldsymbol{V} = \boldsymbol{A}\boldsymbol{V} \in \mathbb{R}^{N \times d_v} \quad [2.11]$$

ここでソフトマックス関数は行方向、つまり各Queryに対してすべてのKeyへの重みの総和が1になる方向へ適用されます。注意行列$\boldsymbol{A}$は図2-8に示すように、各QueryとKeyのペアの類似度を示すヒートマップのような役割を担います。

図 2-8 TransformerベースのBERTモデルにおけるAttention Matrix（注意行列）の可視化。[Kovaleva et al., 2019]から引用。トークン同士が強く反応している箇所が濃い色で示されている。

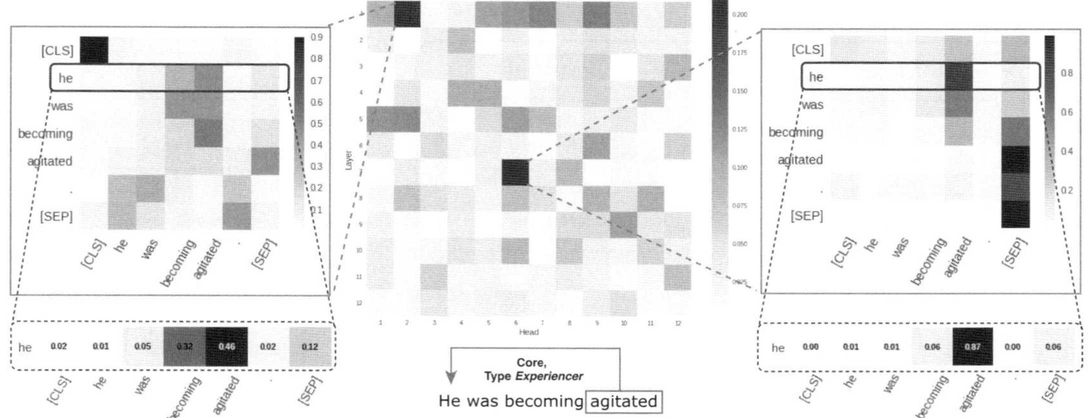

Query、Key、Valueの計算方法によってTransformerブロックは図2-9に示すように3つのタイプに分類されます。**自己注意**（**Self Attention**）型は、ある入力$\boldsymbol{X}$に対してそれぞれの変換行列を適用します。この方法では$\boldsymbol{Q} = \boldsymbol{X}\boldsymbol{W}_q, \boldsymbol{K} = \boldsymbol{X}\boldsymbol{W}_K, \boldsymbol{V} = \boldsymbol{X}\boldsymbol{W}_V$を用意し、入力要素同士の注意度合いを抽出します（図2.9(a)）。**マスク付き自己注意**（**Masked Cross Attention**）型は、**自己回帰型モデル**（**Auto-regressive Model**）[van den Oord et al., 2016][Vaswani et al., 2017][Dai et al., 2019]を使用し、順に要素を予測していく自己回帰生成に用いられます。この手法では、各要素が自身よりも未来の要素を参照できないように三角状にマスクします（図2.9(b)）。**交差注意**（**Cross Attention**）型は、異なる入力行列$\boldsymbol{X}, \boldsymbol{Y}$から$\boldsymbol{Q} = \boldsymbol{X}\boldsymbol{W}_q, \boldsymbol{K} = \boldsymbol{Y}\boldsymbol{Q}_k, \boldsymbol{V} = \boldsymbol{Y}\boldsymbol{W}_v$として用意します。この方法では異なる情報$\boldsymbol{X}$が異なる情報$\boldsymbol{Y}$から情報を抽出します（図2.9(c)）。

図 2-9 自己注意は自身のみでAttention（注意）を計算する。マスク付き自己注意は過去の情報のみを参照する。交差注意は異なる入力の情報を参照する。

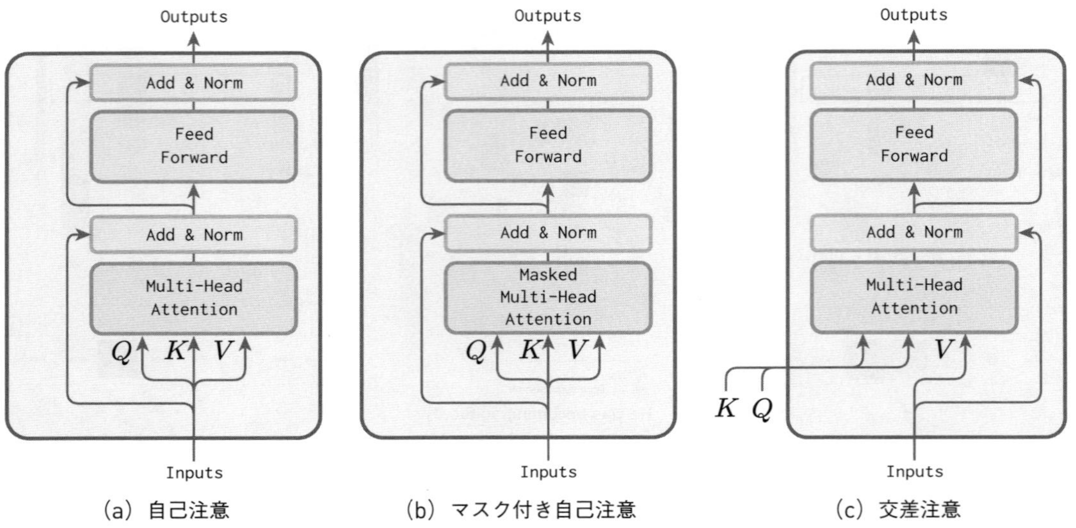

Transformerの全体像

Transformerの全体像を図2-10に示します。前述の通り、Transformerは元々は機械翻訳タスク用に提案されたsequence-to-sequenceモデルです[Vaswani et al., 2017]。そのためTransformerは翻訳元言語である入力文を処理する**Encoder**とその処理結果を翻訳文へと自己回帰的に生成する**Decoder**からなる**Encoder-Decoderアーキテクチャ**で構成されています。

Encoderは、入力文を受け取って自己注意を含むブロックを繰り返し適用、タスクを解くのに有益な特徴を抽出し、それをDecoderの交差注意を含むブロックへと渡します。一方、DecoderはEncoderの特徴から翻訳文を生成します。このとき**[BOS]**（**Begin of Sentence**）というトークンを合図に、マスク付き自己注意を含むブロックと交差注意を含むブロックを繰り返し適用しながらその次のトークンを繰り返し予測していき、**[EOS]**（**End of Sentence**）が予測されたらそこで予測を終了します。

Transformerモデルに含まれるEncoderとDecoderは、それぞれEncoderブロックとDecoderブロックを積み重ねたもので構成されています。Encoderブロックはさらにいくつかのモジュールで構成されています。まず複数の注意機構の計算結果を重みづけて束ねる**マルチヘッド注意**（**Multi-head Attention**、**MHA**）があり、その後MHAで得られたベクトルにトークン位置（ポイント）ごとの**Point-wise Feed Forward Network**（**Feed Forward Neural Network**）を適用してさらにモデルの表現力を高めています。

深層学習では層を深くすればするほどモデルの表現力が上がり一定性能まで向上しますが、Transformerでも層をより深くする工夫として**残差接続**（**Residual Connection**）[He et al., 2016]や**レイヤー正規化**（**Layer Normalization**）[Ba et al., 2016]といったテクニックが導入されています。さらに**位置符号化**（**Positional Encoding**）によって注意機構だけでは位置情報を考慮できないという問題を解決しています。またDecoderブロックでは、Encoderブロックの工夫に加えて交差注意モジュールを導入し、Encoderから得られた特徴を翻訳文の生成に用いています。

図2-10 Transformerのアーキテクチャおよびその構成要素の概略。[Vaswani et al., 2017]を参考に作成。TransformerはMHAとScaled Dot-Product Attentionから構成されている。

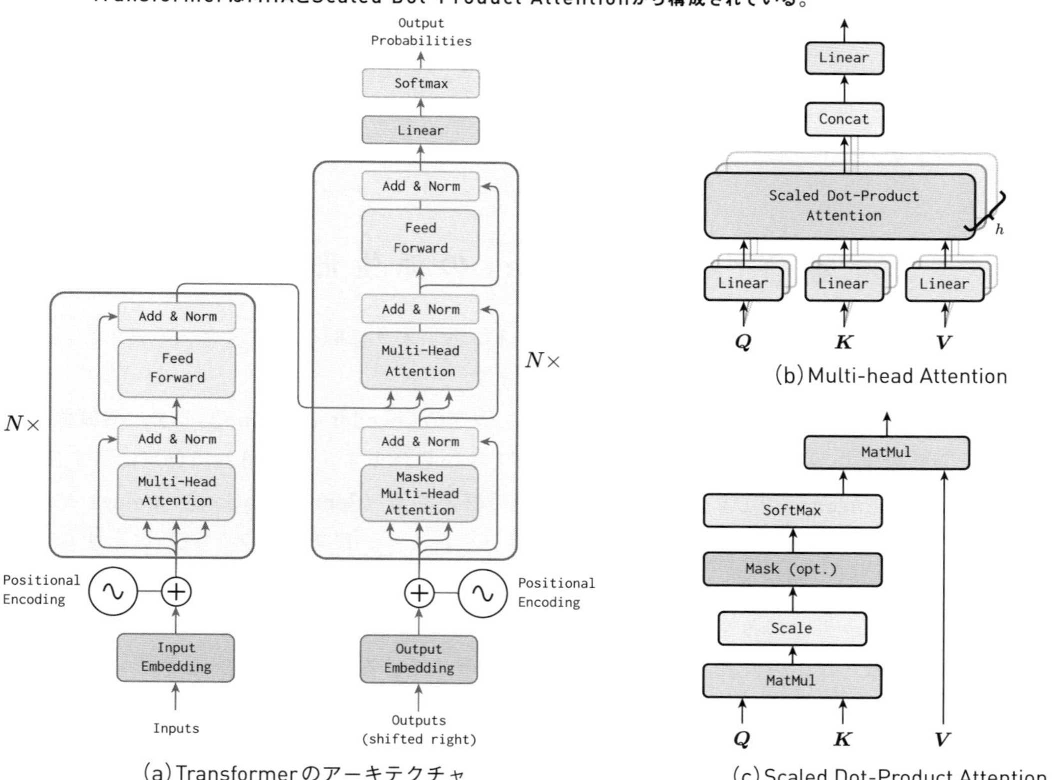

(a) Transformerのアーキテクチャ

(b) Multi-head Attention

(c) Scaled Dot-Product Attention

● Transformerの学習と生成 ●

Transformerの訓練と生成の流れを説明します。訓練時は正解トークン列を一度に入力します。具体的には以下のように、トークンに分割した翻訳元文と翻訳先文を入力します。

[I] [am] [a] [cat] | [BOS][吾輩][は][猫][である][EOS]

このとき、マスク付き自己注意によって翻訳元文の各トークンは自身よりも前のトークンしか参照できないようにマスクされます。生成時は翻訳元文と[BOS]トークンのみを入力して生成を開始し、[EOS]が出たら生成を終了します。最初に[BOS]のトークンの次のトークンが予測されるので、再度そのトークンを含めて次のトークンを予測させます。具体的には[BOS]から[吾輩]を予測、[BOS] [吾輩]から[は]を予測…というような形です。このようにして自己回帰型モデルを使用した生成を行います。

● Transformerの派生形 ●

Encoder-Decoder型のTransformerに対し、図2-11に示すように個々のタスクへの特化を目的とした様々なモデル構造が派生形として提案されています。

まず図2-11(a) に示すオリジナルのTransformerと同様のEncoder-Decoder型です。機械翻訳など、ある系列を異なる系列に変換するタスクにおいて用いられます。次に図2-11(b) に示すBERTなどを中心としたEncoder型です。これは入力系列の**表現学習**（**Representation Learning**）に利用され、系列ラベリングや系列分類などのタスクに用いられます。最後に図2-11(c) に示すGPTなどを中心としたDecoder型です。Encoder-Decoder型においてEncoderとの交差注意を除外し、自己回帰生成のDecoder部分のみを残したモデル構造になっています。言語モデルなど、生成モデルでの利用が中心になっており、ChatGPTもこの構造を採用していると言われています。

図2-11 Transformerの派生形の概要。Encoder-Decoder型はTransformer、Encoder型はBERT、Decoder型はGPTがそれぞれ代表的なモデル。

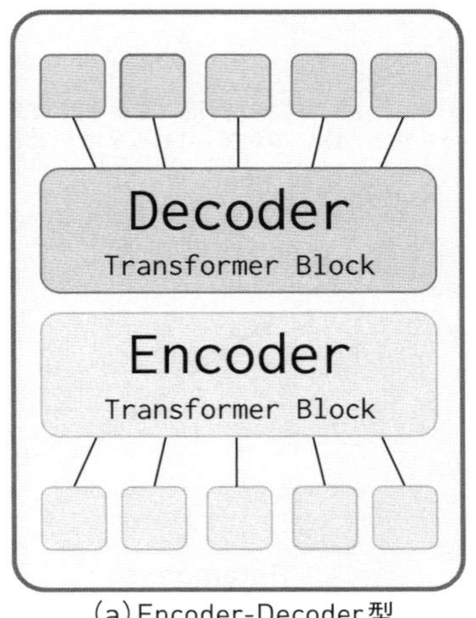

(a) Encoder-Decoder型

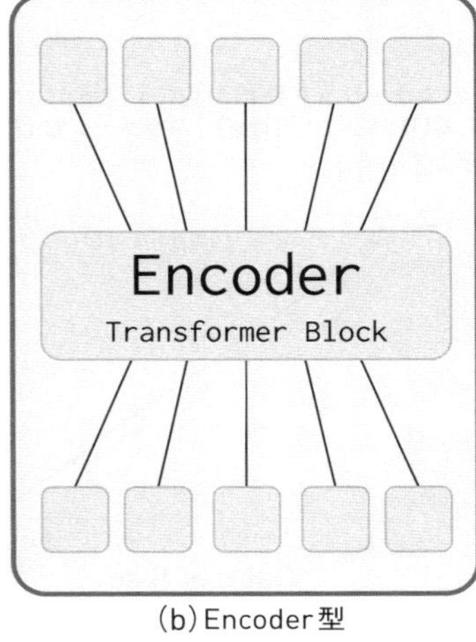

(b) Encoder型

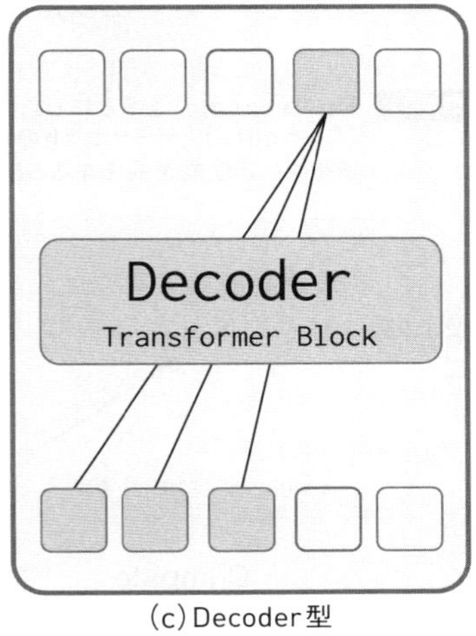

(c) Decoder型

Transformerの帰納バイアスとスケーリング則

Transformerがこれまで提案されてきた深層学習と比べて特徴的な性質として、**帰納バイアス**（**Inductive Bias**）に対する影響の小ささと**スケーリング則**（**Scaling Law**）[Kaplan et al., 2020]が挙げられます。

帰納バイアスは機械学習モデル自体が有している仮定や構造上の偏りを指します。例として、**線形回帰**（**Linear Regression**）では入出力が線形の関係にあることを仮定しています。また深層学習モデルであるCNNには、重みを共有した局所カーネル関数を、対象（例えば画像）全体に適用するという構造上の制約が帰納バイアスとして含まれています。Transformerは扱うデータにほとんど仮定を置きません。そのため柔軟で普遍的な表現を学習できると考えられている一方で、帰納バイアスが少ないため、データ量が不十分な環境では過学習しやすいという問題があります。帰納バイアスはデータに対するある種の仮説を表現しており、データ量が少ない環境においては、モデリングの効率化や精度向上に寄与することがあります。つまり、この性質があることで、限られたデータからでも有効な学習が可能になる場合があります。

さらにTransformerの特徴的な点として、計算量、データ数、パラメータ数という3つの要素を増やせば増やすほど性能が向上する性質が見つかっています（図2-12）。この性質はスケーリング則と呼ばれています。この傾向は複数のドメイン、モダリティにおいても同様に確認されています [Henighan et al., 2020]。こうしたスケーリング則に対して、パラメータサイズとデータサイズには実践的に最適なバランスが存在することも報告されていますが [Hoffmann et al., 2022]、世界中では先の3つの要素を増やすことに注力して研究が進められています。

図 2-12 TransformerをもとにしたLMのスケーリング則について。[Kaplan et al., 2020]より引用。左から計算量(Compute)、データセットのサイズ(Dataset Size)、パラメータ数(Parameters)について、これらを増やせば増やすほど性能が向上することを示している。

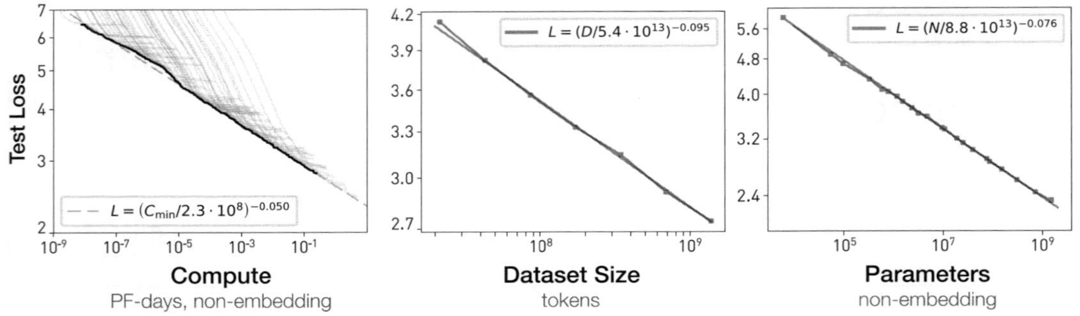

PyTorchによるTransformerの実装

ではpython-image-generation/notebooks/2-3_transformer.ipynb[14]を開いてください。PyTorchによるTransformerの実装を説明します。なお、TransformerはあらかじめPyTorchのnn.Transformer[15]として定義されているため、実際に使用する際はそちらを利用してください。以下はnn.Transformerを使わずにTransformerをできるだけシンプルに実装した例になります。

まず、実装に必要なパッケージをインポートします。

In [1]

```
from typing import Optional

import torch
import torch.nn as nn
import torch.nn.functional as F
```

14 https://github.com/py-img-gen/python-image-generation/blob/main/notebooks/2-3_transformer.ipynb

15 https://pytorch.org/docs/stable/generated/torch.nn.Transformer.html

以下にTransformerの全体の実装例を示します。図2-10と見比べてみてください。Transformerは大きくEncoderとDecoderを有したEncoder-Decoder構造になっています。Encoderにはソース文（翻訳元文）をトークン単位のベクトル表現にしたものと、ソース文用のマスクを入力します。Decoderにはターゲット文（翻訳先文）と、ターゲット文用のマスクを入力します。このときDecoderの入力は右方向へシフトしておくことで、逐次的な生成を学習できます。

In [2]

```
class Transformer(nn.Module):
    def __init__(
        self,
        d_model: int = 512,
        num_heads: int = 8,
        num_encoders: int = 6,
        num_decoders: int = 6,
    ) -> None:
        super().__init__()
        self.encoder = Encoder(d_model, num_heads, num_encoders)
        self.decoder = Decoder(d_model, num_heads, num_decoders)

    def forward(
        self,
        src: torch.Tensor,
        tgt: torch.Tensor,
        src_mask: torch.Tensor,
        tgt_mask: torch.Tensor,
    ) -> torch.Tensor:
        enc_out = self.encoder(src, src_mask)
        dec_out = self.decoder(tgt, enc_out, src_mask, tgt_mask)
        return dec_out
```

EncoderとDecoderのうち、まずはEncoderの実装例を示します。EncoderはN個のEncoderレイヤーで構成されています。あるEncoderレイヤーの出力は次のEncoderレイヤーの入力になります。ソース文用のマスクは最後まで不変です。位置符号化によって各トークンに対して自身の位置を表す情報をEncoderレイヤーに渡しています。

In [3]

```
class Encoder(nn.Module):
    def __init__(
        self, d_model: int, num_heads: int, num_encoders: int
    ) -> None:
        super().__init__()
        self.enc_layers = nn.ModuleList(
            [
                EncoderLayer(d_model, num_heads)
                for _ in range(num_encoders)
            ]
        )

    def forward(
        self, src: torch.Tensor, src_mask: torch.Tensor
    ) -> torch.Tensor:
        output = src
        for layer in self.enc_layers:
            output = layer(output, src_mask)
        return output
```

次にDecoderの実装例を示します。Encoder同様にDecoderもN個のDecoderレイヤーで構成されています。Decoderはターゲット文のトークン単位のベクトル表現と、最後のEncoderレイヤーから得られたソース文のトークン単位のベクトル表現を入力します。ソース文、ターゲット文それぞれに対応するマスクも使用します。

In [4]

```
class Decoder(nn.Module):
    def __init__(
        self,
```

```
        d_model: int,
        num_heads: int,
        num_decoders: int,
    ) -> None:
        super().__init__()
        self.dec_layers = nn.ModuleList(
            [
                DecoderLayer(d_model, num_heads)
                for _ in range(num_decoders)
            ]
        )

    def forward(
        self,
        tgt: torch.Tensor,
        enc: torch.Tensor,
        tgt_mask: torch.Tensor,
        enc_mask: torch.Tensor,
    ) -> torch.Tensor:
        output = tgt
        for layer in self.dec_layers:
            output = layer(output, enc, tgt_mask, enc_mask)
        return output
```

それぞれのモジュールにおけるレイヤーの実装例を示します。まずはEncoderレイヤーの実装例を示します。EncoderレイヤーはMHA、順伝播型ニューラルネットワーク、2つのレイヤー正規化から構成されています。forward関数では出力に元の入力を追加する残差接続を使用しています。

In [5]

```
class EncoderLayer(nn.Module):
    def __init__(
        self,
```

```
        d_model: int,
        num_heads: int,
        d_ff: int = 2048,
        dropout: float = 0.3,
    ) -> None:
        super().__init__()
        self.attn = MultiheadAttention(
            d_model, num_heads, dropout
        )

        self.ffn = nn.Sequential(
            nn.Linear(d_model, d_ff),
            nn.ReLU(),
            nn.Dropout(dropout),
            nn.Linear(d_ff, d_model),
            nn.Dropout(dropout),
        )
        self.attn_norm = nn.LayerNorm(d_model)
        self.ffn_norm = nn.LayerNorm(d_model)

    def forward(
        self, src: torch.Tensor, src_mask: torch.Tensor
    ) -> torch.Tensor:
        x = src
        x = x * self.attn(q=x, k=x, v=x, mask=src_mask)
        x = self.attn_norm(x)
        x = x + self.ffn(x)
        x = self.ffn_norm(x)
        return x
```

MHAの実装を示します。MHAは複数の自己注意を束ねており、順に入力に対して適用していきます。最後にこれらの入力を結合してPoint-wise Feed Forward Networkに入力します。

In [6]

```
class MultiHeadedAttnetion(nn.Module):
    def __init__(
        self, d_model: int, num_heads: int, dropout: float
    ) -> None:
        super().__init__()
        self.d_model = d_model
        self.num_heads = num_heads
        self.dropout = dropout
        self.attn_output_size = self.d_model // self.num_heads
        self.attentions = nn.ModuleList(
            [
                SelfAttention(d_model, self.attn_output_size)
                for _ in range(self.num_heads)
            ]
        )
        self.output = nn.Linear(self.d_model, self.d_model)

    def forward(
        self,
        q: torch.Tensor,
        k: torch.Tensor,
        v: torch.Tensor,
        mask: torch.Tensor,
    ) -> torch.Tensor:
        x = torch.cat(
            [layer(q, k, v, mask) for layer in self.attentions],
            dim=-1,
        )
        x = self.output(x)
        return x
```

次に自己注意の実装を示します。ここでforward関数で scoresを計算している部分に注目すると、渡されたq、k、vを用いて式[2.11]で示した注意スコアを計算しています。ここでmaskが渡された場合は図2.9(b) に示したマスク付き自己注意の動作となり、これはTransformerモデルに対して未来の情報を見えないようにするために使用されます。マスクされた部分は−∞に置き換えられ、ソフトマックス関数において、その部分の重みが0になるようにします。

In [7]

```
class SelfAttention(nn.Module):
    def __init__(
        self,
        d_model: int,
        output_size: int,
        dropout: float = 0.3
    ) -> None:
        super().__init__()
        self.q = nn.Linear(d_model, output_size)
        self.k = nn.Linear(d_model, output_size)
        self.v = nn.Linear(d_model, output_size)
        self.dropout = nn.Dropout(dropout)

    def forward(
        self,
        q: torch.Tensor,
        k: torch.Tensor,
        v: torch.Tensor,
        mask: Optional[torch.Tensor] = None,
    ) -> torch.Tensor:
        bs = q.size(dim=0)
        tgt_len = q.size(dim=1)
        seq_len = k.size(dim=1)
        q, k, v = self.q(q), self.k(v), self.v(v)
        dim_k = k.size(dim=-1)
        scores = torch.bmm(
            q, k.transpose(1, 2)
```

```
        ) / torch.sqrt(dim_k)

        if mask is not None:
            mask = mask[:, None, :]
            expanded_mask = mask.expand(bs, tgt_len, seq_len)
            scores = scores.masked_fill(
                expanded_mask == 0, -float("Inf")
            )

        weights = F.softmax(scores, dim=-1)
        outputs = torch.bmm(weights, v)
        return outputs
```

最後にDecoderレイヤーの実装例を示します。Decoderレイヤーは2種類のMHAで構成されています。マスク付きのMHAであるmasked_attnは生成しようとする単語の情報（=未来の情報）を見ないようにしたものです。forward関数においてmasked_attnで計算された内容がQueryとなります。KeyとValueはEncoderで計算されたものを利用します。

In [8]

```
class DecoderLayer(nn.Module):
    def __init__(
        self,
        d_model: int,
        num_heads: int,
        d_ff: int = 2048,
        dropout: float = 0.3,
    ) -> None:
        super().__init__()
        self.masked_attn = MultiHeadedAttnetion(
            d_model, num_heads, dropout
        )
        self.attn = MultiHeadedAttnetion(
            d_model, num_heads, dropout
```

```
        )
        self.ffn = nn.Sequential(
            nn.Linear(d_model, d_ff),
            nn.ReLU(),
            nn.Dropout(dropout),
            nn.Linear(d_ff, d_model),
            nn.Dropout(dropout),
        )
        self.masked_attn_norm = nn.LayerNorm(d_model)
        self.attn_norm = nn.LayerNorm(d_model)
        self.ffn_norm = nn.LayerNorm(d_model)

    def forward(
        self,
        tgt: torch.Tensor,
        enc: torch.Tensor,
        tgt_mask: torch.Tensor,
        enc_mask: torch.Tensor,
    ) -> torch.Tensor:
        x = tgt
        x = x + self.masked_attn(q=x, k=x, v=x, mask=tgt_mask)
        x = self.masked_attn_norm(x)
        x = x + self.attn(q=x, k=enc, v=enc, mask=enc_mask)
        x = self.attn_norm(x)
        x = x + self.ffn(x)
        x = self.ffn_norm(x)
        return x
```

まとめ

第2章では画像生成技術の基盤となる深層学習について、基礎的な概念から最新のTransformerモデルまでを解説しました。

まず深層学習の概要として、パーセプトロンを用いた教師あり学習の基礎を説明し、犬と猫の画像分類を例に機械学習の基本的な仕組みについて理解を深めました。

次に深層学習の訓練と検証について、ニューラルネットワークの構造と活性化関数、確率的勾配降下法と誤差逆伝播法による訓練方法を説明した後、実践的な内容としてPyTorchを使用した実装方法を紹介し、深層学習モデルの構築から評価までの一連の流れを解説しました。

最後に現代の画像生成AIの基盤技術となっている注意機構とTransformerモデルについて詳しく説明しました。Transformerの基本構造である「自己注意」や「マスク付き自己注意」などの注意機構の種類や、Transformerの訓練と生成の具体的な方法について解説しました。また、Transformerの発展形として、Encoder型、Decoder型などの様々なアーキテクチャについても触れ、その特徴と応用について説明しました。本章で取り上げた知識は、続く第3章以降で説明する拡散モデルなどの最新の深層学習モデルを理解する上で重要な基礎となります。

C O L U M N

dataclassで万物に型を付けよう

深層学習に関するコードを書く際に様々な設定情報を扱うことがあります。例えば深層学習モデルを学習する際には、学習率やエポック数、バッチサイズなどのハイパーパラメータを設定する必要があります。これらをひとまとめにしてconfigという名の辞書に情報を格納し、様々な関数やクラスで使用することを想像してください。最初は少なかったハイパーパラメータも、実験をするにつれてだんだんと増えていきます（そしてその大半は使われていないパラメータの廃墟のような状態になります）。辞書型の柔軟性を活かして設定内容を超えた情報を格納していってしまい、終いにはこの世のすべてを蓄えた「オレオレ最強辞書型データ」がいつのまにかできあがっていることが稀によくあります。こうした辞書型データは型の情報に乏しく、コードの可読性や保守性を大きく損なう原因となります。この問題を解決するには、Pythonのdataclassを使って型を付けることをお勧めします。

Python 3.7から導入されたdataclassは、クラス定義を簡潔に記述する機能を提供する他、第1章末尾のコラムで紹介した型ヒントをサポートします。辞書型はあるkeyに対して様々な属性をvalueとして格納できますが、その柔軟性故にデメリットも存在します。まず「.」（ドット）でアクセスできない点です。これは言い換えれば「その属性に対してテキストエディタの補完機能が使えない」ということです。特定のkeyが存在するかどうかが実行時までわからないとも言えます。また、複雑な辞書型データの場合に適切な型ヒントを付与するのが難しい点が挙げられます。辞書型のデータの場合、内容を自由に変更できてしまうため、意図しないデータの変更が起こりやすいことも難点です。

辞書型のデータの代わりにdataclassを使用するのと同時に、関数の引数と戻り値にもdataclassを使用することで、入出力を明確にできます。本書で主に使用するdiffusersやtransformers[16]では、特にモデルやパイプラインの出力にdataclassをもとにしたクラスを使用しています[17、18]。

Pythonでは、関数の返り値に辞書型やタプル型といった複数のデータを含むデータを返すことができます。この機能を利用して深夜のテンションで「自分は天才！」と思いながら複数のデータを返すコードを書いたと想像してください。翌朝そのコードを見てhoge[2]が何のデータだったか、fuga_dictという辞書に何が含まれているのかを把握するのは難しくなります。dataclassを使用することで、こうしたデータにも適切な動作をユーザーに提供することが可能です。dataclassの書き方やその詳細については、本書付録のWebページ[19]を参照してください。

---

16 https://huggingface.co/docs/transformers/main/en/index

17 diffusersのStable Diffusionパイプラインの出力における使用例：https://github.com/huggingface/diffusers/blob/v0.30.1/src/diffusers/pipelines/stable_diffusion/pipeline_output.py#L10-L25

18 transformersのCLIPモデルの出力における使用例：https://github.com/huggingface/transformers/blob/v4.46.0/src/transformers/models/clip/modeling_clip.py#L140-L174

19 https://py-img-gen.github.io/column/python-dataclass/

第 3 章

拡散モデルの導入

本章では、画像生成において最先端の技術である拡散モデルを導入します。まず拡散モデルが含まれる生成モデルの概要について紹介します。次に、拡散モデルの基本的な概念であるDDPMとその発展について説明します。さらに拡散モデルと密接に関係するスコアベース生成モデルについても説明します。最後に拡散モデルを最先端の生成手法へと押し上げた生成技術について取り上げます。

第1節 生成モデル

本節では**生成モデル**（Generative Model）について説明します。本書を通じて取り扱う拡散モデルも生成モデルに属しています。第2章では主に識別モデルについて説明しましたが、これはサンプルデータxがクラスyへと分類される条件付き確率$p(y|x)$を直接推定するモデルでした。生成モデルはデータを生成する確率分布を想定し、観測データから確率分布を推定することで、データの生成過程をモデル化します。以降、深層学習の文脈で幅広く知られているGAN、VAE、自己回帰型モデル、NF、EBMについてそれぞれの概要を文献[Bond-Taylor et al., 2021]にならって紹介します。

生成モデルの概要

ニューラルネットワークを用いた生成モデルは1980年代から研究が始まりましたが、当初の目的はラベルのない教師なしデータを効果的に学習させることでした。教師なし学習のためのデータ収集は当然ながら教師あり学習のそれよりも労力がかからず非常に安価に済むためです。しかし、研究が進むにつれて生成モデルはこの枠を超えて様々なアプリケーションで有益であることがわかってきており、具体的には画像生成、超解像[1]、属性操作[2]、動画生成、テキスト生成、機械翻訳など多岐にわたる分野に応用されています[Karras et al., 2019][Tai et al., 2017][Yu et al., 2023]。

生成モデルの目標は、真のデータ分布$p_d(x)$に近似した、パラメータθを有するモデル$p_\theta(x)$を求めることです。例として、画像生成モデルでは、真の画像の分布を推定し、未知の画像データを生成することが目的です。一般的に、意味のあるデータは高次元空間の中の一部に局在していると考えられています。このとき、データが持つ抽象的な表現を捉えることができれば、画像生成が可能になります。重要なのは高次元なデータxが存在する$p_d(x)$を推定できるかどうかです。もし推定が実現できれば、このようなxが存在しそうな、図3-1に示すようなグラデーションのある領域をモデル化できます。よってそのxが存在しそうな領域から1点サンプリングするだけで、画像生成が可能になります。ここで言うサンプリングとは、確率分布などの母集団からサンプルを抽出することを指します。このように、画像らしい画像、文章らしい文章と言える部分や領域を効果的に突き止めることが、生成モデルに関する研究の究極のゴールになります。

1　低解像度の画像や映像を画像処理によって高解像度の画像に変換する技術のこと。
2　顔画像の各パーツや属性を指定した形に変換・操作する技術のこと。

図3-1　高次元なデータxが存在する確率分布$p_d(x)$の模式図。

生成モデルの分類

生成モデルは学習する確率分布の表し方で、**尤度ベースモデル**と**暗黙的生成モデル**の大きく2つに分類されます。

尤度ベースモデルは、分布の確率密度関数を近似的な最尤法で明示的に学習するモデルです。具体例として、以降で紹介するVAE、自己回帰型モデル、NF、EBMがあります。

暗黙的生成モデルは、尤度ベースモデルとは異なり、確率分布を暗黙的に学習するモデルです。具体例としてGANがあります。

尤度ベースモデルと暗黙的生成モデルはそれぞれ利点がある一方で、欠点もあります。前者は、尤度計算のためにモデルのアーキテクチャに強い制約が必要であったり、最尤推定のために近似的な損失を定義しなければいけない弱点があります。後者は、複数のモデルを競わせる**敵対的学習**（**Adversarial Training**）[Goodfellow et al., 2014]が非常に不安定[Salimans et al., 2016]で、多様性に乏しい画像が生成される**モード崩壊**（**Mode Collapse**）が発生しやすいという問題を抱えています[Metz et al., 2016]。

図 3-2 尤度ベースモデルと暗黙的生成モデルの例。画像は[Song, 2021]より引用。

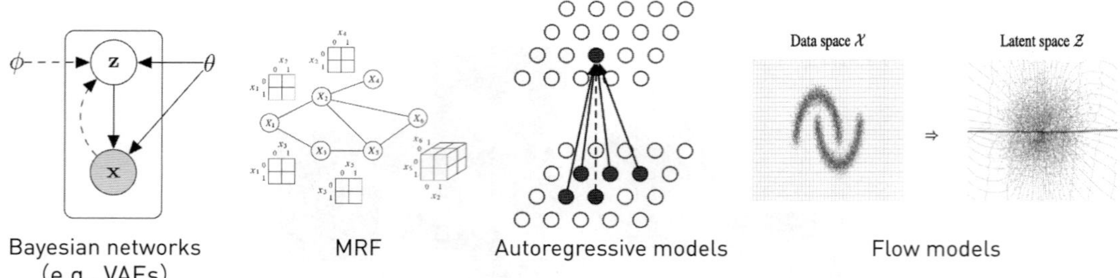

(a) 尤度ベースモデル：分布の確率密度関数を明示的に表す。

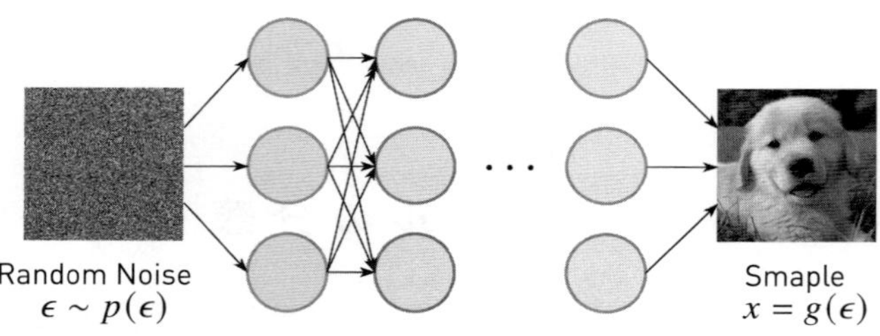

(b) 暗黙的生成モデル：生成ネットワークによって生成されるすべてのオブジェクトの分布を暗黙的に表す。

上記の分類を細分化すると、現在、深層学習をもとにした生成モデルは主にGAN、VAE、自己回帰型モデル、NF、EBMの5つのモデルに分類されます。**GAN**（**Generative Adversarial Network、敵対的生成ネットワーク**）[Goodfellow et al., 2014]は、拡散モデルによる画像生成が注目される前に主流であった生成モデルの1つです。この手法では、**Generator**（**生成器**）と**Discriminator**（**識別器**）の2つのモデルを競わせて生成品質を向上させます。GeneratorはDiscriminatorを騙すような画像を生成するよう学習します。このときGenerator $G(x)$ はノイズzからニセモノ画像x'を生成します。Discriminator $D(x)$ はランダムに入力されるホンモノ画像xとニセモノ画像x'を見分けるように学習します。このようなGeneratorとDiscriminatorを互いに学習させる枠組みは、従来難しかった画像生成を可能にした一方で、2つのモデルを競わせる構造により学習の難易度が上がる、生成されるサンプルの多様性が不足する、という問題が指摘されています。

VAE（**Variational Auto-Encoder**）[Kingma and Welling, 2013][Kingma et al., 2019]は、高次元データを低次元表現として圧縮した確率的な潜在表現を学習する手法です。ここで潜在表現とは、データから本質的な情報を抽出した内部表現やベクトルのことを示し、潜在ベクトルとも呼ばれます。データを高次元な空間から低次元の潜在表現へと変換するEncoderと、潜在空間から元のデータ空間に戻すDecoderから構成されます。このときEncoderとDecoderは、入力画像と出力画像が同じになるように学習します。さらに潜在ベクトルを正規分布に近似するため、各次元について平均と分散を推定し、それらを使って正規分布からサンプリングします。

これにより確率的勾配降下法が適用可能になるため、ニューラルネットワークでの学習が簡単になります。一方で、VAEは潜在表現の分布を近似しているため、この近似が性能を制限する要因となることがあります。

自己回帰型モデル（**Auto-regressive Model**）[van den Oord et al., 2016][Vaswani et al., 2017][Dai et al., 2019]は出力の各要素を順番に生成していく手法です。このモデルでは、生成済みの要素を条件に、次に生成すべき要素を逐次的に予測していきます。ChatGPTをはじめとした大規模言語モデル（LLM）も自己回帰型モデルを採用しています。入力x_0からx_tまでを考慮し、次のx_{t+1}を条件付き確率$p(x_{t+1}|x_0,...,x_t)$として逐次的に予測します。Transformerをベースとした自己回帰型モデルは非常に高い生成品質を実現できますが、この逐次的な生成のためにGANやVAEに比べて生成速度が遅くなります。

NF（**Normalizing Flow**、**正規化フロー**）[Rezende and Mohamed, 2015][Kobyzev et al., 2020]は正規分布など単純な分布に従う潜在変数zに対して、可逆な非線形変換fを繰り返し適用することで、複雑な分布をモデル化する手法です。このモデルでは可逆変換を活用して、観測データをサンプリングが容易な分布（例えば多変量正規分布）へと写像し、その際のヤコビアンの行列式などを用いて任意のサンプルの密度を厳密に計算できます。こうした性質から、GANやVAEのように暗黙的・近似的にデータ分布を扱う手法とは異なり、NFはデータ分布を「明示的に」学習する形をとります。一方で、この可逆性を満たすように設計されたモデル構造に限られるという成約がある点では注意が必要です。

EBM（**Enegy-based Model**）[LeCun et al., 2006][Song and Kingma, 2021]は拡散モデルやスコアベース生成モデルを含む現在注目の手法です。EBMでは、データxが出現しやすい場合に小さな値（エネルギー）を取り、出現しにくい場合に大きな値を取る**エネルギー関数**（**Energy Function**）を定義し、その関数をもとにデータ分布を学習します。拡散モデルはこの枠組みを、データにノイズを足していく**拡散過程**（**Diffusion Process**）と、それを逆向きにたどる**逆拡散過程**（**Reverse Diffusion Process**）によって実現しています。

有名な拡散モデルの系譜として**DPM**（**Diffusion Probabilistic Model**、**拡散確率モデル**）[Sohl-Dickstein et al., 2015]、**DDPM**（**Denoising Diffusion Probabilistic Model**、**ノイズ除去拡散確率モデル**）[Ho et al., 2020]、**NCSN**（**Noise Conditional Score Network**、**ノイズ条件付きスコアベース生成モデル**）[Song and Ermon, 2019]が提案されています。

以降、第3章2節ではDPMや現在主流のDDPMについて、第3章3節ではNCSNについて説明します。

第2節 DDPM(ノイズ除去拡散確率モデル)

拡散モデルは物理学における分子の拡散現象から着想を得ています。水に落とした一滴のインクが徐々に広がり均一に分散していく現象のように、画像のピクセル情報を徐々にノイズで拡散していきます。この過程を逆方向に実行することで、完全なノイズから徐々にノイズを取り除き、鮮明な画像を生成することが可能になります。本節では拡散モデルの中で現在の画像生成モデルの主役である**DDPM**(**Denoising Diffusion Probabilistic Model**、**ノイズ除去拡散確率モデル**)について説明します。なお、DDPMの詳細な定式化については[Luo, 2022]をあわせて参照することをおすすめします。

図3-3 DDPMの概要。DDPMでは拡散過程と逆拡散過程を考える。前者は対象の分布のデータx_0がランダムノイズx_Tへと崩壊する過程であり、後者はランダムノイズx_Tから対象となる分布のデータx_0を獲得する過程である。

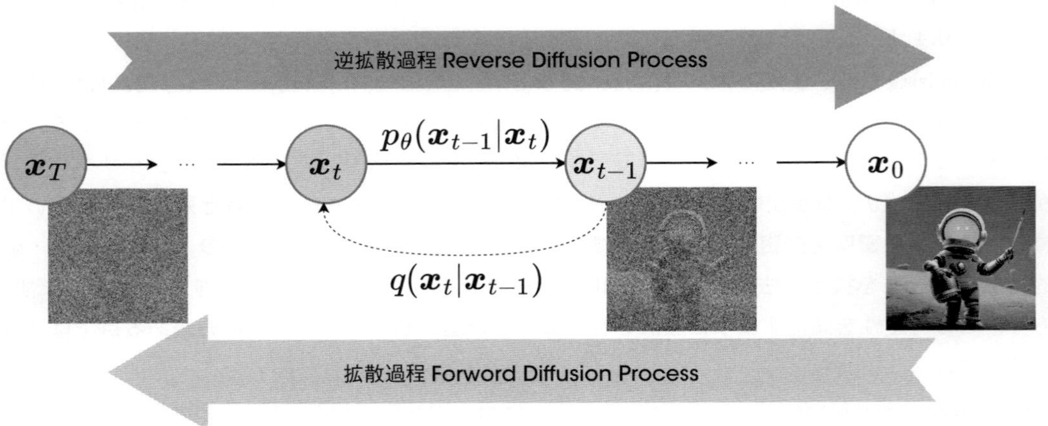

拡散過程

拡散モデルは元のデータ分布$q(\boldsymbol{x})$から得られるサンプル$\boldsymbol{x}_0 \sim q(\boldsymbol{x})$を扱います。画像生成では、実画像を大量に蓄えたデータ分布から、最初に1つのサンプル$\boldsymbol{x}_0$を取り出してきた形になります。DDPMでは、このサンプル$\boldsymbol{x}_0$を徐々に崩壊させる(順)拡散過程が大きな柱になります。拡散過程は、各ステップ$t = 1, 2, \cdots, T$において以下のようなマルコフ連鎖(Markov Chain)[Norris, 1998]を基盤としたモデル化ができます。

$$q(\boldsymbol{x}_t|\boldsymbol{x}_{t-1}) = \mathcal{N}(\boldsymbol{x}_t; \sqrt{1-\beta_t}\boldsymbol{x}_{t-1}, \beta_t, \boldsymbol{I}) \quad [3.1]$$

この式は前の時刻のサンプル$\boldsymbol{x}_{t-1}$を$\sqrt{1-\beta_t}$でスケールし、そこに分散$\beta_t \boldsymbol{I}$のガウスノイズを加えて$\boldsymbol{x}_t$を得るという確率分布を意味しています。ここでβ_tはステップtに対応するノイズの強度を調整するパラメータです。マルコフ連鎖とは「各時刻の状態が直前の状態のみに依存する」というマルコフ性を持つ確率過程のことであり、この場合$\boldsymbol{x}_t$が$\boldsymbol{x}_{t-1}$のみに依存して確率的に遷移することがマルコフ連鎖としての特徴を示します。

拡散過程の全体を一括して記述すると、以下のように、$\boldsymbol{x}_0$が与えられたときの$\boldsymbol{x}_1, \boldsymbol{x}_2, \cdots, \boldsymbol{x}_t$までの分布をマルコフ連鎖の積として表すことができます。

$$q(\boldsymbol{x}_{1:t}|\boldsymbol{x}_0) = \prod_{t=1}^{T} q(\boldsymbol{x}_t|\boldsymbol{x}_{t-1}) \tag{3.2}$$

これは$\boldsymbol{x}_0 \rightarrow \cdots \rightarrow \boldsymbol{x}_t$の連鎖とみなしたとき、各ステップが条件付き確率$q(\boldsymbol{x}_t|\boldsymbol{x}_{t-1})$で定義されていることを示しています。$\boldsymbol{T}$が大きくなるにつれて、$\boldsymbol{x}_t$は正規分布に近いノイズ状態に収束します。

さらに式[3.2]を積み重ねると、ある時刻tにおいて以下の分布が得られます。

$$q(\boldsymbol{x}_t|\boldsymbol{x}_0) = \mathcal{N}(\boldsymbol{x}_t; \sqrt{\bar{\alpha}_t}\boldsymbol{x}_0, (1-\bar{\alpha}_t)\boldsymbol{I}) \tag{3.3}$$

DDPMでは以下のようなα_tを定義して、$\bar{\alpha}_t$をステップ0からtまでのαの累積積として計算します。

$$\alpha_t = 1 - \beta_t, \quad \bar{\alpha}_t = \prod_{s=1}^{t} \alpha_s \tag{3.4}$$

この式は**ノイズスケジューラ**（**Noise Scheduler**）と呼ばれ、元のサンプル$\boldsymbol{x}_0$にガウスノイズを繰り返し付与して得られる$\boldsymbol{x}_t$が、平均$\sqrt{\bar{\alpha}_t}\boldsymbol{x}_0$、分散$(1-\bar{\alpha}_t)\boldsymbol{I}$の正規分布に従うことを示しています。ここで、$\beta_t$がノイズをスケジュールする本体であり、DDPMでは10^{-4}と0.02の間の値を取るような線形スケジューラを使用しています。図3-4に$\bar{\alpha}_t$の値の可視化結果を示します。これらの値はステップ$t-1$に対してtで追加するノイズの量を表す割合を表しています。式[3.3]は独立したガウスノイズを段階的に付与するマルコフ連鎖を合成することで、元のサンプルをスケールした平均と対応する分散を持つ正規分布に収束するため、最終的には以下のように表すことができます。

$$\boldsymbol{x}_t = \sqrt{\bar{\alpha}_t}\boldsymbol{x}_0 + \sqrt{1-\bar{\alpha}_t}\boldsymbol{\varepsilon}, \quad \boldsymbol{\varepsilon} \sim \mathcal{N}(\boldsymbol{0}, \boldsymbol{I}) \tag{3.5}$$

図 3-4 DDPMにおいてノイズスケジューラが付与するノイズ量の可視化結果

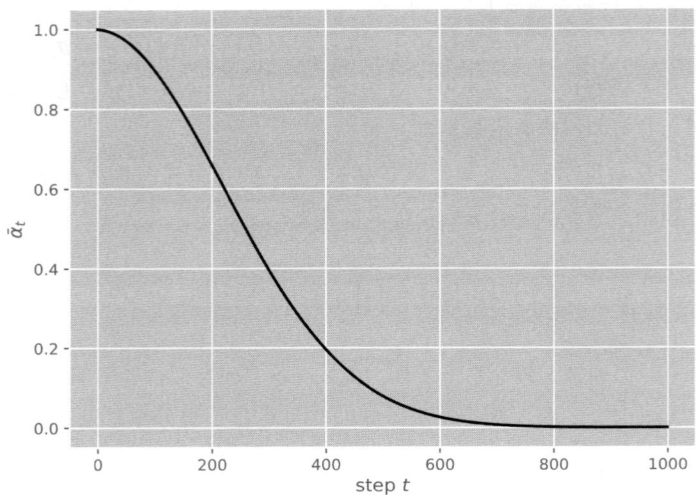

逆拡散過程

拡散モデルの逆拡散過程は、先ほどとは逆向きにステップTからステップ0まで、ノイズデータから徐々にノイズを取り除いて元のデータに戻す過程を表しています。拡散過程における$q(\boldsymbol{x}_t|\boldsymbol{x}_{t-1})$に対して、逆拡散過程では$p_\theta(\boldsymbol{x}_{t-1}|\boldsymbol{x}_t)$としてモデル化します。

$$\underbrace{p_\theta(\boldsymbol{x}_{t-1}|\boldsymbol{x}_t)}_{\text{前のステップの推定確率密度}} = \mathcal{N}(\boldsymbol{x}_{t-1};\ \underbrace{\boldsymbol{\mu}_\theta(\boldsymbol{x}_t, t)}_{\text{推定された平均}},\ \underbrace{\boldsymbol{\Sigma}_\theta(\boldsymbol{x}_t, t)}_{\text{推定された分散}}) \quad [3.6]$$

これは真の$q(\boldsymbol{x}_{t-1}|\boldsymbol{x}_t)$を直接扱えないため、正規分布のパラメータ$\theta$をニューラルネットワークによって近似します。ここで$\boldsymbol{\mu}_\theta$と$\boldsymbol{\Sigma}_\theta$はそれぞれ逆拡散過程でノイズを取り除く際の平均および分散を表します。DDPMでは分散を$\boldsymbol{\Sigma}_\theta(\boldsymbol{x}_t, t) = \beta_t$もしくは$\Sigma_\theta(\boldsymbol{x}, t) = \tilde{\beta}_t = \frac{1-\bar{\alpha}_{t-1}}{1-\bar{\alpha}_t}\beta_t$のような形で一定にすることで学習が安定したと報告されています[Ho et al., 2020]。学習がうまくいけば、$\boldsymbol{x}_t$にノイズが乗っていたとしても、式[3.6]を各$t = T, T-1, \cdots, 1$と適用して$\boldsymbol{x}_0$が生成できます。式[3.6]に**再パラメータ化トリック**（**Reparametrization Trick**）[Kingma and Welling, 2013]を用いると、以下のような更新式を導出できます。

$$\boldsymbol{x}_{t-1} = \boldsymbol{\mu}_\theta(\boldsymbol{x}_t, t) + \sqrt{\Sigma_\theta}\boldsymbol{\varepsilon} \qquad [3.7]$$

式[3.4]を考慮して、Noise Schedulerに関係する1ステップ分のα_t、β_tおよび積$\bar{\alpha}_t$を整理すると$\boldsymbol{x}_{t-1}$は以下のように計算できます。

$$\boldsymbol{x}_{t-1} = \frac{1}{\sqrt{\alpha_t}}\left(\boldsymbol{x}_t - \frac{1-\alpha_t}{\sqrt{1-\bar{\alpha}_t}} \cdot \boldsymbol{\varepsilon}_\theta(\boldsymbol{x}_t, t)\right) + \sqrt{\Sigma_\theta} \cdot \boldsymbol{\varepsilon}, \quad \boldsymbol{\varepsilon} \sim \mathcal{N}(\boldsymbol{0}, \boldsymbol{I}) \qquad [3.8]$$

ここでΣ_tは再注入されるノイズの分散項です。式[3.8]ではパラメータθを有する**ノイズ予測器**(**Denoiser**)$\boldsymbol{\varepsilon}_\theta$を用いて、$\boldsymbol{x}_t$からノイズ成分を除去して$\boldsymbol{x}_0$を推定し、そこから低度なガウスノイズを再注入して$\boldsymbol{x}_{t-1}$を得るという手順を踏んでいます。

これらを理論面で支えるのが**変分推論**（**Variational Inference**）に基づく**変分下限**（**Variational Lower Bound**）の枠組みであり、$q(\boldsymbol{x}_t|\boldsymbol{x}_{t-1})$と$p_\theta(\boldsymbol{x}_{t-1}|\boldsymbol{x}_t)$の**KLダイバージェンス**（**Kullback-Leibler Divergence**）を最小化する形が取られます。KLダイバージェンスを展開すると、各ステップtに対して以下の式が現れます。

$$D_{\mathrm{KL}}(\underbrace{q(\boldsymbol{x}_{t-1}|\boldsymbol{x}_t, \boldsymbol{x}_0)}_{\text{画像の各ピクセルごとの実際の分布}} \,||\, \underbrace{p_\theta(\boldsymbol{x}_{t-1}|\boldsymbol{x}_t)}_{\text{画像の各ピクセルごとの分布の予測値}}) \qquad [3.9]$$

式[3.5]で$\boldsymbol{x}_t$を構成しているノイズ$\boldsymbol{\varepsilon}$と、p_θによる$\boldsymbol{\mu}_\theta$のパラメータ化が密接に対応しており、式[3.9]を最小化することが「ニューラルネットワークが$\boldsymbol{x}_t$に含まれるノイズ$\boldsymbol{\varepsilon}$をどれだけ正確に推定できるか」につながります。上記の結果、ノイズ予測を**MSE**(**Mean Squared Error**、**二乗誤差**)で測る単純な損失が効果的であるとされています[Ho et al., 2020]。具体的には以下のようなノイズ推定損失を最小化するようにニューラルネットワークであるDenoiser $\boldsymbol{\varepsilon}_\theta$を学習します。

$$\mathcal{L}_{\mathrm{simple}}(\theta) = \mathbb{E}_{t, \boldsymbol{x}_0, \boldsymbol{\varepsilon}}[||\boldsymbol{\varepsilon} - \boldsymbol{\varepsilon}_\theta(\boldsymbol{x}_t, t)||_2^2] \qquad [3.10]$$

逆拡散過程で使用されるDenoiserは、図3-5に示すようなU字型の構造が特徴的な、CNNをベースにした**U-Net**[Ronneberger et al., 2015]が主に使用されています。最近ではTransformerをベースとした**DiT**(**DiffusionTransformer**)[Peebles and Xie, 2023]も利用され始めています[Esser et al., 2024][Chen et al., 2024a]。Denoiserの詳細については次節で説明します。

図 3-5　U-Netのモデル構造。[Ronneberger et al., 2015]を参考に作成。

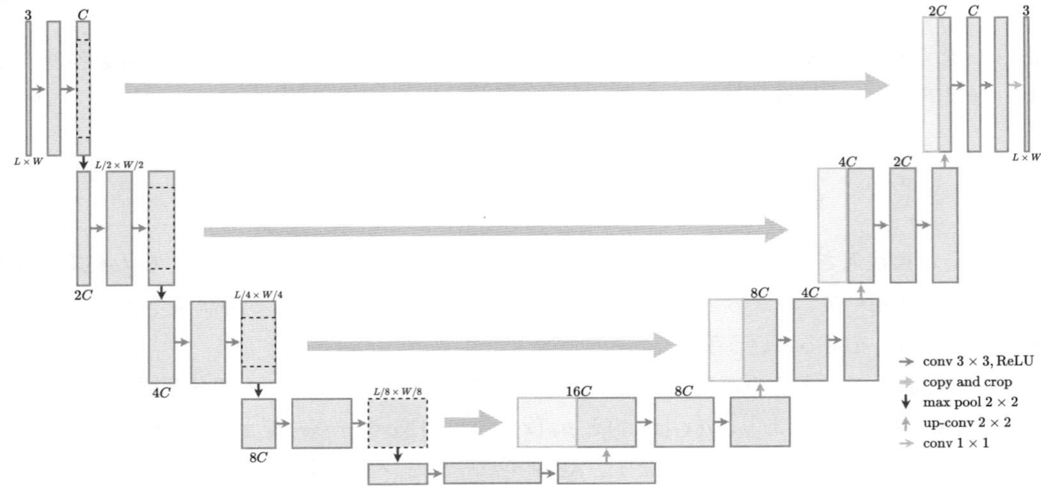

DDPMの学習

DDPMの学習は、拡散過程に当たる以下の操作をN回繰り返すことで行われます。

- データセットから複数の画像をサンプリングしてミニバッチを作成
- ミニバッチの各（画像）データに対して、一様分布からtをそれぞれサンプリング
- 正規分布からノイズをサンプリング
- ステップtにおけるノイズが付与されたデータから、モデル$\boldsymbol{\varepsilon}_\theta$がノイズを推定
- MSEを用い、サンプリングされたノイズに対し予測されたノイズの損失を計算
- 損失の値をもとにモデルのパラメータを最適化

ここで、個々のステップtを個別にモデル化することで、拡散過程全体を1つのプロセスとしてモデル化する必要がないことに着目してください。この利点により訓練速度の向上やより安定した学習結果が得られます。各訓練データに対してtの値を一様分布でサンプリングしている点にも注目してください。モデルは実データの分布を学習しながら、すべてのステップtに対応できるよう最適化されます。

DDPMの推論

DDPMの推論による生成は非常にシンプルです。まず正規分布からノイズをサンプリングします。これはステップTにおけるノイズ（画像）データとみなすことができます。このノイズをもとに、逆拡散過程に当たる以下の操作をステップ$t=T$から$t=1$まで繰り返します。

- 学習済みモデルε_θを用いて、現在のステップtにおけるノイズの予測値を得る
- 予測ノイズ値を元に式[3.8]に従ってノイズを除去して、前のステップ$t-1$のデータを得る

これらの操作を繰り返すことで、ステップ0において新たな（画像）データを生成できます。図3-6にDDPMの推論過程の例を示します。ガウスノイズから出発し、どのノイズ点も同様の軌跡をたどりますが、ある時刻t_Sから生成対象のクラスに対応する軌跡をたどりはじめます。以降、時刻t_Cの段階では、おおよそ生成対象のクラスの分布に収束するようになります。

図 3-6 2次元のガウス混合分布を例にした、逆拡散過程 $p(\boldsymbol{x}_T) \rightarrow p(\boldsymbol{x}_0)$（時刻$t=T$から$t=0$におけるデータ点$x$の変化）で発生する3つの領域Ⅰ、Ⅱ、Ⅲ。[Biroli et al., 2024]より引用。ノイズからデータへの軌跡はクラスに応じてグレーと白に色分けされている。領域Ⅰではグレーと白の軌跡がほぼ同じ領域で変動し、$\vec{x}$はほとんどホワイトノイズの状態である。ある時刻t_S（種分化時刻）においてグレーと白の奇跡の集合が分かれ、それぞれのクラスに関連する分布に向かって進むようになる。領域Ⅱは生成プロセスがクラスの要素に似たxを構築する領域であるが、この段階では訓練セットのデータと直接リンクしているわけではない。その後、ある時刻t_Cから、軌跡は$t=0$の訓練データの点に向って引き寄せはじめる。領域Ⅲが訓練データを記憶する領域である一方、領域ⅠやⅡは汎化していると言える。

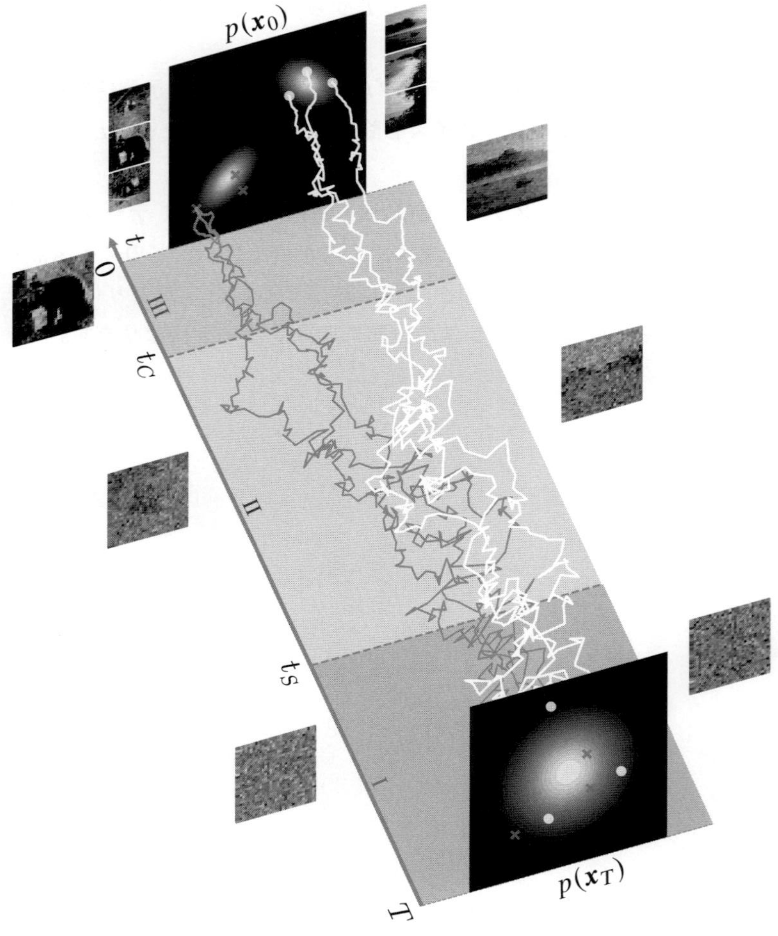

● DDPMの実装 ●

ではpython-image-generation/notebooks/3-2-1_ddpm.ipynb[3]を開いてください。以下、diffusersを用いたDDPMによる画像生成の実装例を示します。ここでは、演習用に最適な小規模なデータセットとして、手書き文字認識で利用されるMNISTデータセットを用いた文字画像生成を行います（なお、第3章3節のNCSNでも同様の文字画像生成を行います）。

学習・評価・モデルそれぞれの設定を読み込みます。まずは学習に使用する設定です。

In [1]

```
from py_img_gen.training import trainer

train_config = trainer.TrainConfig()
train_config
```

次に評価用の設定を読み込みます。

In [2]

```
eval_config = trainer.EvalConfig()
eval_config
```

最後にモデルの設定を読み込みます。

In [3]

```
model_config = trainer.DDPMModelConfig()
model_config
```

訓練の再現性を担保するための乱数の種（乱数のシード）を固定した後、Denoiser p_θを学習するモデルを定義します。ここではdiffusersのUNet2DModel[4]を用いて定義します。

3 https://github.com/py-img-gen/python-image-generation/blob/main/notebooks/3-2-1_ddpm.ipynb
4 https://huggingface.co/docs/diffusers/api/models/unet2d#diffusers.UNet2DModel

In [4]

```
from dataclasses import asdict

from diffusers import UNet2DModel

unet = UNet2DModel(
    **asdict(model_config),
)
unet = unet.to(device)
```

次にノイズを制御するDDPMScheduler[5]を定義します。このクラスのインスタンスは、式[3.4]で定義されたノイズのスケジューリングを担います。

In [5]

```
from diffusers import DDPMScheduler

noise_scheduler = DDPMScheduler(
    num_train_timesteps=train_config.num_timesteps,
    beta_start=train_config.beta_1,
    beta_end=train_config.beta_T,
)
```

訓練に使用する最適化手法を定義します。現在幅広く使用されているAdam[6]を利用します。

In [6]

```
optim = torch.optim.Adam(
    unet.parameters(), lr=train_config.lr
)
```

入力する画像データの前処理を担う関数をtransformとして読み込みます。

---

5 https://huggingface.co/docs/diffusers/api/schedulers/ddpm#diffusers.DDPMScheduler
6 https://pytorch.org/docs/stable/generated/torch.optim.Adam.html#adam [Kingma and Ba, 2014]

In [7]

```
from py_img_gen.trainers import (
    get_simple_resize_transforms,
)

transform = get_simple_resize_transforms(
    sample_size=model_config.sample_size
)
print(transform)
```

Out [7]

```
Compose(
    Resize(size=(32, 32), interpolation=bilinear, max_size=None, 
antialias=True)
    ToTensor()
)
```

第3章 拡散モデルの導入

MNISTデータセットを読み込みます。このときtransform引数に入力画像をリサイズする処理を追加します。ここではU-Netモデルの入力サイズに合わせてリサイズする画像サイズを指定します。その後読み込んだデータセットをDataLoaderに渡します。

In [8]

```
import torchvision
from torch.utils.data import DataLoader

dataset = torchvision.datasets.MNIST(
    root=project_dir / "dataset",
    train=True,
    download=True,
    transform=transform,
)

data_loader = DataLoader(
    dataset=dataset,
```

```
    batch_size=train_config.batch_size,
    shuffle=True,
    drop_last=True,
    num_workers=train_config.num_workers,
)
```

データセット全体を1回学習する際に使用するtrain_iteration関数を定義します。ここでは学習用の設定、DenoiserであるU-Netモデル、Noise SchedulerであるDDPMScheduler、最適化手法、そしてDataLoaderなどを入力に与え、これらを用いてDenoiserを学習させます。

まずDataLoaderからミニバッチとしてオリジナル画像xが得られます。これに加えてランダムにステップtとノイズzをサンプリングします。これらを入力にNoise Schedulerでオリジナル画像に対象のタイムステップまでのノイズを追加したx_noisyを得ます。

次に、Denoiserであるunetでタイムステップtにおけるx_noisyのノイズ量をz_predとして予測します。そして、追加したノイズzと予測したノイズz_predのMSEを計算し、その損失を最小化するようにDenoiserを最適化します。

In [9]

```
import torch.nn.functional as F
from diffusers.utils import make_image_grid
from tqdm.auto import tqdm


def train_iteration(
    train_config: TrainDDPMConfig,
    unet: UNet2DModel,
    noise_scheduler: DDPMScheduler,
    optim: torch.optim.Optimizer,
    data_loader: DataLoader,
    device: torch.device,
) -> None:
    with tqdm(
        total=len(data_loader),
        desc="Iteration",
```

```
        leave=False,
    ) as pbar:
        for x, _ in data_loader:
            bsz = x.shape[0]
            x = x.to(device)

            t = torch.randint(
                low=0,
                high=train_config.num_timesteps,
                size=(bsz,),
                device=device,
            )

            z = torch.randn_like(x)
            x_noisy = noise_scheduler.add_noise(x, z, t)

            optim.zero_grad()

            z_pred = unet(x_noisy, t).sample
            loss = F.mse_loss(z_pred, z)

            loss.backward()
            optim.step()

            pbar.set_postfix(loss=loss.detach().item())
            pbar.update()
```

上記のデータセット全体を指定したエポック数だけ繰り返し、訓練結果を評価するtrain関数を定義します。データセット全体を1回学習させた後、後ほど定義するinference関数を用いて、その時点のモデルのパラメータで画像生成を実行し、生成画像の品質を確認します。

In [10]

```
import dataclasses


def train(
    train_config: TrainDDPMConfig,
    eval_config: EvalConfig,
    unet: UNet2DModel,
    noise_scheduler: DDPMScheduler,
    optim: torch.optim.Optimizer,
    data_loader: DataLoader,
    device: torch.device,
) -> None:
    # UNet を訓練モードに設定
    unet.train()  # type: ignore[attr-defined]

    for epoch in tqdm(
        range(train_config.num_epochs), desc="Epoch"
    ):
        train_iteration(
            train_config=train_config,
            unet=unet,
            noise_scheduler=noise_scheduler,
            optim=optim,
            data_loader=data_loader,
            device=device,
        )
        images = inference(
            unet=unet,
            noise_scheduler=noise_scheduler,
            train_config=dataclasses.replace(
                train_config,
                batch_size=eval_config.num_generate_images,
```

```
        ),
    )
    image = make_image_grid(
        images=images,  # type: ignore
        rows=eval_config.num_grid_rows,
        cols=eval_config.num_grid_cols,
    )
    image.save(project_dir / f"{epoch=}.png")
    image.save(project_dir / "validation.png")
```

学習させたU-NetモデルとNoise Schedulerを用いて推論を実行するinference関数を示します。この関数は推論時にのみ動作するため、torch.no_grad()というデコレータを使用して勾配を計算しないようにしてVRAMの使用を抑えます。関数内部ではrandn_tensorを用いてノイズを得た後、このノイズをもとにunetで逆拡散過程を実行して画像を生成します。逆拡散過程では実際にunetを用いてノイズを推定し、Noise Schedulerで1ステップ前の状態への遷移を行います。これをステップ0まで繰り返して最終的な生成画像を得ます。

なお、only_final引数がTrueの場合は最終的な生成画像のみを返し、Falseの場合は各ステップの生成画像をリストで返します。only_final=Falseの結果を使って逆拡散過程の過程をアニメーションで表示することも可能です。

In [11]

```
from typing import List, Union

from diffusers.schedulers.scheduling_ddpm import (
    DDPMSchedulerOutput,
)
from diffusers.utils.torch_utils import randn_tensor
from PIL.Image import Image as PilImage
from py_img_gen.utils import decode_images


@torch.no_grad()
def inference(
```

```
    unet: UNet2DModel,
    noise_scheduler: DDPMScheduler,
    train_config: TrainDDPMConfig,
    only_final: bool = True,
) -> Union[List[PilImage], List[List[PilImage]]]:
    # UNet を評価モードに設定
    unet.eval()  # type: ignore[attr-defined]
    # ノイズスケジューラにタイムステップを設定
    noise_scheduler.set_timesteps(
        train_config.num_timesteps
    )
    # 再現性のために推論用の乱数生成器を設定
    generator = torch.manual_seed(train_config.seed)
    # ノイズの形状を設定してからランダムノイズを生成
    x_shape = (
        train_config.batch_size,
        unet.config.in_channels,
        unet.config.sample_size,
        unet.config.sample_size,
    )
    x = randn_tensor(
        x_shape, generator=generator, device=unet.device
    )
    # 逆拡散過程を実行
    images, timesteps = [], noise_scheduler.timesteps
    for t in tqdm(
        timesteps, desc="Generating...", leave=False
    ):
        # ノイズ `z` を予測し、`z_pred` として取得
        z_pred = unet(x, t).sample
        # 一つ前の状態を計算: x_{t} -> x_{t-1}
        output = noise_scheduler.step(
            model_output=z_pred,
```

```
            timestep=t,  # type: ignore
            sample=x,
            generator=generator,
        )
        x = (
            output.prev_sample
            if isinstance(output, DDPMSchedulerOutput)
            else output[0]
        )
        if not only_final:
            images.append(decode_images(x))

    return decode_images(x) if only_final else images
```

上記で定義したtrain関数をもとに、実際にDDPMの訓練を実行します。

In [12]

```
train(
    train_config=train_config,
    eval_config=eval_config,
    unet=unet,
    noise_scheduler=noise_scheduler,
    optim=optim,
    data_loader=data_loader,
    device=device,
)
```

訓練結果を確認します。DDPMSchedulerを用いて逐次的にサンプリングを行い、生成された画像をアニメーション形式で確認します。

In [13]

```
from IPython.display import HTML

ani = trainer.animation_inference(
    train_config=train_config,
    eval_config=eval_config,
    unet=unet,
    noise_scheduler=noise_scheduler,
)

HTML(ani.to_jshtml())
```

diffusersではDDPM用のパイプラインとしてDDPMPipeline[7]クラスが用意されています。このクラスを使い、学習したU-NetとNoise Schedulerを読み込ませて画像を生成してみましょう。

In [14]

```
from diffusers import DDPMPipeline

pipe = DDPMPipeline(unet=unet, scheduler=noise_scheduler)
pipe = pipe.to(device)
```

実際にDDPMPipelineを用いて文字画像生成を実行する手順を示します。これまでのdiffusersによるパイプライン同様、以下のように指定することで生成が可能です。

In [15]

```
output = pipe(
    num_inference_steps=train_config.num_timesteps,
    batch_size=eval_config.num_generate_images,
    generator=torch.manual_seed(train_config.seed),
)
image = make_image_grid(
```

7 https://huggingface.co/docs/diffusers/v0.32.1/en/api/pipelines/ddpm#diffusers.DDPMPipeline

```
    images=output.images,
    rows=eval_config.num_grid_rows,
    cols=eval_config.num_grid_cols,
)
image
```

DDPM（ノイズ除去拡散確率モデル）の発展

DDPMは安定した画像生成を実現した一方で、一定の弱点や制限がありました。一番の弱点はステップごとにノイズを除去していく手法のため、生成に時間がかかる点です。また、DDPMの定式化に際して、分散の推定方法やノイズのスケジューリング方法など、いくつかの改善点が存在しています。これらの弱点や制限を改善するために、Improved DDPMやDDIMといった手法が提案されています。DDPMが提案された2020年当時、画像生成の分野ではGANベースの手法が最先端の性能を発揮していましたが、DDPMをもとにした手法の発展により、徐々に拡散モデルが画像生成で優位になっていきます。

Improved DDPM

DDPMには対数尤度の推定に問題がありました。モデルは品質の高い画像を生成できるかもしれない一方で、実画像のデータ分布という点で、データセットにあまり適していないと考えられていました。**Improved DDPM**[Nichol and Dhariwal, 2021]では2つの観点から対数尤度の推定を改善する方法を検討しています。1つ目は推定される正規分布の分散をβ_tに固定するのではなく、$\boldsymbol{\Sigma}_\theta(\boldsymbol{x}_t)$の形で学習させるようにすること。2つ目は線形だったNoise Schedulerをcosineによるスケジューリングにすることです。これらは今日でも広く使われている有効な手法です。なお、Improved DDPMの後続の研究でも様々な提案がありましたが、それらはメジャーな手法にはなっていません。具体的にはステップ数を1,000から4,000へ変えた手法もありましたが、生成時間を4倍にしても画像生成の品質を4倍にするのは難しかったようです。

それでは、それぞれの改善策を見ていきましょう。まずは分散$\boldsymbol{\Sigma}_\theta$についてです。DDPMにおいて著者らは「逆拡散過程における分散の学習が、固定した分散のときと比較して不安定な学習とサンプル品質の低下をもたらす」[8]と主張しています。Improved DDPMでは「DDPMで指摘されていた分散推定の不安定さは、分散の平均的な大きさに起因しているのではないか」と指摘しており、分散が非常に小さいことを発見しています。ニューラルネットワークでは非常に小さな値を推定しようとすると**勾配消失問題**（**Vanishing Gradient Problem**）が引き起こされる可能性があります。そこでImproved DDPMでは解決策として、以下のように対数領域の上界（β_t）と下界（$-\beta_t$）の間を補完するvを予測するように学習させています。このテクニックにより分散を安定して予測できるようになりました。

$$\boldsymbol{\Sigma}_\theta(\boldsymbol{x}_t, t) = \exp\left(v \log \beta_t + (1-v) \log \tilde{\beta}_t\right) \quad [3.11]$$

次にNoise Schedulerに対する改善策についてです。Improved DDPMにおいて著者らは「拡散過程の最終ステップ周辺はノイズが多すぎるため、サンプルの品質にあまり寄与しない」[9]と主張しています。また、特に小さな画像に対して線形のNoise Schedulerを適用するとステップの早い段階からノイジーな画像データになってしまう問題がありました。拡散過程において初期からノイズがたくさん追加されすぎると、モデルが逆拡散過程を学習するのが困難になります。こうした問題に対してImproved DDPMではcosineのNoise Schedulerを使用して、ステップの初期段階と最終段階ではより緩やかにノイズが追加されるようにしています。

上記の2つの改善を踏まえて、Improved DDPMを学習させます。DDPMの損失関数は追加されたノイズと予測されたノイズのMSEを計算していましたが、付与されたノイズの平均を直接モデル化できる一方で、分散をモデル化するには別の方法が必要でした。そこでImproved DDPMでは次の損失関数$\mathcal{L}_{\text{hybrid}}$を最適化しています。

$$\mathcal{L}_{\text{hybrid}}(\theta) = \underbrace{\mathcal{L}_{\text{simple}}(\theta)}_{\text{元々の損失関数（式 [3.10]）}} + \lambda \underbrace{\mathcal{L}_{\text{VLB}}(\theta)}_{\text{変分下限損失}} \quad [3.12]$$

ここで$\mathcal{L}_{\text{VLB}}$は以下のように記述できる**変分下限損失**（**Variational Lower Bound Loss**）です。

$$\mathcal{L}_{\text{VLB}}(\theta) = \mathcal{L}_0(\theta) + \mathcal{L}_1(\theta) + \cdots + \mathcal{L}_{T-1}(\theta) + \mathcal{L}_T(\theta) \quad [3.13]$$

なお、$\mathcal{L}_0(\theta)$、$\mathcal{L}_{t-1}(\theta)$、$\mathcal{L}_T(\theta)$はそれぞれ以下のように計算できます。

---

8 We also see that learning reverse process variances (by incorporating a parameterized diagonal $\boldsymbol{\Sigma}_\theta(\boldsymbol{x}_t)$ into the variatinal bound) leads to unstable training and poorer sample quality compared to fixed variances.

9 In particular, the end of the forward noising process is too noisy, and so doesn't contribute very much to sample quality.

$$\mathcal{L}_0(\theta) = -\log p_\theta(\boldsymbol{x}_0|\boldsymbol{x}_1), \quad \mathcal{L}_{t-1}(\theta) = D_{\mathrm{KL}}(q(\boldsymbol{x}_{t-1}|\boldsymbol{x}_t, \boldsymbol{x}_0) \,||\, p_\theta(\boldsymbol{x}_{t-1}|\boldsymbol{x}_t)),$$
$$\mathcal{L}_T(\theta) = D_{\mathrm{KL}}(q(\boldsymbol{x}_T|\boldsymbol{x}_0)||p(\boldsymbol{x}_T)) \quad [3.14]$$

特に$L_{t-1}(\theta)$に着目すると、この損失関数はステップtにおいて画像の各ピクセルごとの実際の分布と予測された分布がどの程度離れているかをKLダイバージェンスで測定しています。

ここで、DDPMやImproved DDPMで扱っている（正規）分布は以下のように記述できます。

$$f(\boldsymbol{x}) = \frac{1}{\sqrt{2\pi\sigma^2}} \exp\left(-\frac{(\boldsymbol{x}-\boldsymbol{\mu})^2}{2\sigma^2}\right) \quad [3.15]$$

このときσ^2はDDPMやImproved DDPMでは以下を満たしています。

$$\underbrace{\sigma^2 = \beta_t}_{\text{拡散過程における分散}} \quad \text{or} \quad \underbrace{\sigma^2 = \tilde{\beta}_t}_{\substack{\text{逆拡散過程における分散} \\ \text{(DDPM)}}} \quad \text{or} \quad \underbrace{\sigma^2 = \boldsymbol{\Sigma}_\theta(\boldsymbol{x}_t, t)}_{\substack{\text{逆拡散過程における分散} \\ \text{(Improved DDPM)}}} \quad [3.16]$$

正規分布の式[3.15]は平均と分散両方のパラメータを持つため、ノイズの平均を推定する損失に加えてKLダイバージェンスを使って平均と分散を含む分布全体の最適化を行うと二重で平均を推定、最適化してしまうことになります。Improved DDPMでは平均を推定するパラメータに対して勾配が流れないように停止操作を施すことで、この問題を解消しています。

DDIM（ノイズ除去拡散暗黙モデル）

DDIM（**Denoising Diffusion Implicit Model**、**ノイズ除去拡散暗黙モデル**）では、DDPMにおける推論速度に関する問題の解決を図っています。DDPMでは1枚の画像を生成するために、通常1,000回モデルにデータを通す必要がありました。これはGPUであれば現実的な時間で計算可能ですが、CPUでは非常に時間がかかってしまいます。DDIMは、速度と画質のトレードオフを少なくして画像生成を高速化する方法として提案されました。具体的には、**確率論的**（**probabilistic**）であった逆拡散過程を**決定論的**（**deterministic**）に定式化することで、手法名の由来になっている**暗黙的な**（**implicit**）モデルを構築しています。

DDIMの核となるアイディアは、DDPMでは**マルコフ連鎖**（**Markov Chain**）[Norris, 1998]としてモデル化していた拡散過程および逆拡散過程を、非マルコフ連鎖でモデル化するというものです（図3-7）。

図3-7(a) はオリジナルのDDPMを表しており、ステップtで次のノイズ除去画像を得るには、ステップTから$t-1$までのすべてのノイズ除去ステップを計算する必要があります。これに対し、

DDIMでは逆拡散過程を非マルコフ連鎖型にする方法が提案されています（図3-7(b)）。この方法では、DDPMのように全ステップを通る必要がなく、途中のステップをスキップしても整合的に状態を更新できます。また、DDIMの優れた点は、DDPMを学習した後にDDIMのアイディアを適用できることです。新たなモデルを再学習する必要はなく、DDPM型のモデルを簡単にDDIMへと変換できます。

図3-7 DDPMとDDIMの概要。[Song et al., 2021a]より引用。

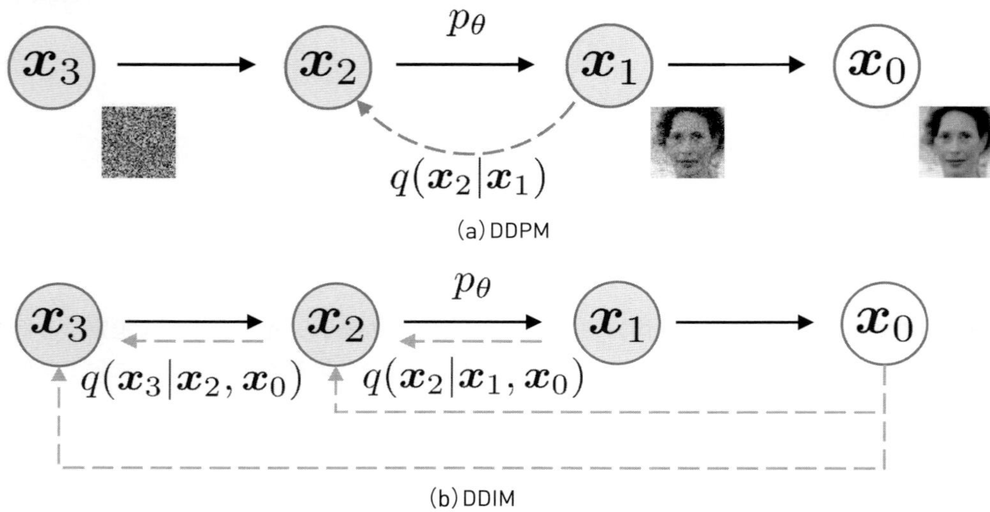

DDIMでは逆拡散過程において、以下の式を用いて$\boldsymbol{x}_t$から$\boldsymbol{x}_{t-1}$を生成しています。

$$\boldsymbol{x}_{t-1}=\sqrt{\alpha_{t-1}}\underbrace{\left(\frac{\boldsymbol{x}_t-\sqrt{1-\bar{\alpha}_t}\cdot\boldsymbol{\varepsilon}_\theta(\boldsymbol{x}_t,t)}{\sqrt{\bar{\alpha}_t}}\right)}_{\boldsymbol{x}_0\text{の予測}}+\underbrace{\sqrt{1-\bar{\alpha}_{t-1}-\sigma_t^2}\cdot\boldsymbol{\varepsilon}_\theta(\boldsymbol{x}_t,t)}_{\boldsymbol{x}_t\text{の方向}}+\underbrace{\sigma_t\boldsymbol{\varepsilon}_t}_{\text{ノイズ}},\quad \boldsymbol{\varepsilon}_t\sim\mathcal{N}(\boldsymbol{0},\boldsymbol{I}) \tag{3.17}$$

この式[3.17]は分散が$\tilde{\beta}_t$に等しいときにDDPMの式[3.8]と等価になります。

$$\sigma_t=\sqrt{\frac{1-\bar{\alpha}_{t-1}}{1-\bar{\alpha}_t}}\sqrt{\underbrace{1-\frac{\bar{\alpha}_t}{\bar{\alpha}_{t-1}}}_{\beta_t=1-\alpha_t=1-\bar{\alpha}_t/\bar{\alpha}_{t-1}}}=\sqrt{\frac{1-\bar{\alpha}_{t-1}}{1-\bar{\alpha}_t}}\sqrt{\beta_t}=\sqrt{\underbrace{\frac{1-\bar{\alpha}_{t-1}}{1-\bar{\alpha}_t}\beta_t}_{\tilde{\beta}_t=\beta_t((1-\bar{\alpha}_{t-1})/(1-\bar{\alpha}_t))}}=\sqrt{\tilde{\beta}_t} \tag{3.18}$$

$\sigma_t=0$のとき、以下のDDIMの式が得られます。

$$\boldsymbol{x}_{t-1} = \sqrt{\bar{\alpha}_{t-1}} \left(\frac{\boldsymbol{x}_t - \sqrt{1-\bar{\alpha}_t} \cdot \boldsymbol{\varepsilon}_\theta(\boldsymbol{x}_t, t)}{\sqrt{\bar{\alpha}_t}} \right) + \sqrt{1-\bar{\alpha}_{t-1}} \cdot \boldsymbol{\varepsilon}_\theta(\boldsymbol{x}_t, t) \quad [3.19]$$

この式[3.19]において、ノイズが加わっていないことに着目してください。これが「逆拡散過程におけるノイズ除去が完全に決定論的になる」というDDIMの重要な性質です。この性質により、逆拡散過程において新たなノイズが追加されないため、$\boldsymbol{x}_0$におけるノイズのみとなります。

DDPMでは確率論的な逆拡散過程をマルコフ連鎖として定義していました。一方、DDIMでは微分方程式を解く形で逆拡散過程を決定論的に再定式化するため、必ずしもすべてのステップを経ることなく（＝マルコフ鎖を辿らなくとも）中間のステップをスキップして状態を更新できるようになります。図3-8では、ステップ$\boldsymbol{x}_3$から$\boldsymbol{x}_2$をスキップして$\boldsymbol{x}_1$へ遷移しています。

DDIMではこのようなスキップからなる新しい拡散過程を、もとの拡散過程の部分集合であるτとしてモデル化しており、例えば$\tau = [0, 2, 4, \cdots, T-2, T]$のような形でもとの拡散過程をスキップして計算することが可能です。

図3-8 DDIMの逆拡散過程における非マルコフ連鎖と拡散過程の模式図。[Song et al., 2021a]より引用。

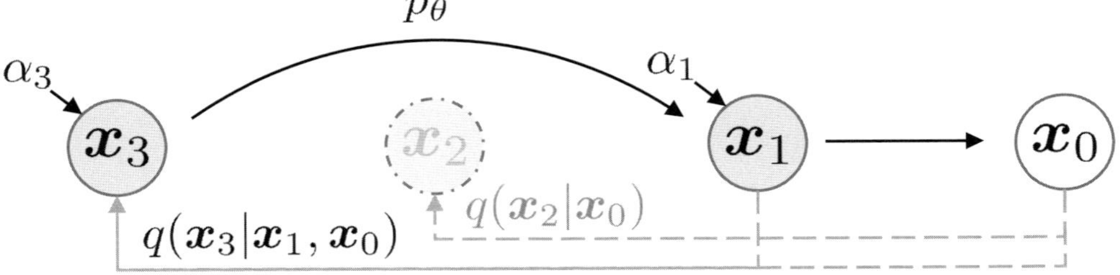

さらにDDIMでは、拡散モデルの分散について以下の式を定義することで、DDIMとDDPMの中間的な振る舞いを指定可能にしています。

$$\sigma_t = \eta \sqrt{\frac{1-\bar{\alpha}_{t-1}}{1-\bar{\alpha}_t}} \sqrt{1 - \frac{\bar{\alpha}_t}{\bar{\alpha}_{t-1}}} = \eta \sqrt{\tilde{\beta}_t} \quad [3.20]$$

ある拡散モデルにおいて、$\eta = 0$はノイズが加わらないDDIMを表し、$\eta = 1$はオリジナルのDDPMを表します。ηを0から1の間の値にすることで、DDIMとDDPMの間を補完できます。このηをコントロールすることで、画像の生成品質と生成速度のトレードオフを調整できます。

● DDIMの実装 ●

ではpython-image-generation/notebooks/3-2-2_ddim.ipynb[10]を開いてください。以下、diffusersを用いたDDIMによる画像生成の実装例を示します。本章前半で紹介したDDPMの実装例と同様、MNISTデータセットを用いた文字画像生成に取り組みます。

最初にDDPMと同様、学習・評価・モデルそれぞれの設定を読み込みます。まずは学習に使用する設定を読み込みます。DDPMと異なるのは、訓練時のエポック数としてDDPMではデフォルト値の10を使用しましたが、こちらでは倍の20を指定しています。

In [1]

```
from py_img_gen.training import trainer

train_config = trainer.TrainConfig(
    num_epochs=20,
    output_dir=project_dir
)
train_config
```

次に評価用の設定を読み込みます。

In [2]

```
eval_config = trainer.EvalConfig()
eval_config
```

最後にモデルの設定を読み込みます。

In [3]

```
model_config = trainer.DDPMModelConfig()
model_config
```

訓練の再現性を担保するための乱数のシードを固定した後、DDPMの実装例と同様にDenoiserを

10 https://github.com/py-img-gen/python-image-generation/blob/main/notebooks/3-2-2_ddim.ipynb

学習するモデルを定義します。ここでアーキテクチャ設定は、DDPMで使用したDenoiserと同様であることに注意してください。

In [4]

```
from dataclasses import asdict

from diffusers import UNet2DModel

unet = UNet2DModel(
    **asdict(model_config),
)
unet = unet.to(device)
```

次にノイズを制御するDDIMScheduler[11]を定義します。DDPMではDDPMSchedulerでしたが、今回はDDIMSchedulerを使用します。なお、設定しているパラメータはDDPMSchedulerと同様です。

In [5]

```
from diffusers import DDIMScheduler

noise_scheduler = DDIMScheduler(
    num_train_timesteps=train_config.num_timesteps,
    beta_start=train_config.beta_1,
    beta_end=train_config.beta_T,
)
```

DDPMと同様に、訓練で使用する最適化手法を定義した後、MNISTデータセットを読み込みます。その後読み込んだデータセットをDataLoaderに渡します。

In [6]

```
import torchvision
from torch.utils.data import DataLoader
```

11 https://huggingface.co/docs/diffusers/api/schedulers/ddim#diffusers.DDIMScheduler

```
from py_img_gen.training import get_transforms

dataset = torchvision.datasets.MNIST(
    root="~/.cache",
    train=True,
    download=True,
    transform=get_transforms(
        sample_size=model_config.sample_size
    ),
)

data_loader = DataLoader(
    dataset=dataset,
    batch_size=train_config.batch_size,
    shuffle=True,
    drop_last=True,
    num_workers=train_config.num_workers,
)
```

DDPMと同じ訓練処理を行う関数として、今回はpy_img_genライブラリからインポートしたtrainer.train関数を使用します。

In [7]

```
trainer.train(
    train_config=train_config,
    eval_config=eval_config,
    unet=unet,
    noise_scheduler=noise_scheduler,
    optim=optim,
    data_loader=data_loader,
    device=device,
)
```

推論時も、DDPMと同じ処理を行う関数として、py_img_genライブラリからinferencer.animation_inference関数を使用します。訓練した結果をDDIMSchedulerを用いて逐次的にサンプリングし、生成された画像をアニメーション形式で確認します。

In [8]

```
from IPython.display import HTML

from py_img_gen import inferencer

ani = inferencer.animation_inference(
    train_config=train_config,
    eval_config=eval_config,
    unet=unet,
    noise_scheduler=noise_scheduler,
)

HTML(ani.to_jshtml())
```

式[3.20]で紹介したDDIMとDDPMを補間するハイパーパラメータηを変更したときの画像の生成過程を示します。学習時の設定を担うtrain_configにあるηの設定eta_ddimを0.0に変更することでDDIMでの生成を実行します。先ほどの例ではeta_ddimにデフォルト値の0.0が使用されていたため、同じ生成結果が得られるはずです。

In [9]

```
import dataclasses

ani = inferencer.animation_inference(
    train_config=dataclasses.replace(
        train_config,
        eta_ddim=0.0,  # pure DDIM
    ),
    eval_config=eval_config,
    unet=unet,
```

```
    noise_scheduler=noise_scheduler,
)

HTML(ani.to_jshtml())
```

今度はeta_ddimを1.0に指定してみましょう。この場合はDDPMとして生成が行われます。生成結果のアニメーションを確認すると、先ほどのDDIMでは決定論的な生成が行われてたのに対し、DDPMでは確率的な要素が含まれているように見えます。

In [10]

```
ani = inferencer.animation_inference(
    train_config=dataclasses.replace(
        train_config,
        eta_ddim=1.0,  # pure DDPM
    ),
    eval_config=eval_config,
    unet=unet,
    noise_scheduler=noise_scheduler,
)
HTML(ani.to_jshtml())
```

最後にeta_ddimの値をDDIMとDDPMのちょうど中間に当たる0.5に設定してみましょう。どのような生成が行われているか確認してください。

In [11]

```
ani = inferencer.animation_inference(
    train_config=dataclasses.replace(
        train_config,
        eta_ddim=0.5,  # interpolation of DDIM and DDPM
    ),
    eval_config=eval_config,
    unet=unet,
    noise_scheduler=noise_scheduler,
)
```

```
HTML(ani.to_jshtml())
```

diffusersではDDIM用のパイプラインとしてDDIMPipeline[12]クラスが用意されています。このクラスに学習したU-NetとNoise Schedulerを読み込ませて画像を生成してみましょう。

In [12]
```
from diffusers import DDIMPipeline

pipe = DDIMPipeline(unet=unet, scheduler=noise_scheduler)
pipe = pipe.to(device)
```

実際にDDIMPipelineを用いて文字画像を生成します。これまでのパイプライン同様、以下のように指定することで生成可能です。

In [13]
```
from diffusers.utils import make_image_grid

output = pipe(
    num_inference_steps=train_config.num_timesteps,
    batch_size=eval_config.num_generate_images,
    generator=torch.manual_seed(train_config.seed),
    eta=0.0,  # pure DDIM
)
image = make_image_grid(
    images=output.images,
    rows=eval_config.num_grid_rows,
    cols=eval_config.num_grid_cols,
)
image
```

12 https://huggingface.co/docs/diffusers/v0.32.1/en/api/pipelines/ddim#diffusers.DDIMPipeline

第3節 スコアベース生成モデル

本節では拡散モデルに非常によく似たアイディアであるスコアベース生成モデルや**ノイズ条件付きスコアベース生成モデル**（**Noise Conditional Score Network、NCSN**）[Song and Ermon, 2019] について説明します。スコアベース生成モデルは、適当にサンプリングしてきた点からどの方向に移動すればよりリアルなデータ（画像）を生成できるかをモデル化します。この方法では画像などのデータが多次元空間上の点で表されていると仮定します。そして「それらの点が多く集まっていそうな領域」から新たな点をサンプリングすることで品質の高い生成が可能になるという視点に基づいています。このとき学習の対象とするのは、適当なデータからリアルなデータを生成できそうな方向を推定する**スコア関数**（**Score Function**）[Liu et al., 2016] です。この関数を利用することで、データが存在する確率が高い方向へ移動しながら新しいデータを生成します。

スコアベース生成モデルの学習

第3章1節にて各種の生成モデルにおける利点や欠点を説明しましたが、スコアベース生成モデルは従来の生成モデルの制限を回避するような確率分布を学習可能にします。具体的には、図3-9に示すような対数確率密度関数の勾配をスコア関数でモデル化します。尤度ベースモデルが必要としていた近似ではなく、**スコアマッチング**（**Score Matching**）[Hyvärinen and Dayan, 2005][Vincent, 2011] によって明示的に学習が可能になります。スコアベース生成モデルは画像生成 [Song and Ermon, 2019][Song and Ermon, 2020][Song et al., 2021b]、音声合成 [Chen et al., 2021][Kong et al., 2021][Popov et al., 2021]、音楽生成 [Mittal et al., 2021]、医用画像再構成 [Jalal et al., 2021] など多くのタスクや応用先で最先端の性能を達成しています。

図3-9 2つのガウス分布の混合密度関数とそれに対するスコア関数の例。[Song, 2021]より引用。

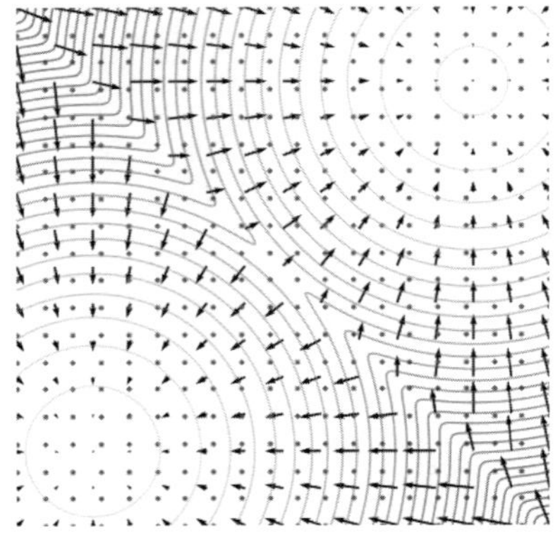

先述のように、スコアベース生成モデルでは、従来の生成モデルの制限を回避する確率分布を学習します。あるデータ分布$p_d(x)$から得られたデータ点からなるデータセット$x_1, x_2, \cdots, x_N$が存在する状態を考えます。生成モデルは、このデータセットから新しいデータ点を生成できるように学習します。こうした生成モデルを構築するには、データ分布$p_d(x)$を表現する方法が必要です。尤度ベースモデルであるスコアベース生成モデルは、以下のようにしてデータ分布をモデル化します。

$$p_\theta(x) = \frac{\exp(-f_\theta(x))}{Z_\theta} \qquad [3.21]$$

ここで$Z_\theta > 0$はθに依存する正規化係数です。$f_\theta(x)$はエネルギー関数（非正規化確率モデル）[13]と呼ばれており、以下のようにして対数尤度最大化で学習が可能です。

$$\max_\theta \sum_{i=1}^{N} \log p_\theta(x_i) \qquad [3.22]$$

対数尤度最大化では$p_\theta(x)$が正規化確率モデル[14]であることが要求されます。そのため正規化係数Z_θ[15]が必要になりますが、このZ_θは一般に計算が容易ではありません。Z_θを（近似的に）計算可能にする方法として、モデルのアーキテクチャに制限を設けたり、変分推論や**MCMC**（**Markov chain Monte Carlo methods**）[LeCun et al., 2006]を利用する方法があります。

ただし、こうした方法は非常に大きな計算コストがかります。確率密度関数の代わりにスコア関数をモデル化することで、この困難なZ_θの計算を回避することができます。分布$p_d(x)$のスコア関数を$\nabla_x \log p(x)$と定義し、スコア関数をモデル化するスコアベース生成モデルを$s_\theta(x)$[Song and Ermon, 2019]と表記し、このモデルで$s_\theta(x) \approx \nabla_x \log p(x)$を学習させます。スコア関数$s_\theta(x)$は以下のように定式化できます。

$$s_\theta(x) = \nabla_x \log p_\theta(x) = -\nabla_x f_\theta(x) - \underbrace{\nabla_x \log Z_\theta}_{=0} = -\nabla_x f_\theta(x) \qquad [3.23]$$

ここで、計算が難しいZ_θが式に現れないことに注目してください。正規化係数の計算に必要であったモデルアーキテクチャの制限がなくなったことで、スコアベース生成モデルはより拡張性の高い手法になっています。

13 確率密度関数または確率質量関数が正規化定数によって正規化されていないモデルのこと。詳細は[Gutmann and Hyvärinen, 2012]およびhttps://j-zin.github.io/files/unnormalized_probability_models.pdfを参照。

14 確率密度関数または確率質量関数が正規化されており、すべての可能な値にわたって積分または和が1になるモデルのこと。これは確率の公理を満たしており、直接確率として解釈できる。

15 非正規化確率分布を真の確率分布に変換するために必要な係数として機能する。

スコアベース生成モデル$s_\theta(x)$はフィッシャー情報量を最小化するように学習をします。フィッシャー情報量は確率分布のパラメータに関する情報量を定量化する指標であり、パラメータの推定精度や確実性を表現する尺度です。これは以下の真のスコア関数と推定したスコア関数の l_2 距離を計算することになります。この指標を通じた学習は、真のスコア関数と推定したスコア関数のl_2距離を最小化することで行われます。

$$\mathbb{E}_{p(x)}[||\nabla_x \log p(x) - s_\theta(x)||_2^2] \tag{3.24}$$

$\nabla_x \log p(x)$ はスコアマッチングを用いて計算します。今回のフィッシャー情報量は未知の$\nabla_x \log p(x)$を計算しないといけないため容易ではありません。スコアマッチングではこのような真のスコア関数について知らなくても計算が可能になります。スコアマッチングの目的関数はデータセットから直接学習が可能で、確率的勾配降下法を用いて最適化できます。スコアマッチングの目的関数を最小化することで、GANのような不安定な敵対的学習も不要になります。スコアマッチングについての詳細は[Song, 2019]を参照してください。

● スコアベース生成モデルの推論 ●

スコアベース生成モデル$s_\theta(x) \approx \nabla_x \log p(x)$ を学習できたら、**ランジュバン動力学**（**Langevin Dynamics**）をもとにした逐次的な方法でサンプリングしていきます。ランジュバン動力学は物理学における分子系の動力学の数理モデリングに用いられる方法であり、ある確率分布 $p(x)$ からスコア関数$\nabla_x \log p(x)$のみを用いてサンプリングするMCMCを実現できます。具体的には任意の事前分布$x_0 \sim \pi(x)$に対し、以下の式を逐次的に繰り返し計算します。

$$x_{i+1} \leftarrow x_i + \varepsilon \nabla_x \log p(x) + \sqrt{2\varepsilon} z_i, \quad i = 0, 1, \cdots, K \tag{3.25}$$

ここで、$z_i \sim \mathcal{N}(0, I)$であり、$\varepsilon \to 0$と$K \to \infty$のとき、式[3.25]の$x_K$は、いくつかの条件下で$p(x)$へ収束することがわかっています。実際は$\varepsilon$が十分小さく、$K$が十分大きい場合に達成されます。

図3-10にランジュバン動力学を使用して図3-9に示した混合密度関数からサンプリングを実行する様子を示します。以降、$s_\theta(x) \approx \nabla_x \log p(x)$であるため、スコアベース生成モデル$s_\theta(x)$ を式[3.21]に代入することで、新たなサンプルを生成することが可能になります。

図3-10 ランジュバン動力学を用いて図3-8に示した混合密度関数からサンプリングしていく例（左から右に進む）。[Song et al., 2021b]より引用。

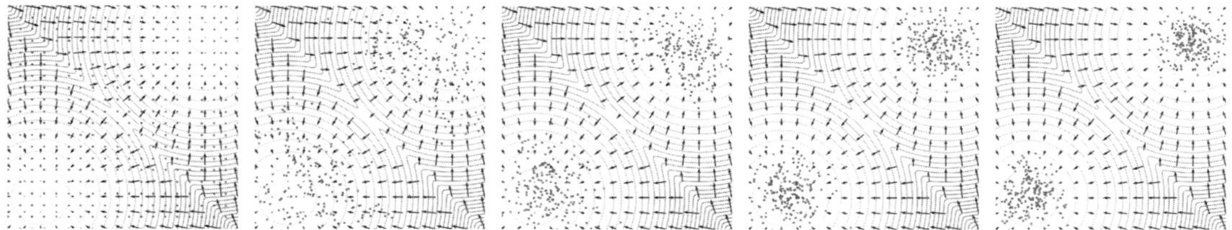

図3-11に示すようなスコアマッチングによるシンプルな**スコアベース生成モデル**（**SMLD、Score-Matching with Langevin Dynamics**）は、それだけでは学習が難しいことが知られています。スコアマッチングに使用するデータ点が少ない領域では、推定されるスコア関数が不正確になってしまいます。これは以下のようなフィッシャー情報量を最小化しようとするために仕方がないことです。

$$\mathbb{E}_{p(x)} = [||\nabla_x \log p(x) - s_\theta(x)||_2^2] = \int p(x)||\nabla_x \log p(x) - s_\theta(x)||_2^2 dx \tag{3.26}$$

図3-11 SMLD（Score-Matching with Langevin Dynamics）の例。[Song et al., 2021b]より引用。

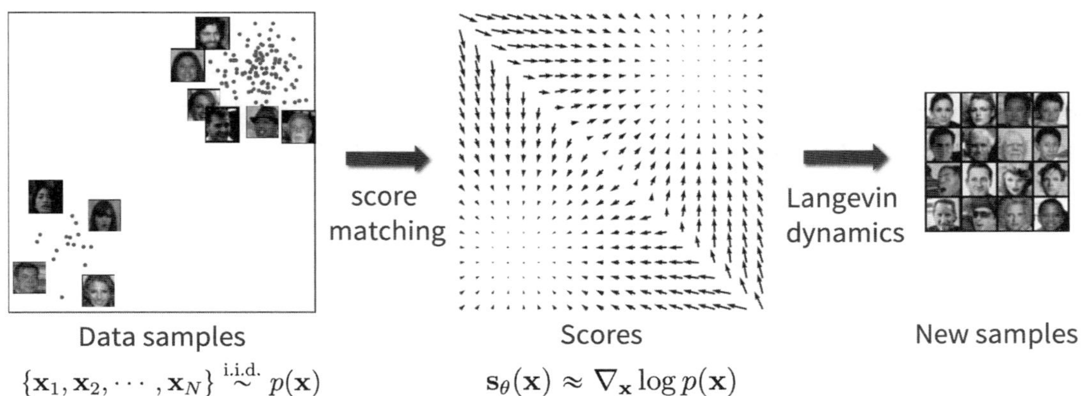

真のスコア関数とスコアベース生成モデルのl_2距離の差は$p(x)$によって重み付けされるため、$p(x)$が小さい低密度領域ではほとんど無視されてしまいます。この挙動は図3-12に示すような期待しない結果をもたらします。ランジュバン動力学を用いたサンプリングにおいてデータが画像のような高次元空間に存在する場合、初期にサンプリングされるデータはあまりデータ点がない領域から来る可能性が高くなります。したがって、スコアベース生成モデルが不正確であるとサンプリ

ングが最初から逸脱してしまい、データを代表するような高品質なサンプルを生成することが難しくなります。

図3-12 推定されたスコア関数はデータ数が多数存在する領域しか正確ではないことを例示した図。[Song et al., 2021b]より引用。

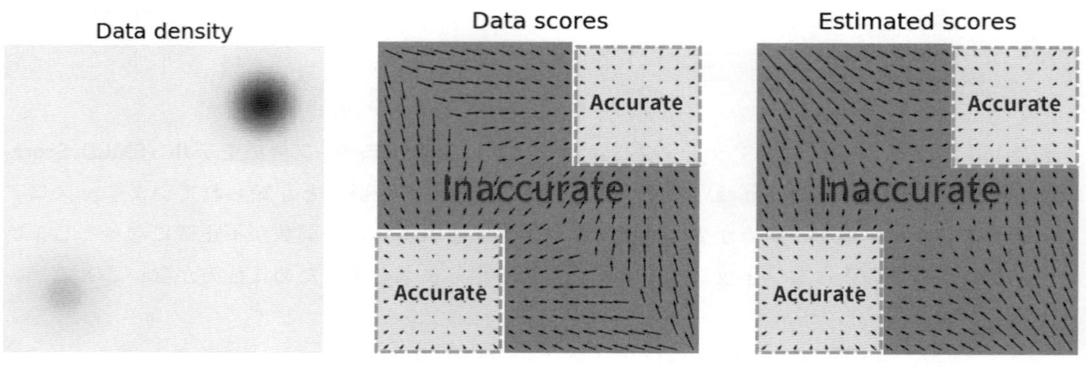

NCSNの学習

上記の問題に対する解決策の1つとして、データ点にノイズを加えて、それらをもとにスコアベース生成モデルを学習させる**NCSN**(**Noise Conditional Score Network**、**ノイズ条件付きスコアベース生成モデル**)[Song and Ermon, 2019]があります。ノイズの大きさが十分に大きければ、データ点が少ない領域にノイズを与えることで、推定されるスコアの精度を向上できそうです。図3-9に示した2つのガウシアン混合分布に、さらにガウシアンノイズを加えると図3-13に示すような図になります。ノイズを付与することで密度が低かった点の領域が少なくなり、スコアが正確に推定できるようになります。

図 3-13 図3-9の分布にノイズを付与することで、推定されるスコアはノイズが付与されたデータの分布に対して正確になる。[Song et al., 2021b]より引用。

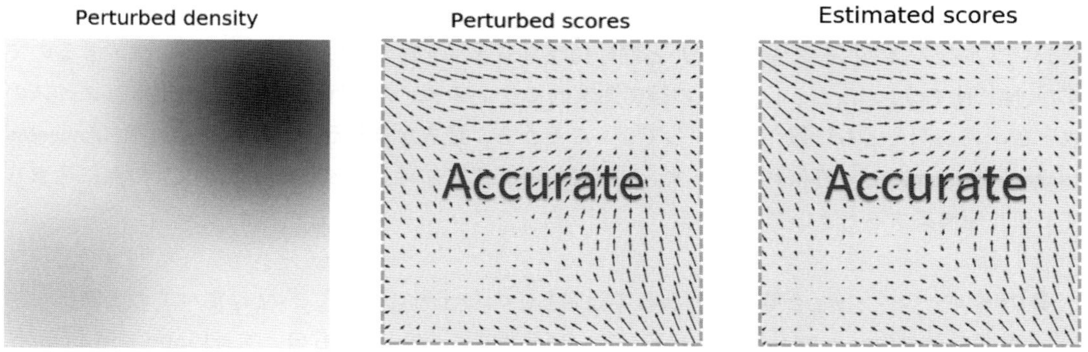

では、加えるノイズの大きさをどのように決めればよいでしょうか？ NCSNでは複数の大きさのノイズを同時に使用します。ここで徐々に大きくなるノイズ$\sigma_1 < \sigma_2 < \cdots < \sigma_L$を$L$個用意することを考えます。このときデータ分布$p(x)$に対して用意した複数サイズのノイズを追加して、以下のようなノイズを追加した分布を作ります。

$$p_{\sigma_i}(\boldsymbol{x}) = \int p(\boldsymbol{y})\mathcal{N}(\boldsymbol{x}; \boldsymbol{y}, \sigma_i^2\boldsymbol{I})d\boldsymbol{y} \tag{3.27}$$

この$p_{\sigma_i}(\boldsymbol{x})$からサンプリングして$\boldsymbol{x} + \sigma_i z$を計算することで、式[3.27]から$z_i \sim \mathcal{N}(0, \boldsymbol{I})$でサンプルを得られます。すべての$i = 1, 2, \cdots, L$に対して$s_\theta(x) \approx \nabla_x \log p(x)$となるようなスコアマッチングを行うNCSN $s_\theta(\boldsymbol{x}, i)$を学習することにより、ノイズを加えられた各分布のスコア関数$\nabla_{\boldsymbol{x}} \log p_{\sigma_i}(\boldsymbol{x})$を推定します。$s_\theta(\boldsymbol{x}, i)$の目的関数は、すべてのサイズのノイズに対するフィッシャー情報量の加重和として計算されます。

$$\sum_{i=1}^{L} \lambda(i)\mathbb{E}_{p_{\sigma_i}(\boldsymbol{x})}[||\nabla_{\boldsymbol{x}} \log p_{\sigma_i}(\boldsymbol{x}) - s_\theta(\boldsymbol{x}, i)||_2^2] \tag{3.28}$$

ここで$\lambda(i) = \sigma_i^2$は正の重み付け関数が用いられます。式[3.28]はシンプルな（無条件）スコアベース生成モデルと同様にスコアマッチングで最適化できます。

NCSNの推論と推奨設定

シンプルなスコアベース生成モデルと同様にランジュバン動力学によりサンプルを生成するのですが、NCSNでは$i = L, L-1, \cdots, 1$の順で逐次的にサンプリングを行います。この方法はノイズの大きさσ_iが時間とともに徐々に減少していくことから、**焼きなましランジュバン動力学**（**Annealed Langevin Dynamics**）と呼ばれています。NCSNの生成結果を向上させるために、以下の点に注意してモデルを構築するとよいでしょう。

- $\sigma_1 < \sigma_2 < \cdots < \sigma_L$を等差数列として設定し、$\sigma_1$は十分に小さく、$\sigma_L$はすべての訓練データ点間で最大のpair-wise距離と比較可能（同程度のオーダー）なものとする[Song and Ermon, 2020]。Lは通常数百から数千のオーダーになる
- スコアベースモデルs_θではU-Netベースのモデルの利用が一般的[Ho et al., 2020][Song et al., 2021b]
- 生成時にはスコアベースのモデルの重みは**EMA**（**Exponential Moving Average**）を適用することでより安定した生成が可能[Song and Ermon, 2020][Ho et al., 2020]

第3章2節で説明したDDPMとNCSNは非常によく似た関係にあります。NCSNは、スコアマッチングで推定したデータ分布の勾配を使い、ランジュバン動力学によってデータを生成するモデルでした。データxの確率密度のスコアは$\delta_x \log p(x)$で定義されており、モデルs_θはそれを推定するように学習するものです。

NCSNの実装

ではpython-image-generation/notebooks/3-3_ncsn.ipynb[16]を開いてください。以下、diffusersを用いたNCSNによる画像生成の実装例を示します。ここでは、第3章2節のDDPMでも使用したMNISTデータセットを用いて文字画像生成を行います。

今回使用する、学習・評価・モデルそれぞれの設定を読み込みます。まずは学習用に使用する設定を読み込みます。以下を実行すると読み込んだ設定を確認できます。

16 https://github.com/py-img-gen/python-image-generation/blob/main/notebooks/3-3_ncsn.ipynb

In [1]

```
from py_img_gen.training import trainer

train_config = trainer.TrainNCSNConfig(
    num_epochs=150,
    num_timesteps=10,
    num_annealed_timesteps=100,
    output_dir=project_dir,
)
print(train_config)
```

次に評価用の設定です。こちらも読み込んだ設定を確認しておきます。

In [2]

```
eval_config = trainer.EvalConfig(eval_epoch=10)
eval_config
```

最後にモデルの設定です。これらの設定は自由に変更することができます。

In [3]

```
model_config = trainer.NCSNModelConfig()
model_config
```

スコア関数$s_\theta(x)$を学習するモデルを、DDPMでも使用したU-Netを用いて定義します。DDPMのU-Netとの実装の違いは、σ_iのパラメータを保持している点です。ここでは本書用に著者が用意したdiffusers-ncsn[17]からUNet2DModelForNCSN[18]を使用します。

In [4]

```
from dataclasses import asdict

from ncsn.unet import UNet2DModelForNCSN
```

17 py-img-gen/diffusers-ncsn:https://github.com/py-img-gen/diffusers-ncsn
18 https://github.com/py-img-gen/diffusers-ncsn/blob/main/src/ncsn/unet/unet_2d_ncsn.py#L10-L89

第3章 拡散モデルの導入

```
unet = UNet2DModelForNCSN(
    num_train_timesteps=train_config.num_timesteps,
    **asdict(model_config),
)
unet = unet.to(device)
```

次に、焼きなましランジュバン動力学を用いたサンプリングを実現するクラスのインスタンスを生成します。こちらもdiffusers-ncsnからAnnealedLangevinDynamicsScheduler[19]として読み込みます。

In [5]

```
from ncsn.scheduler import AnnealedLangevinDynamicsScheduler

noise_scheduler = AnnealedLangevinDynamicsScheduler(
    num_train_timesteps=train_config.num_timesteps,
    num_annealed_steps=train_config.num_annealed_timesteps,
    sigma_min=model_config.sigma_min,
    sigma_max=model_config.sigma_max,
    sampling_eps=train_config.sampling_eps,
)
```

訓練に使用する最適化手法を定義します。ここではDDPMと同様、Adamを使用します。

In [6]

```
optim = torch.optim.Adam(
    unet.parameters(), lr=train_config.lr
)
```

19 https://github.com/py-img-gen/diffusers-ncsn/blob/main/src/ncsn/scheduler/scheduling_ncsn.py#L22-L131

MNISTデータセットを読み込みます。手順はこれまで同様です。

In [7]

```
import torchvision
from torch.utils.data import DataLoader

from py_img_gen.training import get_transforms

dataset = torchvision.datasets.MNIST(
    root="~/.cache",
    train=True,
    download=True,
    transform=get_transforms(
        sample_size=model_config.sample_size
    ),
)

data_loader = DataLoader(
    dataset=dataset,
    batch_size=train_config.batch_size,
    shuffle=True,
    drop_last=True,
    num_workers=train_config.num_workers,
)
```

これまで用意したコンポーネントを用いてNCSNの訓練を開始します。

In [8]

```
trainer.train(
    train_config=train_config,
    eval_config=eval_config,
    unet=unet,
    noise_scheduler=noise_scheduler,
```

```
    optim=optim,
    data_loader=data_loader,
    device=device,
)
```

訓練結果を確認します。ここではAnnealedLangevinDynamicsSchedulerを用いて逐次的にサンプリングを行い、生成された画像をアニメーション形式で確認します。

In [9]

```
from IPython.display import HTML

from py_img_gen import inferencer

ani = inferencer.animation_inference(
    train_config=train_config,
    eval_config=eval_config,
    unet=unet,
    noise_scheduler=noise_scheduler,
)

HTML(ani.to_jshtml())
```

diffusersと同じパイプライン形式であるNCSNPipeline[20]を用い、訓練したU-NetとNoise Schedulerを使って文字画像生成を行います。まず、これらを渡してパイプラインを初期化します。

In [10]

```
from ncsn.pipeline_ncsn import NCSNPipeline

pipe = NCSNPipeline(unet=unet, scheduler=noise_scheduler)
pipe = pipe.to(device)
```

20 https://github.com/py-img-gen/diffusers-ncsn/blob/main/src/ncsn/pipeline_ncsn.py#L36-L176

最後にパイプラインを用いて画像を生成します。diffusersのパイプライン形式でも同様の画像が生成されることが確認できると思います。

In [11]

```
from diffusers.utils import make_image_grid

output = pipe(
    num_inference_steps=train_config.num_timesteps,
    batch_size=eval_config.num_generate_images,
    generator=torch.manual_seed(train_config.seed),
)
image = make_image_grid(
    images=output.images,
    rows=eval_config.num_grid_rows,
    cols=eval_config.num_grid_cols,
)
image
```

第4節 拡散モデルの生成品質の向上

これまで、拡散モデルをベースとした生成モデルが着実に発展していった流れを紹介してきました。DDPMをはじめとした手法によって、それまで主流であったGANと比べて安定した画像生成ができるようになった一方で、依然として生成品質には一定の制限がありました。特に最先端であったBigGAN[Brock et al., 2019]には、生成性能で一歩及んでおりませんでした。

本節ではDDPMをベースに様々な条件下で試行錯誤を実施した**ADM**(**Ablated Diffusion Model**)[Dhariwal and Nichol, 2021]について説明します。ADMは「最先端のGANに拡散モデルが勝った」というタイトルがつけられており、そのタイトル通りBigGANを上回る生成品質を達成しています。

敵対的生成ネットワークと拡散モデル

拡散モデルによる画像生成以前は、主にGANによる画像生成が主流でした。GANは生成画像の品質を評価する**IS**(**Inception Score**)[Salimans et al., 2016]や**FID**(**Fréchet inception distance**)[Heusel et al., 2017]といった画像生成の主な評価指標で最先端のスコアを記録していました。ただしこれらの指標には、生成画像の多様性を十分に評価できないという問題点が指摘されています[Dhariwal and Nichol, 2021]。

生成画像の多様性という側面に焦点を当ててGANと拡散モデルの尤度ベースモデルを比較すると、尤度ベースモデルのほうが多様な画像を生成するという主張があります[Song et al., 2021b]。これは、GeneratorとDiscriminatorを同時に用いるGANは学習の安定性に課題があるため、高品質な画像生成を優先してしまい、その結果として多様性に劣る画像を生成してしまう点に起因しています。この欠点により、より大規模なモデルを構築して新たなドメインにGANを適用するのが難しくなっていました。このような流れにより、尤度ベースモデルでGANのような高品質な画像を生成できるようにする研究が進みました。しかしながら、尤度ベースモデルはGANに比べて学習が容易である一方、画質や生成速度の面で発展途上でした。

そこで注目されたのが拡散モデルです。尤度ベースモデルである拡散モデルはGANを「倒せる」手法として関心が集まりました。さらにDDPMが登場して、クラス数が限られた比較的小規模なデータセット（例：画像認識を目的とした10クラスのデータセットである**CIFAR-10**[Krizhevsky et al., 2009]）で最先端の生成性能を記録するようになりました。一方で、規模が大きく生成が容易ではないデータセット（例：ImageNet[Deng et al., 2009]やLSUN[Yu et al., 2015]）では、依然としてGANがより優れた性能を示していました。DDPMベースのモデルであるDDIMにおいて層をより深くすることで一定の性能改善が見られましたが、画像の生成品質を測るFIDスコアではBigGANには性能が及びませんでした。

ADMでは、拡散モデルがGANに劣っている要因として以下の2点に着目しました。

1. 最先端のGANの研究では極限までそのモデル構造が探求され洗練されている点
2. GANが生成画像の多様性と忠実性のトレードオフを指定できる点

ここで忠実性とは生成モデルの出力が、実際のデータとどれだけ近いか、本物らしいかを表します。忠実性が高いほど、出力が人間の目で見ても自然に感じられる、あるいは本物のデータに限りなく近いものになります。

次項では、前者における取り組みとして、拡散モデルのアーキテクチャをよりよくした改良法を紹介します。その後、後者における取り組みとして、拡散モデルでも多様性と忠実性のトレードオフを制御できる方法として主流となった**CFG**(**Classifier-free Guidance**)[Ho and Salimans, 2021]について紹介します。

DDPMの改良による生成品質の向上

FIDスコアを向上し、性能面でGANを超えることを目標に、DDPM、Improved DDPM、DDIMに対しモデル構造の改良が行われました。特にDDPMで使用されているU-Netに対して、適応的に正規化を導入する方法により改善が試みられました。ADMにおいては、モデルのサイズを一定に保ちながらネットワークの深さと幅、MHAの数を変更したり、BigGANの残差接続によるアップサンプリング、ダウンサンプリングを実施して調査した結果、「ネットワークの幅を増やす」「MHAにおける注意の解像度を複数用意する」「残差接続を用いたアップサンプリング、ダウンサンプリングを使用する」ことで、FIDスコアを大幅に向上できることが示されています。

また、正規化層として**AdaGN**(**Adaptive Group Normalization**)を導入しています。AdaGNは入力情報をサブグループに分割し、それらの平均と分散に基づいて正規化するGroup Normalization[Wu and He, 2018]を応用し、拡散過程におけるステップ情報$\boldsymbol{y}_s$と生成対象のクラス情報$\boldsymbol{y}_b$から適応的に正規化を計算します。

$$\mathrm{AdaGN}(\boldsymbol{h}, \boldsymbol{y}) = \boldsymbol{y}_s \mathrm{GroupNorm}(\boldsymbol{h}) + \boldsymbol{y}_b \quad [3.25]$$

CGとCFG

拡散モデルにおける生成画像の多様性と忠実性のトレードオフを実現するために、画像生成中に拡散モデルを誘導する**CG**(**Classifier Guidance**)[Dhariwal and Nichol, 2021]とその発展である**CFG**(**Classifier-free Guidance**)[Ho and Salimans, 2021]について紹介します。

CG(Classifier Guidance)

CGは学習済みの分類器によって生成したい対象のクラスへ誘導する手法です。具体的には、推論時に分類器p_ϕにステップtの生成画像x_tとクラスラベルyを入力してその勾配$\nabla_{xt} \log p\phi(y|x_t)$を計算し、その結果に従ってDDPMで予測したノイズを修正して、対象のクラスに近づくようにノイズを除去していきます。ADMではDDPMとDDIMの両方のモデルで適用できるようにCGを一般化して定義しています。

図3-14にDDPMにCGを適用した際の画像生成結果を示します。図3-14(a) のようにCGをあまり強く適用していない状態では意図したクラスを正しく生成できていない一方、図3-14(b) のようにある程度強く適用した状態では意図したクラスを正しく生成できていることが示されています。しかし、分類器による誘導を利用する場合は、画像の正解クラスが付与されたデータセットが必要になります。そのため、分類器が不要で、より汎用的で効果的に拡散モデルを誘導可能なCFGが発展していきます。

図3-14 CGを用いたDDPMモデルにおける「Pembroke Welsh corgi」(ウェルシュコーギーペンブローク犬)クラスに対する画像生成結果。[Dhariwal and Nichol, 2021]より引用。FIDスコアは低ければ低いほどよい。

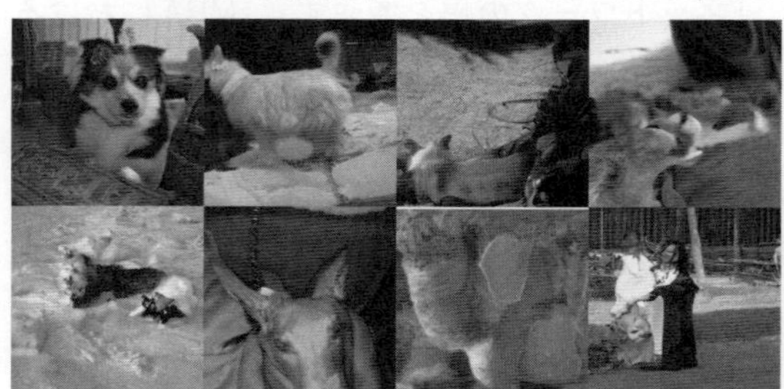

(a) Classifier scale = 1 (FID: 33.0)

(b) Classifier scale = 10 (FID: 12.0)

CFG(Classifier-free Guidance)

CFGは、名前の通り、分類器を用意せずに拡散モデルを生成したい画像のクラスへと誘導する方法です。ここでの「条件」とは、クラスラベルやテキストなど、生成したい画像に対する任意の条件を指します。この手法では、生成したい条件の画像と、それが「ない」場合の画像の両方で学習を行い、その差分をもとにモデルを誘導します。

$$\text{With class}: \boldsymbol{\varepsilon}_\theta(\boldsymbol{z}_\lambda, \boldsymbol{c}) \quad \text{Without class}: \boldsymbol{\varepsilon}_\theta(\boldsymbol{z}_\lambda, \boldsymbol{c} = \varnothing) \tag{3.26}$$

ここで$\boldsymbol{\varepsilon}_\theta$はステップ$t$における生成画像$\boldsymbol{z}_\lambda$内のノイズを予測するように学習をします。$\boldsymbol{c}$は生成したいクラスを表し、ワンホットベクトルで表現されます。$\varnothing$はどのクラスにも属さない、nullクラスを表し、すべて0のベクトルとして表現可能です。これらの結果をもとに、CFGを用いた画像生成の誘導は、以下のように誘導の度合いを制御できるように定式化されます。

$$\tilde{\varepsilon}_\theta(\boldsymbol{z}_\theta, \boldsymbol{c}) = \varepsilon_\theta(\boldsymbol{z}, \boldsymbol{c}) + w(\varepsilon_\theta(\boldsymbol{z}, \boldsymbol{c}) - \varepsilon_\theta(\boldsymbol{z}, \boldsymbol{c} = \varnothing)) \tag{3.27}$$

ここでwはguidance scaleと呼ばれるハイパーパラメータで、生成画像に対する誘導の度合いを制御します。$w = 0$のときはクラス情報を入力したDDPMの予測であり、$w > 0$のときCFGによる誘導が適用されます。

図3-15に、CFGを用いたDDPMモデルの生成結果を示します。(a) から (d) に向かって、guidance scale wの値を大きくしたときの生成結果です。wを大きくすればするほどクラス情報に忠実な画像生成が実現できる一方で、多様性は失われます。

図3-15 ImageNetで学習させた拡散モデルによる「Malamute」(マラミュート犬)クラスに対するCFG適用結果。図は[Ho and Salimans, 2021]より引用。

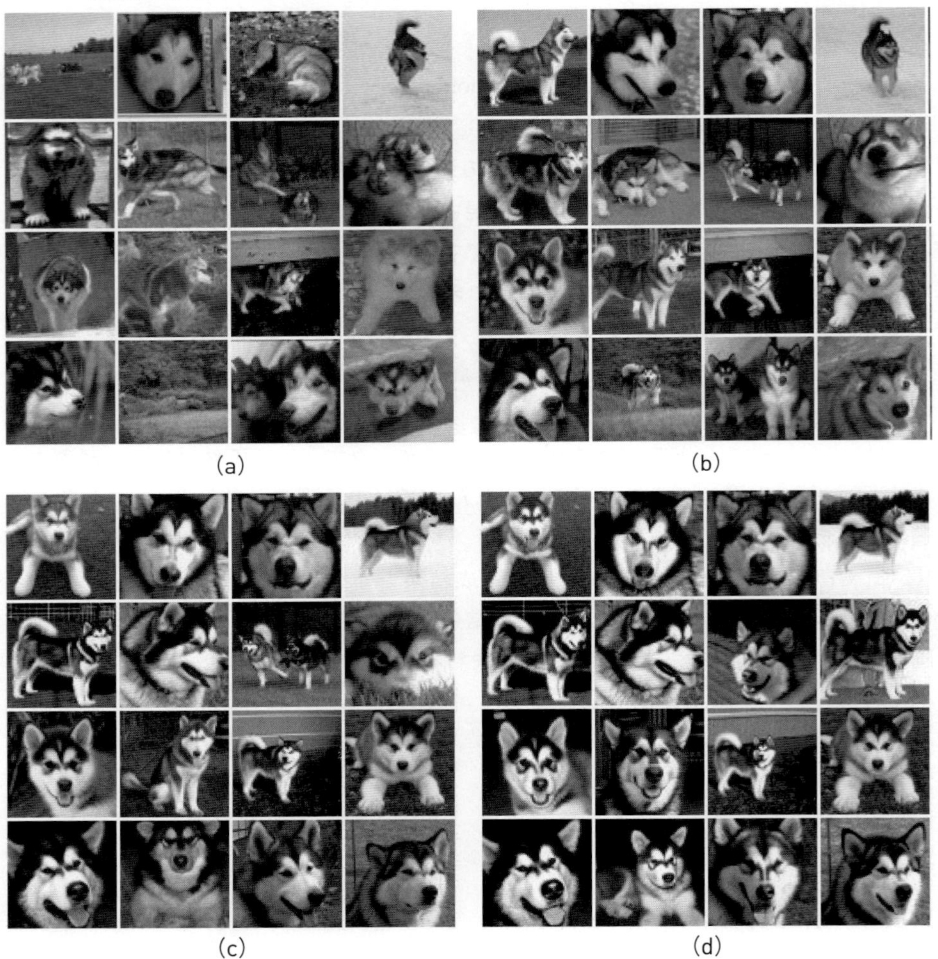

(a) (b) (c) (d)

ネガティブプロンプト

CFGは誘導したいクラスとnullクラスの差分を用いて誘導を行いますが、これをさらに拡張して、誘導したくないクラスを指定するネガティブプロンプトと呼ばれる方法が開発されました。ネガティブプロンプトはAUTOMATIC1111/stable-diffusion-webui[21]にて導入され、SD v2登場時に特に

21 AUTOMATIC1111/stable-diffusion-webui: Stable Diffusion web UI：https://github.com/AUTOMATIC1111/stable-diffusion-webui

注目を浴びた技術です。nullクラスの指定よりも明示的に誘導したくないクラスを指定することで、より意図したクラスの画像生成が可能になります[22、23、24、25]。

Banらの研究[Ban et al., 2024]では、ネガティブプロンプトに関する体系的な研究に取り組んでおり、拡散モデルの拡散過程に焦点を当て、ネガティブプロンプトがいつ、どのように効果を発揮するかを調査しています。具体的には、ネガティブプロンプトがいつ影響を及ぼしはじめるかを調べるために、モデルの交差注意の**注意マップ**（Attention Map）を分析しています（交差注意については、第2章3節を参照）。これは、画像各ピクセルに特定のトークンの特徴が出現する可能性を可視化した画像です。その結果、図3-16に示すように、ネガティブプロンプトが効果を発揮するタイミングは、通常のプロンプトに比べて大幅に遅れてくることが明らかにされています。

図3-16 ネガティブプロンプトが適切な場所に注目するタイミングの例。[Ban et al., 2024]より引用。例えば「メガネ」トークンに対しては、人物の顔を「適切な場所」として認識できている。各行は独立した逆拡散過程を表しており、1行目と3行目は通常のプロンプトトークンを、2行目と4行目はネガティブプロンプトトークンを可視化している。通常のプロンプト（＋）、ネガティブプロンプト（－）、および対象の注意マップに対応するトークンが各行の上部に表示されている。各列は、交差注意のヒートマップを可視化するために使用されたステップを表している。また、初めて「適切な場所」に注意があたったマップを四角い枠で囲んで示している。

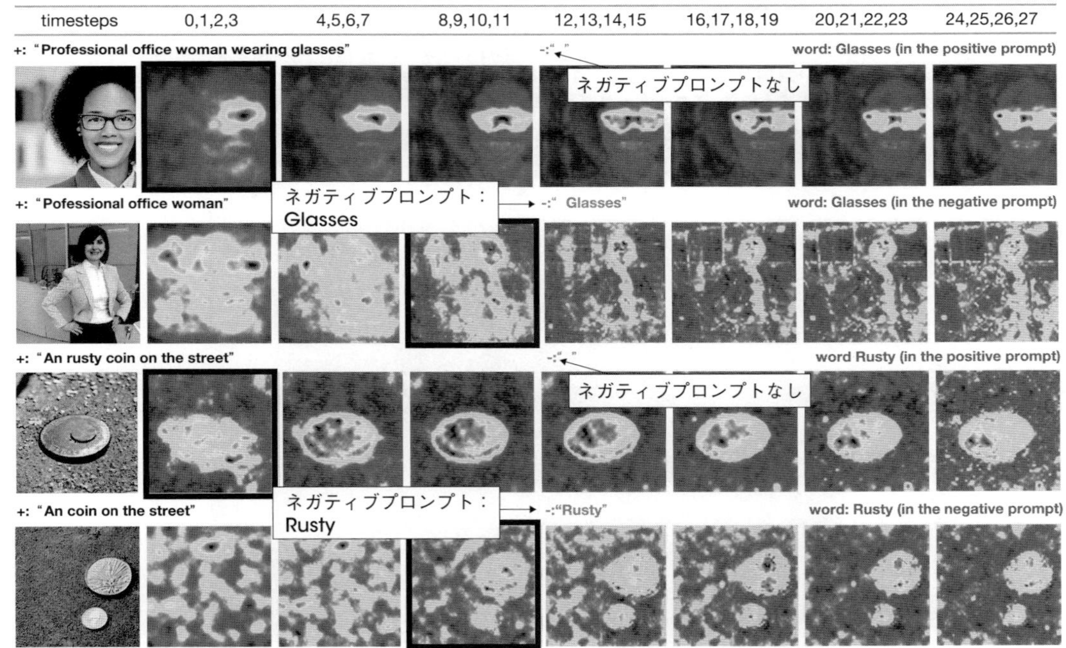

22 https://www.assemblyai.com/blog/stable-diffusion-1-vs-2-what-you-need-to-know/
23 https://stable-diffusion-art.com/how-to-use-negative-prompts/#Why_does_a_negative_prompt_become_more_important_in_v2
24 https://weam.ai/blog/imageprompt/what-is-negative-prompt-in-stable-diffusion/
25 https://minimaxir.com/2022/11/stable-diffusion-negative-prompt/

[Ban et al., 2024]では、EBMのエネルギー関数の概念を利用し、ネガティブプロンプトを含めたプロンプトを用いた誘導について説明しています。拡散モデルに関連するモデルとして、エネルギー関数を用いたスコアベース生成モデルについては第3章3節にて紹介しました。図3-17では、拡散モデルによって学習されたデータ分布の模式図を示しています。

復習になりますが、エネルギー関数はモデルの訓練データに基づいて、より「可能性が高い」または「自然な」画像に対してより低いエネルギーレベルを、そうでない画像に対してはより高いエネルギーレベルを割り当てるように設計されています。現実世界の分布では、「澄んだ青空」や「均一な背景」などのわかりやすい背景と、「エッフェル塔」などの明確なオブジェクトが高い頻度で含まれているため、これらの要素は通常低いエネルギーレベルとなり、モデルはそれらを正しく生成する傾向にあります。しかし、エッフェル塔のような特定の物体をゼロから合成する際の拡散過程では、度々ぼやけた輪郭を持つ中間段階を経ることになります。このようなぼやけた表現は訓練データでは珍しいため、期待した物体の生成を妨げる「エネルギー障壁」となり得ます。こうしたエネルギー障壁を乗り越えるために、プロンプトを用いた誘導が必要になります。

図3-17 画像生成におけるエネルギー関数の模式図。[Ban et al., 2024]より引用。画素の値はデータ分布における点のエネルギーを表す。背景領域(background region)、品質の高い画像が生成できる領域(clear object region)、品質の低い画像が生成されてしまう領域(blurred object outline region)が丸で示されている。背景情報から物体を生成するには、エネルギーが高い、物体の輪郭がぼやけた領域を乗り越える必要がある。

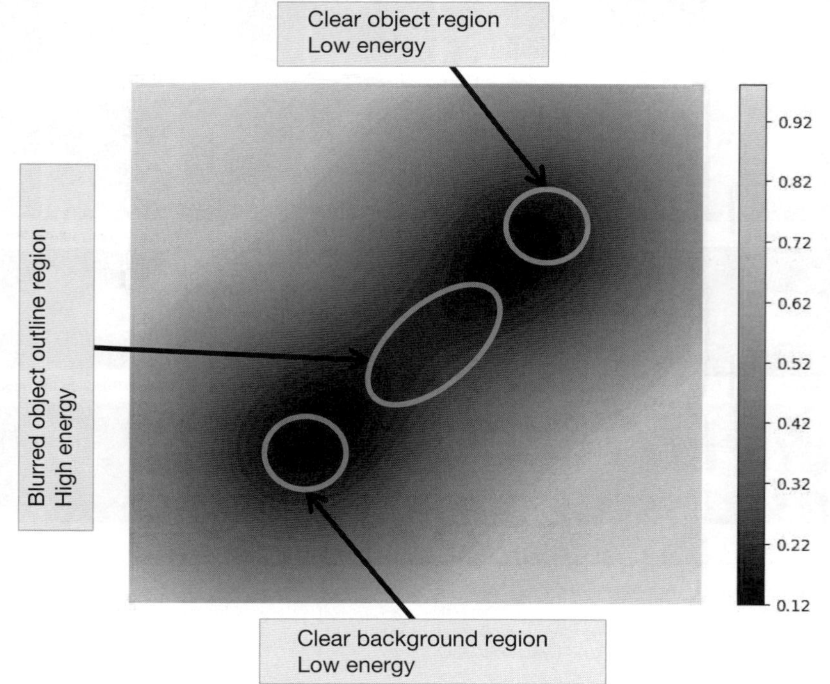

図3-18は、異なる誘導における拡散過程の挙動について説明しています。図3-18(a) では、明示的な誘導がない場合、モデルはエネルギー障壁を乗り越えるのに苦労し、自然なデータ分布の影響を受けて一般的な背景を生成してしまうことを示しています。一方、図3-18(b) では、通常のプロンプトに生成を期待する物体を含めることで明示的な誘導が行われ、モデルが障壁を乗り越えて結果的に現実世界の分布に近い画像を生成できることを示しています。

図3-18 プロンプトやネガティブプロンプトなどによる誘導の模式図。[Ban et al., 2024]より引用(モノトーン化にあたって一部改変)。濃いグレーの矢印はエネルギー関数の傾きであり、データ分布における誘導方向を示している。グレーの矢印と点線の矢印それぞれ通常のプロンプトとネガティブプロンプトによる誘導方向を示している。

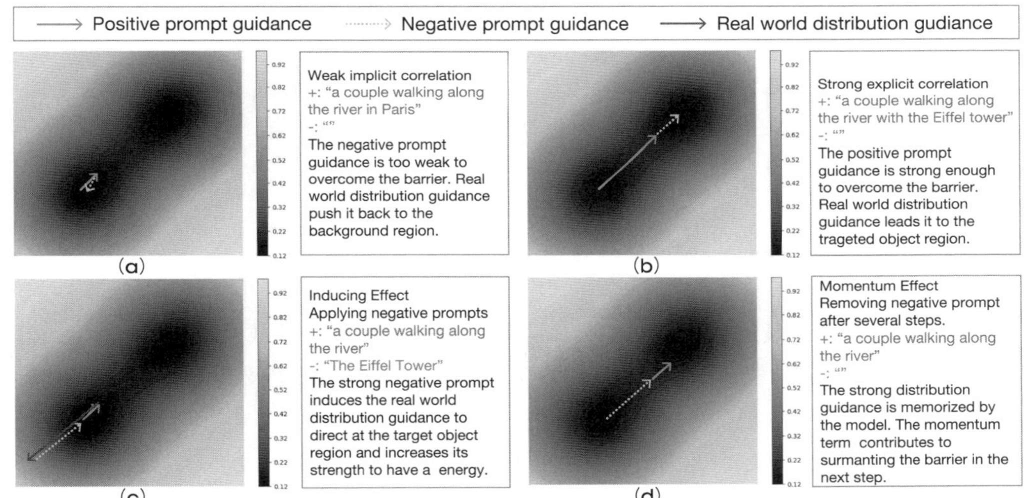

CFGの実装

ではpython-image-generation/notebooks/3-4-3_classifier-free-guidance.ipynb[26]を開いてください。以下、CFGを用いたテキスト条件に忠実な画像生成の実装例を示します。

まずmodel_idとしてstable-diffusion-v1-5/stable-diffusion-v1-5を指定し、StableDiffusionPipelineを用いてパイプラインを読み込んでおきます。

26 https://github.com/py-img-gen/python-image-generation/blob/main/notebooks/3-4_classifier-free-guidance.ipynb

In [1]

```
from diffusers import StableDiffusionPipeline

model_id = "stable-diffusion-v1-5/stable-diffusion-v1-5"

pipe = StableDiffusionPipeline.from_pretrained(
    model_id, torch_dtype=dtype
)
pipe = pipe.to(device)
```

以下、推論のみ実行するので、以下のようにして勾配の計算を無効にしてVRAMの消費を抑えます。同様の方法としてtorch.no_grad()を用いることもできます。

In [2]

```
torch.set_grad_enabled(False)
```

ハイパーパラメータを設定します。ここでは6つ、乱数の種の固定、生成画像の解像度、生成画像のためのプロンプト、逆拡散過程のステップ数、DDIMにおけるηの値、バッチサイズを設定します。

In [3]

```
# 再現性確保のための seed 値の固定
generator = torch.manual_seed(seed)
# 生成画像の解像度の指定
image_w, image_h = 512, 512
# 画像生成する際の条件プロンプト
prompt = "A photo of an astronaut riding a horse"
# 逆拡散過程のステップ数
num_inference_steps = 50
# DDIM における eta (η) の値
eta = 0.0
# 今回は画像 1 枚を生成
batch_size = 1
```

プロンプトや画像の解像度に関する入力をチェックします。

In [4]

```
pipe.check_inputs(
    prompt=prompt,
    width=width,
    height=height,
    callback_steps=1,
)
```

以下、CFGのためのテキスト条件を指定する準備をします。まずはプロンプトに対して**トークナイザ**（**Tokenizer**）を適用し、トークンID列へ変換します。

In [5]

```
cond_text_inputs = pipe.tokenizer(
    prompt,
    padding="max_length",
    max_length=pipe.tokenizer.model_max_length,
    truncation=True,
    return_tensors="pt",
)
cond_text_input_ids = cond_text_inputs.input_ids
cond_text_input_ids
```

その後Text Encoderを用いてトークンID列を**テキスト埋め込み**（**Text Embedding**）へ変換します（テキスト埋め込みについては、第4章2節を参照）。

In [6]

```
text_encoder_output = pipe.text_encoder(
    cond_text_input_ids.to(device),
)
cond_prompt_embeds = text_encoder_output.last_hidden_state
cond_prompt_embeds = cond_prompt_embeds.to(
```

```
    dtype=pipe.text_encoder.dtype, device=device
)
```

テキスト条件なしの場合、空文字""に対してトークナイザを適用してトークンID列を得ます。

In [7]

```
uncond_tokens = [""] * batch_size
uncond_text_inputs = pipe.tokenizer(
    uncond_tokens,
    padding="max_length",
    truncation=True,
    return_tensors="pt",
)
uncond_text_input_ids = uncond_text_inputs.input_ids
uncond_text_input_ids
```

得られたトークンID列に対してText Encoderを適用してテキスト埋め込みを得ます。

In [8]

```
text_encoder_output = pipe.text_encoder(
    uncond_text_input_ids.to(device)
)
uncond_prompt_embeds = text_encoder_output.last_hidden_state
uncond_prompt_embeds = uncond_prompt_embeds.to(
    dtype=pipe.text_encoder.dtype, device=device
)
```

Noise Schedulerを設定します。ここではNoise Schedulerに対して逆拡散過程のステップ数を指定します。その後、以下で使用するタイムステップのリストであるtimestepsを取得します。

In [9]

```
pipe.scheduler.set_timesteps(num_inference_steps, device=device)
timesteps = pipe.scheduler.timesteps
```

生成の出発点となる初期ノイズである潜在表現を取得します。ここではU-Netのチャンネル数や画像の解像度を指定して初期ノイズlatentsを生成します。

In [10]

```
num_channels_latents = pipe.unet.config.in_channels
latents = pipe.prepare_latents(
    batch_size=batch_size,
    num_channels_latents=num_channels_latents,
    width=image_w,
    height=image_h,
    dtype=cond_prompt_embeds.dtype,
    device=device,
    generator=generator,
)
```

Noise Schedulerに渡す追加の情報を用意しておきます。

In [11]

```
kwargs = pipe.prepare_extra_step_kwargs(generator, eta)
```

CFGにおいてどの程度テキスト条件を考慮するかのハイパーパラメータを指定します。ここでは広く一般的に使われている7.5を指定しています。この数字が大きいほどテキスト条件を重視します。

In [12]

```
guidance_scale = 7.5
```

CFGの核となる関数を定義します。この関数ではテキスト条件付きで予測したノイズと条件なしで予測したノイズを受け取ってCFGを適用します。

In [13]

```
def classifier_free_guidance(
    cond_noise_pred: torch.Tensor,
```

```python
    uncond_noise_pred: torch.Tensor,
    guidance_scale: float,
) -> torch.Tensor:
    return uncond_noise_pred + guidance_scale * (
        cond_noise_pred - uncond_noise_pred
    )
```

以下、逆拡散過程を実行して画像を生成します。テキスト条件ありの場合、なしの場合それぞれでノイズの予測を行い、それらの結果を用いてCFGを適用しています。ここでは2回U-Netへ入力を通していますが、テキスト条件ありとなしの場合をまとめてミニバッチにして、U-Netへ入力することも可能です。

In [14]

```python
progress_bar = pipe.progress_bar(total=num_inference_steps)

for i, t in enumerate(timesteps):
    latent_model_input = pipe.scheduler.scale_model_input(
        latents, t
    )
    # 条件プロンプトを使ってノイズを予測
    cond_noise_pred = pipe.unet(
        latent_model_input,
        t,
        encoder_hidden_states=cond_prompt_embeds,
    ).sample
    # 無条件プロンプトを使ってノイズを予測
    uncond_noise_pred = pipe.unet(
        latent_model_input,
        t,
        encoder_hidden_states=uncond_prompt_embeds,
    ).sample
    # Classifier-free Guidance の適用
    noise_pred = classifier_free_guidance(
```

```
        cond_noise_pred=cond_noise_pred,
        uncond_noise_pred=uncond_noise_pred,
        guidance_scale=guidance_scale,
    )
    # 現在の状態 (x_t) から一つ前のステップの状態 (x_{t-1}) を予測
    latents = pipe.scheduler.step(
        noise_pred, t, latents, **kwargs
    ).prev_sample
    # プログレスバーの更新
    if (
        i == len(timesteps) - 1
        or (i + 1) % pipe.scheduler.order == 0
    ):
        progress_bar.update()
```

上記の逆拡散過程を経て得られた潜在表現を、VAEの**画像復号器**（**Image Decoder**）を用いて画像へ変換します。

In [15]

```
scaling_factor = pipe.vae.scaling_factor
images = pipe.vae.decode(
    latents / scaling_factor, generator=generator
).sample
```

StableDiffusionSafetyCheckerへ生成画像を入力してNSFWな画像（第1章2節参照）でないことを確認します。もしNSFWであった場合には、has_nsfw_conceptにその結果と詳細が格納されます。

In [16]

```
images, has_nsfw_concept = pipe.run_safety_checker(
    image=images, device=device, dtype=cond_prompt_embeds.dtype
)
```

image_processor.postprocessを用いて最終的なPillow形式の画像へ変換します。最後に得られた結果を表示します。

In [17]

```
do_denormalize = [not has_nsfw for has_nsfw in has_nsfw_concept]
images = pipe.image_processor.postprocess(
    images, do_denormalize=do_denormalize
)
images[0]
```

CFGにおけるガイダンススケールguidance_scaleを変更した際の生成画像の変化を示します。以下のexp_ablationのような関数を定義して、StableDiffusionPipelineによる画像生成を簡略化します。

In [18]

```
from diffusers.utils import make_image_grid
from PIL import ImageOps
from PIL.Image import Image as PilImage


def exp_ablation(
    prompt: str,
    generator: torch.Generator,
    negative_prompt: str = "",
    guidance_scale: float = 7.5,
    n_images: int = 16,
) -> PilImage:
    output = pipe(
        prompt=prompt,
        negative_prompt=negative_prompt,
        guidance_scale=guidance_scale,
        num_images_per_prompt=n_images,
        generator=generator,
    )
    images = [
        ImageOps.expand(im, border=5, fill="white")
```

```
        for im in output.images
    ]
    return make_image_grid(
        images, rows=4, cols=n_images // 4
    )
```

ガイダンススケールをそれぞれ0.0, 3.0, 7.5, 20.0に指定したときの生成画像の結果を示します。以下のようにexp_ablation関数を呼び出すことでそれぞれのスケールにおける画像を生成して、得られた結果を表示します。スケールを大きくすればするほどプロンプトに従った画像が生成可能である一方、生成される画像の多様性は失われることが確認できると思います。

In [19]

```
import matplotlib.pyplot as plt

guidance_scales = [0.0, 3.0, 7.5, 20.0]
fig, axes = plt.subplots(
    nrows=1, ncols=len(guidance_scales), dpi=300
)

for ax, guidance_scale in zip(axes, guidance_scales):
    image = exp_ablation(
        prompt=prompt,
        guidance_scale=guidance_scale,
        generator=torch.manual_seed(seed),
    )
    ax.set_title(f"CFG scale: {guidance_scale}", fontsize=5)

    ax.imshow(image)
    ax.axis("off")

fig.tight_layout()
```

ネガティブプロンプトの実装

ネガティブプロンプトはCFGの拡張として解釈でき、テキスト条件なしの場合に空文字を指定していたところにネガティブプロンプトで指定したテキストを使用することで実現できます。

In [20]

```
negative_prompt = "Astronaut walking or floating"
```

ネガティブプロンプトを指定することで、さらにプロンプトに忠実な画像生成が実現できることがわかります。

In [21]

```
fig, axes = plt.subplots(
    nrows=1, ncols=len(guidance_scales), dpi=300
)

for ax, guidance_scale in zip(axes, guidance_scales):
    image = exp_ablation(
        prompt=prompt,
        negative_prompt=negative_prompt,
        guidance_scale=guidance_scale,
        generator=torch.manual_seed(seed),
    )
    ax.set_title(f"CFG scale: {guidance_scale}", fontsize=5)

    ax.imshow(image)
    ax.axis("off")

fig.tight_layout()
```

まとめ

第3章では画像生成技術の中核を担う拡散モデルについて、理論的な基礎から実装方法まで包括的に解説しました。

まず生成モデルの基礎として、GAN、VAE、自己回帰型モデル、NF、EBMなど、様々な生成モデルの特徴と概要について説明しました。これらの手法はそれぞれ独自の利点と課題を持っており、現代の画像生成技術の発展に貢献してきました。

次に、現代の画像生成技術の主役となっているDDPMについて説明しました。DDPMは拡散過程と逆拡散過程という2つの重要な概念を導入し、データにノイズを徐々に加えていく過程とそれを除去していく過程をモデル化することで、安定した高品質な画像生成を実現しました。また、DDPMの発展形として、Improved DDPMやDDIMといった手法についても触れ、生成速度や品質の向上に向けた取り組みについても紹介しました。

最後に、拡散モデルと関連するスコアベース生成モデルについて解説しました。このモデルはデータ分布の勾配を直接モデル化する手法であり、特にNCSNは、複数のノイズスケールを用いることで効果的な生成を実現していました。PyTorchを用いた実装例では、MNISTデータセットを使用して、実際にモデルの訓練と生成を行う方法を示しました。

本章で紹介した知識は、第4章以降で説明するStable Diffusionなどの最新の画像生成技術を理解する上で重要な基礎となります。

COLUMN

Pythonのコードを美しく保つには

プログラミングにおいて、動作するコードを書くことは当然の前提です。しかし、真に優れたコードとは、単に動作するだけでなく、理解しやすく、保守性が高く、そして美しいものです。特にPythonにおいては、これまで紹介してきたように、適切な型ヒントやdataclassの利用が優れたコードへの第一歩になると考えています。

Pythonには**PEP**(**Python Enhancement Proposals**)と呼ばれる拡張提案の仕組みがあり、その中でもPEP 8[27](コーディング規約)とPEP 20[28](Zen of Python)は特に重要です。「美しい方が醜いよりもよい」というPythonの設計思想のもと、コードの可読性を高めるための具体的な指針が示されています。これらの規約に従うことは、単なる趣味の問題ではなく、チーム開発における効率性と品質の向上に直結します。

では実際にどうすればよいかと言うと、まずruff[29]を導入しましょう。ruffは、Rust[30]で実装された高速なPythonのコードフォーマッター[31]およびリンター[32]であり、従来のblack[33]やautopep8[34]、flake8[35]などの機能を統合し、PEP 8に準拠したコードスタイルを自動整形するため、開発者はコードの本質的な部分に集中できます。PythonやPEP 8に慣れると、そうしたコーディングルールに従っていないコードやライブラリを見た瞬間に、その品質を一定程度判断できるようになります。PEP 8への準拠度は必ずしもそのコードの品質を表すものではないものの、採用を検討しているライブラリや技術記事をふるいにかける上での1つの指標にはなるでしょう。

人は怠惰なものです。PythonコードをGitHubなどへ保存・公開している場合は、GitHub Actions[36]による**CI**(**Continuous Integration**)設定を強くおすすめします。CIを導入することで、コードの品質を自動的にチェックし、規約違反やバグの早期発見が可能になります。例えば、プルリクエストごとにruffによる静的解析を実行し、コードスタイルの一貫性を保つことができます。

今日からPythonのコードを美しく保つためにできること、それはruffを手元のテキストエディタに導入し、GitHub ActionsでCIの設定をすること、ただこれだけです。今回紹介したツールの具体的な使用方法などについては、本書付録Webページ[37]を参照してください。

---

27 PEP 8 – Style Guide for Python Code | peps.python.org：https://peps.python.org/pep-0008/
28 PEP 20 – The Zen of Python | peps.python.org：https://peps.python.org/pep-0020/
29 astral-sh/ruff：https://github.com/astral-sh/ruff
30 Rust Programming Language：https://www.rust-lang.org/
31 コードの書式を一定のルールに従って自動的に整形するツール。
32 ソースコードを解析して潜在的なバグや不適切なコーディングスタイルを検出する静的解析ツール。
33 psf/black:https://github.com/psf/black
34 hhatto/autopep8：https://github.com/hhatto/autopep8
35 PyCQA/flake8：https://github.com/PyCQA/flake8
36 GitHub Actions：https://docs.github.com/actions
37 https://py-img-gen.github.io/column/beautiful-python-code/

第 4 章

潜在拡散モデルと Stable Diffusion

本章では、潜在拡散モデル(LDM)とその発展であるStable Diffusionについて解説します。LDMはDDPMをより効率化したモデルであり、これをもとにStable Diffusionが構築されています。Stable Diffusionはこれまで研究されてきた手法が効果的に組み合わされて成り立っているため、以降ではそれら構成要素について詳しく説明します。さらに、開発が進んだStable Diffusionの各バージョンの違いについても解説します。

第1節 LDM（潜在拡散モデル）

本節ではStable Diffusionのベースとなる**LDM**（**Latent Diffusion Model**、**潜在拡散モデル**）[Rombach et al., 2022]について紹介します。図4-1にLDMの概要を示します。DDPMをはじめとした従来の拡散モデルは入力画像空間での拡散過程をモデリングする手法を採用していました。しかしこの手法では、高解像度のノイズ画像をDenoiserで繰り返し計算して最終的な生成画像を得る必要があります。そのため、ステップ数Tや画像サイズの増加に伴って計算量が膨大になり、画像生成に要する速度が大きな課題となっていました。

図4-1 LDMの概要。[Rombach et al., 2022]を参考に作成。入力xをImage Encoder $\mathcal{E}$で潜在表現であるzへエンコードする。拡散過程ではzに徐々にノイズを追加してz_Tへ変換する。逆拡散過程はその逆で、交差注意などを有するDenoiserで徐々にノイズを取り除き、zを得るように訓練する。最終的にzをImage Decoder $\mathcal{D}$でデコードして$\tilde{x}$を得る。

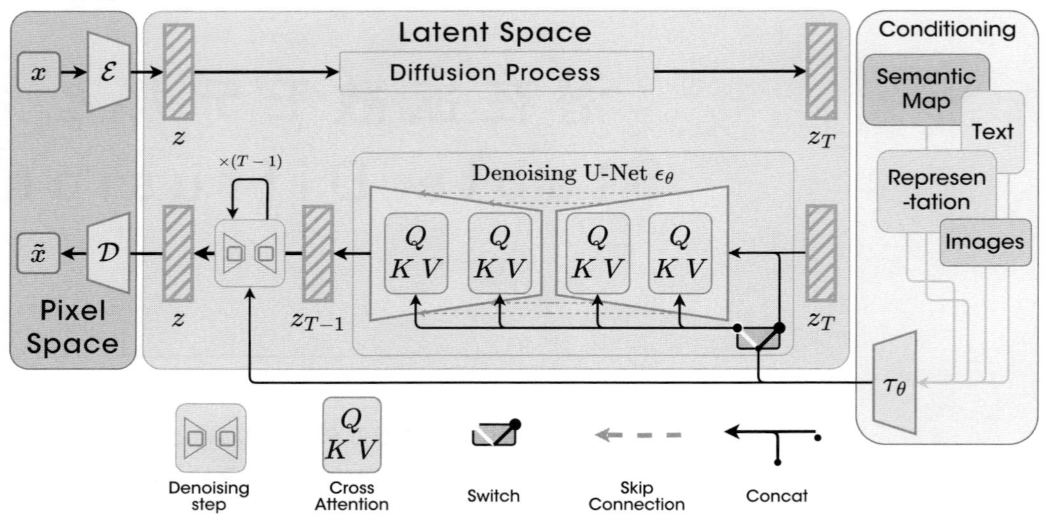

LDMでは、Image Encoderを用いて、入力空間ではなくそれらの情報を圧縮した**高次元データの低次元表現**（潜在空間）で拡散過程をモデリングします。ここで潜在表現は、元の画像のサイズを小さくし、チャンネル次元を増やすことで情報を圧縮した表現になっています。この手法により、計算量を抑えながら高速に画像生成が可能になります。このとき、入力空間と潜在空間の橋渡しをする**AE**（**Auto-Encoder**）を用いて、画像データをより低次元表現へ圧縮するように学習させます。学習されたImage Encoder $\mathcal{E}$でフルサイズの画像の低次元の潜在表現へのエンコード、学習させたImage Decoder $\mathcal{D}$で潜在表現を画像へ戻すデコードが可能になります。

LDMはDDPMをもとにした手法ですが、DDPMの拡散過程と逆拡散過程において潜在表現を使用する点が異なります。DDPMの拡散過程では入力画像にガウスノイズを段階的に加えていき、特定のステップtにおけるノイズ画像を直接得るために以下のような計算をしていました（式[3.5]の再掲）。

$$\boldsymbol{x}_t = \sqrt{\bar{\alpha}_t}\boldsymbol{x}_0 + \sqrt{1 - \bar{\alpha}_t}\boldsymbol{\varepsilon} \tag{4.1}$$

また、DDPMの逆拡散過程では直接的な計算が困難であるため、近似的にニューラルネットワーク$\boldsymbol{\varepsilon}_\theta$を学習させていました（式[3.10]の再掲）。

$$\mathcal{L}_{\text{simple}}(\theta) = \mathbb{E}_{t,\boldsymbol{x}_0,\boldsymbol{\varepsilon}}[||\boldsymbol{\varepsilon} - \boldsymbol{\varepsilon}_\theta(\boldsymbol{x}_t, t)||_2^2] \tag{4.2}$$

一方、LDMの拡散過程では、入力潜在表現にガウスノイズを段階的に加えていき、特定のステップtにおけるノイズ潜在表現を得るために以下のような計算をします。

$$z_t = \sqrt{\bar{\alpha}_t}z_0 + \sqrt{1 - \bar{\alpha}_t}\boldsymbol{\varepsilon}, \quad z_0 = \mathcal{E}(\boldsymbol{x}_0) \tag{4.3}$$

LDMの逆拡散過程でも、DDPM同様に直接的な計算が困難であるため、近似的にニューラルネットワーク$\boldsymbol{\varepsilon}_\theta$を学習させます。

$$\mathcal{L}_{\text{LDM}}(\theta) = \mathbb{E}_{t,z_0,\boldsymbol{\varepsilon},\boldsymbol{y}}[||\boldsymbol{\varepsilon} - \boldsymbol{\varepsilon}_\theta(z_t, t, \underbrace{\tau_\theta(\boldsymbol{y})}_{\text{条件付け項}})||_2^2] \tag{4.4}$$

このときDenoiserの交差注意に対して条件付け項$\tau_\theta(\boldsymbol{y})$を入力することで、テキストなどによって条件付けられた画像生成が可能になります。CLIPなどのText Encoder（次節参照）を使用することで、テキストをEmbedding（埋め込み）に変換できますが、このEmbeddingを条件付け項として使用したところ、LDMやStable Diffusionでの画像生成が非常に効果的になりました。これが、現在のText-to-Image技術が注目を集めている理由の1つです。

一般的にStable Diffusionとは、CLIP ViT-L/14を用いてLAION-5B[Schuhmann et al., 2022]のサブセットである**LAION-Aesthetics**[1]で学習させたLDMのことを指しています。LAION-AestheticsはLAION-5Bデータセットから独自の**審美性スコア**（**Aesthetics Score**）に基づいて審美性の高い画像を選別して構築されたデータセットです。審美性スコアとは0から10の範囲で画像の審美性を評

---

1 LAION-Aesthetics：https://laion.ai/blog/laion-aesthetics/

第4章 潜在拡散モデルとStable Diffusion

価する指標で、5.5以上が一般的な品質、6.5以上が高品質、8以上が特に芸術性の高い画像とされています。このスコアは、約24万枚の画像からなる**SAC**（**Simulacra Aesthetic Captions**）[Pressman et al., 2022]データセットから選ばれた4,000枚の画像に対する人間の評価をもとに、CLIPの画像特徴量を入力として学習された軽量なMLPモデルによって予測されます。このような品質重視の選別プロセスにより、Stable Diffusionは高品質な画像生成を実現しています。

第2節 CLIP

テキストと画像の意味的な関係性を理解するCLIPは、LDMやStable Diffusionを含む現代の深層学習の基盤となっています。このモデルは約4億件の画像とその説明文（キャプション）のペアからなる大規模なデータで事前学習されています。その結果、CLIPは1つのモデルで様々なタスクに応用可能な**基盤モデル**（**Foundation Model**）[Bommasani et al., 2021]として機能します。画像生成モデルであるDALL-EやStable Diffusionをはじめ、多くの深層学習モデルの発展に貢献しています。

CLIPは、画像と言語の意味的な関係性を学習し、両者を統一的な表現空間で扱うことを可能にした**Vision and Language**（**視覚と言語の融合**）[Zhou and Shimada, 2023]モデルです。従来の深層学習モデルと異なり、訓練時に見ていないデータに対しても高い汎化性を示す**ゼロショット学習**（**Zero-shot Learning**）[Xian et al., 2018]能力を備えているのが特徴的です。

CLIPにおけるキーワードとして「オープンソース」「マルチモーダル」「ゼロショットモデル」の3つが挙げられます。

- **オープンソース**（**Open Source**）：OpenAIによって作成され、モデルのパラメータが世界に公開されている点を表す
- **マルチモーダル**（**Multi-modal**）：複数のモダリティ（画像と言語）を扱うモデルであることを表す
- **ゼロショット**（**Zero-shot**）モデル：追加の特別な訓練を行わずに、未知のクラスを分類可能であることを表す

これらに加えて**対照学習**（**Contrastive Learning**）も特徴として挙げられます。この手法では、入力された画像と言語が似ている場合、潜在空間上でそれらの特徴ベクトルが近い位置に配置され、似ていない場合は遠くに配置されるように学習されます（図4-2）。なお、潜在空間上の点として表現された画像やテキストのことを、それぞれ**画像埋め込み**（**Image Embedding**）や**テキスト埋め込み**（**Text Embedding**）といった「埋め込み」と呼びます。

図 4-2　対照学習の概要。入力された画像と言語の各特徴ベクトルが、似ている場合は潜在空間上の近くに、似ていない場合は遠くに配置される。

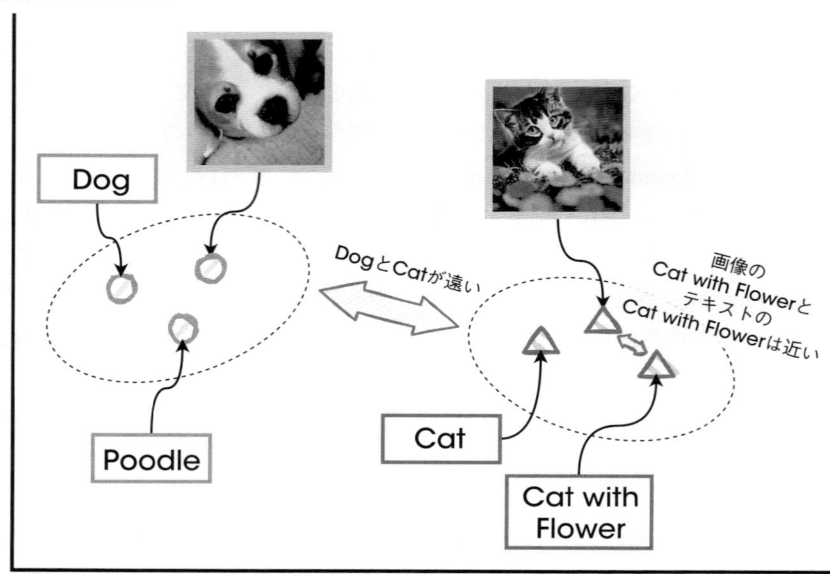

CLIPの登場により、画像とテキストを共通の特徴空間にマッピングすることでゼロショット画像分類が実現されました。この技術は、画像生成モデルにおける画像生成プロセスにも応用されています。例えば、Stable Diffusionなどのモデルでは、テキストの埋め込みと画像生成を連携させることで、"A photo of an apple on a glass table"のような多様な記述に対応できるようになりました。これは、CLIPが大規模な画像とテキストのペアデータから学習し、未知の組み合わせでも適切な類似度を推定できる能力を獲得したためです。CLIPは、未知のテキスト指示に対して「どのような画像が相応しいか」を判断する重要な橋渡し役として機能しているのです。

CLIPは入力画像に対して、最も適切に表現するテキストを類似度スコアに基づいて選択できます。図4-3は、CLIPによるゼロショット画像分類の実例を示しています。図4-3(a) の画像に対して、複数のプロンプトテキストを入力し、次のような類似度スコアを算出しました。画像とテキストの埋め込み間の**コサイン類似度**（**Cosine Similarity**）を計算し、最も高いスコアを示すテキストを予測ラベルとして採用します。

- A corgi wearing a beanie with an apple → 類似度：90.05
  （ニット帽をかぶったコーギー犬とりんご）
- A corgi wearing a hat with an apple → 類似度：9.33
  （帽子をかぶったコーギー犬とりんご）

- A cat wearing a hat with an apple → 類似度：0.57
  （帽子をかぶった猫とりんご）
- A corgi riding a bike with an apple → 類似度：0.04
  （自転車に乗っているコーギー犬とりんご）
- A cat → 類似度：0.00
  （猫）

なお、それぞれのプロンプトテキストで生成した画像の例を図4-3(b)から図4-3(e)に示しています。

このようにCLIPは、類似度をもとにした予測確率によって画像を最も適切に説明するテキストを自動的に見つけ出すことが可能です。CLIPによるプロンプトを介した画像分類は、これまでに見たことがないような物体やその組み合わせについても対応できます。手元にあるデータに対して擬似的にクラスラベルを付与したいといったユースケースでの応用も可能です。

図4-3 CLIPのゼロショット分類における入力画像の例。(a)の画像に対して、"A corgi wearing a beanie with an apple"というプロンプトが他のプロンプトよりも高い類似度を示す。

CLIPにおける対照学習の方法について紹介します。図4-4(a)にCLIPの訓練時の概要を示します。入力として画像と画像の説明文（キャプション）の対を（画像1, テキスト1), (画像2, テキスト2), ...（画像n, テキストn）のような形にして、$n << N$ペアをミニバッチで用意します。次に、各画像に対応する画像埋め込み$[\boldsymbol{I}_1, \boldsymbol{I}_2, \cdots, \boldsymbol{I}_n]$と、各テキストに対応するテキスト埋め込み$[\boldsymbol{T}_1, \boldsymbol{T}_2, \cdots, \boldsymbol{T}_n]$を出力するように、Image EncoderとText Encoderを同時に学習させます。このと

き、画像とテキストの正しいペアに対する**コサイン類似度**（**Cosine Similarity**）が最大になるようにします。これとは反対に、画像にマッチしないテキストが入力されたときのコサイン類似度は小さくなるようにします。

CLIPの事前学習は対照学習に基づいており、n件の画像とテキストのペアをImage EncoderとText Encoderでそれぞれ処理します。Image EncoderではResNet[He et al., 2016]や**ViT**（**Vision Transformer**）[Dosovitskiy et al., 2021]が使用されており、Text EncoderはTransformerをもとにしたGPT-2[Radford et al., 2019]ベースのモデルが使用されています。各Encoderは入力データをd_e次元の埋め込みに変換します。具体的には、Image Encoderによる画像埋め込みとして、n枚の画像に対してそれぞれd_e次元の埋め込みが得られるので、最終的に$n \times d_c$次元の行列が得られます。Text Encoderにおいてもn個のテキストに対してそれぞれImage Encoderと同様のd_e次元のベクトル、$n \times d_e$次元の行列が得られます。これらの埋め込み行列の積を計算することで、ミニバッチ内の画像とテキスト間のpair-wiseコサイン類似度を表す$n \times n$の行列が得られます。

CLIPの対照学習では、**対称交差エントロピー損失**（**Symmetric Cross-Entropy Loss**）[Radford et al., 2021]を用いて画像とテキストの類似度を双方向で評価します。具体的には、「画像から見たときのテキストとの類似度」と、「テキストから見たときの画像との類似度」を計算し、これを画像とテキストのペアを予測する分類問題として扱います。対照学習の歴史はCLIPよりもはるかに古く、その基盤となるContrastive loss[Chopra et al., 2005]は2005年に提案されました。その後、学習方法は進化を続けました。**Triplet Loss**[Schroff et al., 2015]は代表的な手法の1つであり、入力データ$\boldsymbol{x}$、入力データと同じクラスの正例$\boldsymbol{x}^+$、異なるクラスの負例$\boldsymbol{x}^-$という3つのデータを用いて学習を行います。さらにN個のデータに対して拡張した**N-pair Loss**[Sohn, 2016]も提案されており、並行して類似のアイディアである**NCE**（**Noise Contrastive Estimation**）[Gutmann and Hyvärinen, 2010]や**InfoNCE Loss**[Oord et al., 2018]が提案されました。

CLIPによる未知のデータに対するゼロショット分類について、CLIPが登場する「前」と「後」での分類問題の違いについて説明します。CLIPが登場する前は、画像からの特徴抽出と画像特徴から分類器を学習するという流れで分類問題が行われていました。特徴抽出ではImageNetなどで事前学習されたCNNを使用し、画像を画像埋め込みに変換します。その後、変換した画像埋め込みを一般的な分類器（例えばロジスティック回帰など）の入力として使用します。このとき分類器は教師あり学習の設定で、画像に付与されている教師ラベルを予測できるように学習させていました。このようなImage Encoderと分類器の組み合わせは**Linear Probe**と呼ばれています。

K-shot学習は、分類器の学習段階で訓練データとして各クラスK個のデータが含まれている分類問題の特殊な設定です。一般的に、$K < 10$で**Few-shot学習**（**Few-shot Learning**）、$K = 1$で**One-shot学習**（**One-shot Learning**）と呼ばれています。また$K = 0$のときはゼロショット学習と呼ばれ、訓練データが存在しない状況での分類問題を指します。利用可能なすべてのデータを使用してモデ

ルを訓練する場合に、完全な教師あり学習の設定になります。利用可能なすべてのデータを使用してモデルを訓練する場合に、完全な教師あり学習の設定になります。

CLIPの登場後は、分類したい画像に対していくつかの説明文（プロンプト）を用意し、画像と説明文の類似度を計算することで、追加の学習なしに分類問題を行えるようになりました。図4.4(b)にCLIPを用いたゼロショット分類の概要を示します。このとき、モデルに入力するプロンプトの作成過程をプロンプトエンジニアリングと呼びます。具体的には、"A photo of a {object}."のようなテンプレートを準備し、分類したい物体をテンプレートに埋め込んで説明文を構成します（例："A photo of a dog"、"A photo of a cat"など）。その後、分類したい画像をCLIPのImage Encoderへ入力し画像埋め込みを得るとともに、テンプレートをもとに作成したプロンプトをText Encoderへ入力してテキスト埋め込みを得ます。最後に画像埋め込みとテキスト埋め込みのコサイン類似度を計算し、最も類似度が高かったプロンプトに埋め込まれた物体名が予測として得られます。

図4-4 CLIP の訓練時および推論時の概要図

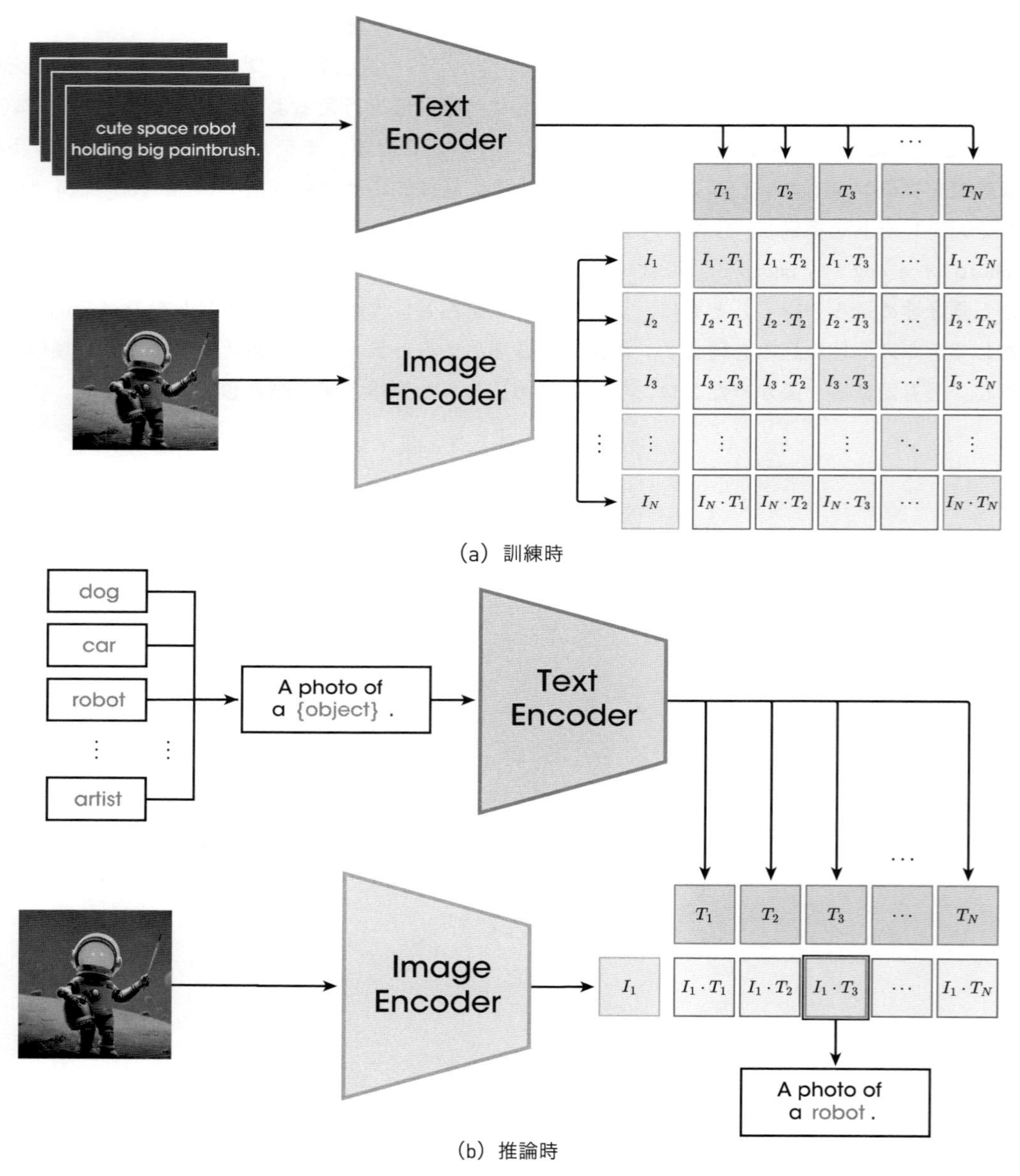

CLIPは、大規模なデータから画像とテキストの類似度を学習することで汎用的な特徴を学習します。しかし、事前学習用の大規模データをどのように集めるかが課題になります。CLIPの学習

に必要なデータ量は、従来使われてきた公開データセットでは不足してしまいます。

画像やテキストを扱うVision and Language分野では主に**MSCOCO**(**Microsoft Common Objects in Context**)[Lin et al., 2014]、**Visual Genome**[Krishna et al., 2017]、**YFCC100M**(**Yahoo Flickr Creative Commons 100 Million Dataset**)[Thomee et al., 2016]の3つが使用されてきました。MSCOCOとVisual Genomeは、クラウドワーカーによってアノテーションされているためデータの質は高い一方、データの量は小規模で、10万件程度のデータしか含まれていません。過去には35億件のInstagram画像で学習されたモデル[Mahajan et al., 2018]が存在する[2]ため、これらのデータセットの規模は比較的小さいと言えるでしょう。YFCC100Mには1億枚の画像が含まれていますが、MSCOCOやVisual Genomeと比べてデータの質は劣り、使用できるメタデータ情報も欠けたものとなっています。

そこで、CLIPではこれまで公開データセットを組み合わせて使うのではなく、インターネット上から大量の画像とテキストペアを収集しています。このように多種多様なドメインの画像とテキストのペアを用いた学習こそが、Stable DiffusionのようなText-to-Imageモデルが様々なジャンル、スタイルの画像生成を実現するための重要な要素となっています。すなわち、CLIPが収集した巨大なデータによって、従来の汎用データセットには含まれていない領域でも、テキストの意味を正しく捉えて画像に反映できるようになりました。このデータセットはCLIP内の論文で**WIT**(**WebImageText Dataset**)と呼ばれています。WITでは50万件のクエリの中からテキスト付き画像(キャプション付き画像)を検索して収集しています。図4-5に示すように、検索クエリの対象は英語版Wikipedia[3]で100回以上出現するすべての単語です。

その後**WordNet**[Fellbaum, 1998]を用いて同義語のリストを作成し、1つのクエリから2,000万件の画像、テキストペアが含まれるようにデータを収集しています。タイトルもしくは説明がファイル名となっているものを訓練データとして使用しているのもポイントです。

2 Meta社の研究者による論文のため、同企業のサービスであるInstagramのデータを利用するのは想像に難くありませんが、データセットとしては残念ながら公開されていません。

3 https://www.wikipedia.org/

図4-5 CLIPの学習データの収集方法の概要。Wikipediaで頻出する単語について、インターネット上からファイル名がタイトルもしくは説明になっている画像を収集し、これらのデータをもとに画像とテキストのペアデータを構築している。

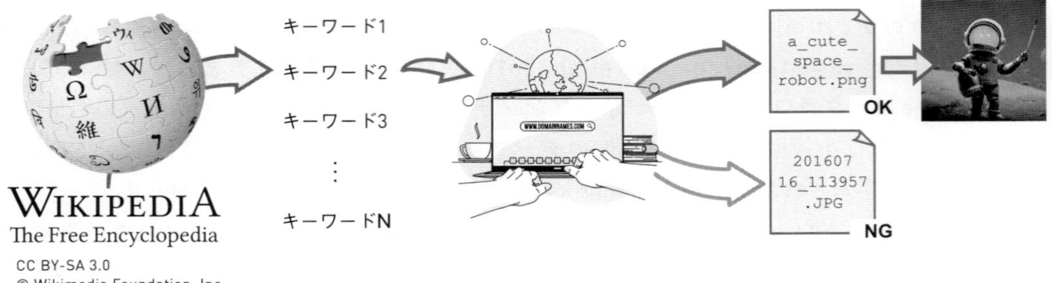

CLIPが世界を驚かせたポイントとして、次の3つが挙げられます。

1. ゼロショット分類器としての優れた性能
2. 分布シフトに対する頑健性
3. 計算効率の良さ

まず、1の「ゼロショット分類器としての優れた性能」についてです。CLIPにおけるゼロショット分類の性能について、それまで使われていたモデルであるResNetや大規模データで学習された**BiT**（**Big transfer**）[Kolesnikov et al., 2020]などと比較したところ、結果としてCLIPが他の分類モデルを大きく上回る性能を達成しました（図4-6）。ゼロショットCLIPは16-shot BiT-Mと同程度の性能を実現しています。この結果を言い換えると、「BiT-MはCLIPと同程度の性能を実現するためにクラスごとに少なくとも16件のデータが必要」ということです。CLIPはFine-tuning不要で当時最先端であったBiTモデルと同程度のスコアを達成したわけです。また、CLIPのImage Encoderと分類器の構成でLinear Probeを構築し、Fine-tuningした結果も報告されています。その結果、他のモデルと比較してもCLIPはさらに予測性能が向上しており、その他の評価方法においても、様々な条件下で全般的に優れた性能を示すこ

図4-6 K-shot分類における各モデルの予測性能。横軸が訓練データ数（K-shotのKに相当）。縦軸は平均予測性能。[Radford et al., 2021]より引用。

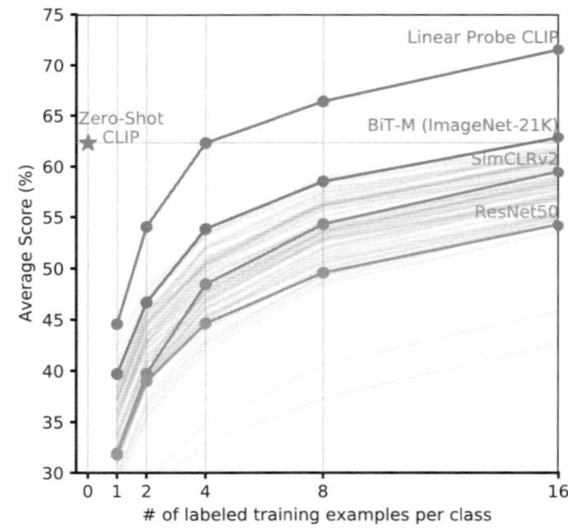

とが確認されています。

次に、2の「分布シフトに対する頑健性」について説明します。モデルの訓練時のデータ分布と評価時のデータ分布が時間の経過などの影響により異なってしまう事象を**分布シフト**（図4-7）といいますが、CLIPはこれに対して頑健性を持つことが示されました。分布シフトは、データをもとに訓練および評価する機械学習システム全体で非常に大きな問題になります。残念ながら分布シフトは避けられないため、早期発見してモデルをFine-tuningしなければなりませんが、多くの要因に左右されるため簡単には解決できないことが少なくありません。そこで分布シフトに強いモデルの研究が進んでおり、マルチメディアに対する分布シフトへの対策[Wang et al., 2021]やtorchdrift[4]といったPyTorchのライブラリも存在しています。

図4-7 訓練(Train)データと評価(Test)データの分布シフトの例。訓練データの分布でモデルを学習させた場合、評価データを正しく予測するのは難しくなる。

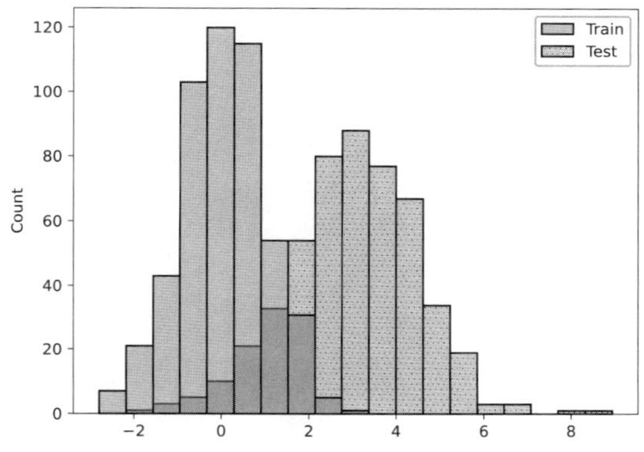

CLIPの論文では分布シフトに対する頑健性の程度を評価しています。評価にはオリジナルのImageNetとそれをベースに分布シフトを評価できるようにした類似のデータセット**ImageNet V2**[Recht et al., 2019]、**ImageNet-R**（**ImageNet Rendition**）[Hendrycks et al., 2021]、**ObjectNet**[Barbu et al., 2019]、**ImageNet Sketch**[Wang et al., 2019]、**ImageNet-A**（**ImageNet Adversarial**）[Hendrycks and Dietterich, 2019]を用いています。図4-8に示すように、ImageNet V2やImageNet-Rといったデータセットでは、特にImageNet事前学習済みResNetの予測性能が低下していることが確認されています。一方でCLIPは、これらのデータセットに加え他のデータセットでも予測性能を維持しており、未知の画像をうまく扱えていることが伺える結果が報告されています。

4 https://github.com/torchdrift/torchdrift/

図4-8 CLIPにおける分布シフトに対する頑健性の評価結果。[Radford et al., 2021]より引用。ImageNetデータセットとこれをベースに改変したデータセットに対して、ImageNetで訓練したResNetとゼロショットCLIPの予測結果を示している。ImageNet学習済みResNetはImageNetに分布シフトを施したデータセットに対して明らかな性能劣化が見られる一方で、CLIPは一貫して高い性能を維持している。

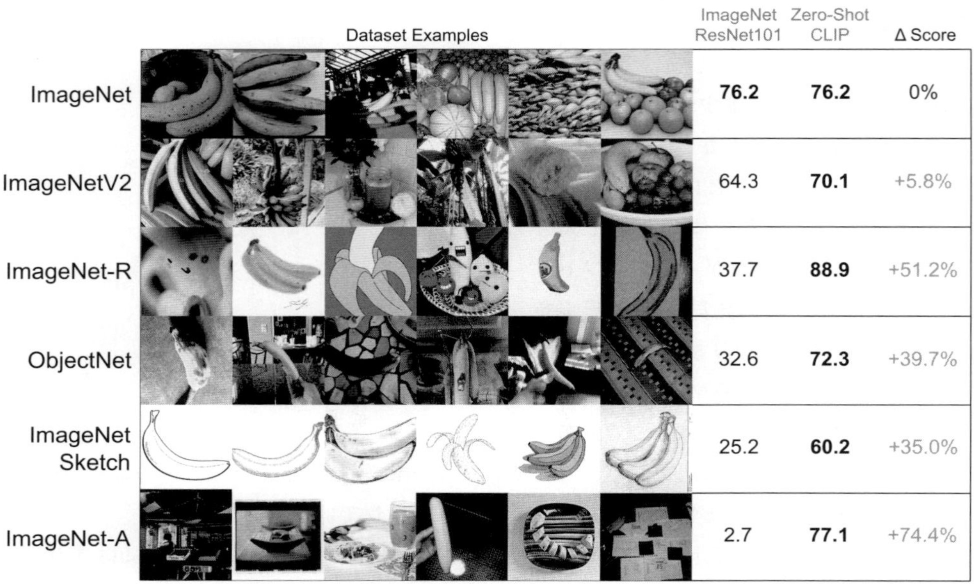

3の「計算効率の良さ」は、CLIPのImage Encoderとして採用されているViTの計算効率の良さに起因しています。CLIPは他のモデルと比較して明らかにハードウェアリソースの活用に長けています（図4-9）。こうした性質は、例えばクラウドサービスのGPUインスタンスで学習を行う際にコストの節約につながるなどの利点となります。また、CLIPは他のモデルと比較した場合、同一性能のハードウェア上でより高い予測性能を実現しており、優れたスケーラビリティを有していると言えるでしょう。ただし、ここではLinear Probe設定での演算回数などが比較されているため、5億件のデータを使用した事前学習における演算回数は考慮されていないことに注意してください。ただ、大規模な事前学習は世界の誰かが1回だけ行えばよく、我々はそのモデルを使うのみだということを考えると、大幅なコスト削減であることは言うまでもありません[5]。

5　できれば我々も大規模な基盤モデルを構築する側に回りたいものです。チャンスがあれば挑戦したいですね。

図 4-9　Linear Probeにおける入力画像に対する浮動小数点演算の回数と予測性能。[Radford et al., 2021]より引用。演算回数が同程度のモデルと比較して、CLIPによるLinear Probeは高い性能を達成している。また、最先端のモデルと同程度の予測性能をより少ない演算回数で達成可能である。

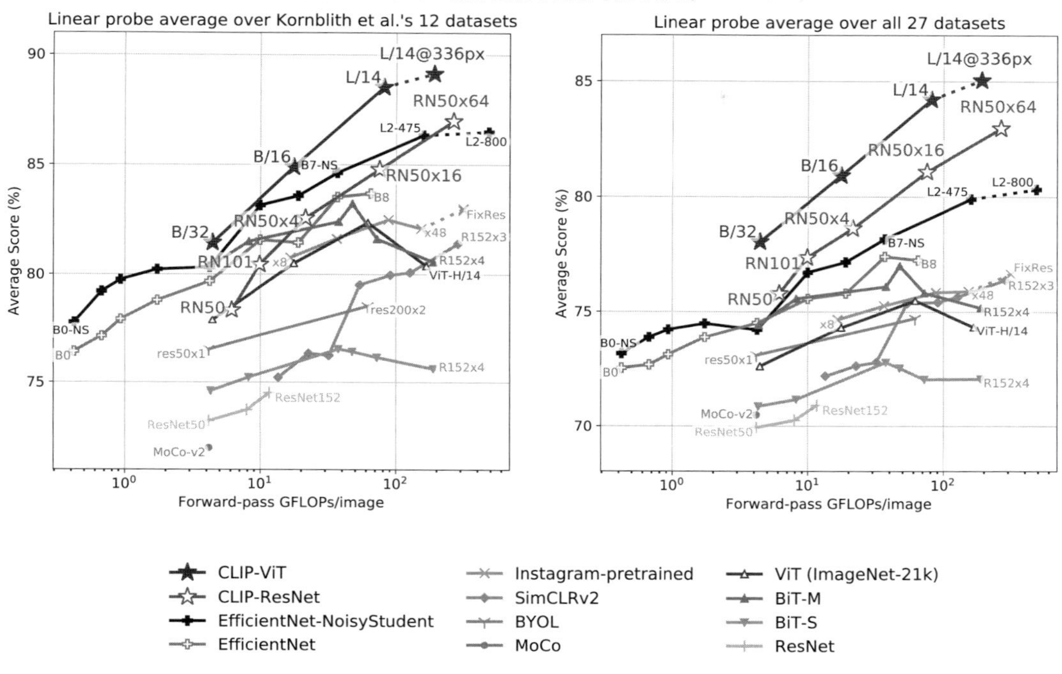

CLIPの実装

ではpython-image-generation/notebooks/4-2_clip.ipynb[6]を開いてください。以下、CLIPを用いた画像とテキストの類似度の計算、およびゼロショット分類の実装例を示します。

CLIPを使用する準備

ここではtransformersに実装されているCLIPModel[7]を使用し、事前学習済みモデルであるopenai/clip-vit-large-patch14[8]を指定して読み込みます。

6 https://github.com/py-img-gen/python-image-generation/blob/main/notebooks/4-2_clip.ipynb
7 https://huggingface.co/docs/transformers/v4.46.0/en/model_doc/clip#transformers.CLIPModel
8 https://huggingface.co/openai/clip-vit-large-patch14

In [1]

```
from transformers import CLIPModel, CLIPProcessor

model_id = "openai/clip-vit-large-patch14"

# CLIP モデルの読み込み
model = CLIPModel.from_pretrained(model_id)

# モデルを推論モードにする
# このとき dropout を無効化したり、
# normalization 系の動作を推論用にする
model.eval()
```

次にopenai/clip-vit-large-patch14に適した前処理をまとめたCLIPProcessor[9]を読み込みます。以下に詳細を説明していきますが、CLIPモデルに入力する画像とテキストを適切に前処理する役割を担います。内部的には、画像の前処理にCLIPImageProcessor[10]が、テキストの前処理にCLIPTokenizer[11]が使用されています。

In [2]

```
processor = CLIPProcessor.from_pretrained(model_id)
processor
```

読み込んだCLIPModelとCLIPProcessorの設定を表示して確認します。

In [3]

```
import numpy as np

num_params = sum(
    [int(np.prod(p.shape)) for p in model.parameters()]
)
```

9 https://hf.co/docs/transformers/main/en/model_doc/clip#transformers.CLIPProcessor
10 https://huggingface.co/docs/transformers/main/en/model_doc/clip#transformers.CLIPImageProcessor
11 https://huggingface.co/docs/transformers/main/en/model_doc/clip#transformers.CLIPTokenizer

```
input_resolution = model.config.vision_config.image_size
context_length = processor.tokenizer.model_max_length
num_vocab = model.config.text_config.vocab_size

print(f"Model parameters: {num_params:,}")
print(f"Input resolution: {input_resolution}")
print(f"Context length: {context_length}")
print(f"Vocab size: {num_vocab:,}")
```

Out [3]

```
Model parameters: 427,616,513
Input resolution: 224
Context length: 77
Vocab size: 49,408
```


CLIPProcessorの動作確認

CLIPモデルの前処理を担うCLIPProcessorについて見ていきます。まずはサンプル画像をダウンロードして表示し、その後画像のサイズを確認します。

In [4]

```
from diffusers.utils import load_image

image = load_image(
    "https://raw.githubusercontent.com/CompVis/stable-diffusion/main/assets/stable-samples/txt2img/000002025.png"
)
image
```

In [5]

```
image.size
```

CLIPProcessorの画像処理の動作確認をします。以下のようにしてCLIPProcessorに画像を入力して前処理された結果を得ます。output["pixel_values"]には、画像に前処理を施してからテンソル化した結果が格納されています。

In [6]

```
output = processor(images=image, return_tensors="pt")
output
```

テンソルのサイズを確認してみましょう。CLIPが入力として期待するテンソルのサイズは、[1, 3, 224, 224]と表示されるはずです。これらはそれぞれバッチサイズ（＝画像の枚数1枚）、チャンネル数（＝RGBの3色）、画像の高さ（＝224ピクセル）、画像の幅（＝224ピクセル）を表しています。

In [7]

```
output["pixel_values"].size()
```

CLIPProcessorのテキスト処理の動作確認をします。以下のようにしてCLIPProcessorにテキストを入力して前処理された結果を得ます。output["input_ids"]にはテキストがトークンのID列に変換された結果が格納されています。さらにoutput["attention_mask"]にはテキストの長さに合わせたアテンションマスクが格納されています。特にミニバッチ処理を行う際には、テキストの長さを揃えるためにパディングを行う必要があります。そのときにアテンションマスクを用いることで、パディングされた部分を無視できます。

In [8]

```
output = processor(text="Hello world", return_tensors="pt")
output
```

CLIPProcessorにはトークンのID列からテキストに戻すためのbatch_decodeという関数が定義されています。この関数を用いることで、元のテキストを復元できます。ここで<|startoftext|>と<|endoftext|>はそれぞれテキストの先頭と末尾を表す特殊なトークンです。

In [9]

```
processor.batch_decode(output["input_ids"])
```

CLIPによる画像とテキストの類似度の計算

ここからはCLIPを用いた画像とテキストの類似度の計算について紹介します。まずは、今回使用する画像の名前とその説明文のデータを定義します。

In [10]

```
#
# 使用する skimage の画像とその説明文
#
descriptions_dict = {
    "page": "a page of text about segmentation",
    "chelsea": "a facial photo of a tabby cat",
    "astronaut": "a portrait of an astronaut with the American 
flag",
    "rocket": "a rocket standing on a launchpad",
    "motorcycle_right": "a red motorcycle standing in a garage",
    "camera": "a person looking at a camera on a tripod",
    "horse": "a black-and-white silhouette of a horse",
    "coffee": "a cup of coffee on a saucer",
}
```

以下では、上記で定義したデータをもとに画像と説明文を整列して読み込んでいます。ここでは**skimage**[van der Walt et al., 2014] ライブラリに含まれるデータをサンプルとして使用しています。

In [11]

```
import os

import skimage
from more_itertools import sort_together
from PIL import Image

original_imgs = []
original_txts = []

# skimage から .png か .jpg な画像のパスを習得する
filenames = [
    filename
    for filename in os.listdir(skimage.data_dir)
```

```
    if filename.endswith(".png") or filename.endswith(".jpg")
]
for filename in filenames:
    name, _ = os.path.splitext(filename)
    if name not in descriptions_dict:
        continue

    # 画像の読み込み
    image_path = os.path.join(skimage.data_dir, filename)
    image = Image.open(image_path).convert("RGB")
    original_imgs.append(image)

    text = descriptions_dict[name]
    original_txts.append(text)

# 画像とテキストの数があっているか確認
assert len(original_txts) == len(original_imgs)
# テキストの文字列をベースに、テキストと画像のリストをソートする
original_txts, original_imgs = sort_together(
    (original_txts, original_imgs)
)
```

以下、上記で得られた画像とテキストのペアを可視化します。

In [12]

```
import matplotlib.pyplot as plt

nrows = 2
ncols = 4
fig, axes = plt.subplots(
    nrows=nrows,
    ncols=ncols,
    figsize=(16, 5)
```

```
)

for i in range(nrows):
    for j in range(ncols):
        axes[i][j].imshow(original_imgs[i * ncols + j])
        axes[i][j].axis("off")
        axes[i][j].set_title(
            original_txts[i * ncols + j], fontsize=10
        )
```

CLIPModelに入力できるようにCLIPProcessorを用いて画像とテキストを前処理します。ここでCLIPProcessorには一度に複数の画像とテキストを入力できることに注目してください。この仕組みのおかげで、ミニバッチでCLIPModelに入力して一括で類似度を計算することが可能になります。

In [13]

```
inputs = processor(
    text=original_txts,
    images=original_imgs,
    padding="max_length",
    return_tensors="pt",
)
inputs
```

CLIPModelで画像とテキストの埋め込みを取得します。それぞれget_image_featuresとget_text_features関数を用います。ここでtorch.no_grad()関数を使用することでCLIPModelの勾配計算を行わないようにすると、VRAMの消費を抑えられます。

In [14]

```
import torch

with torch.no_grad():
    img_features = model.get_image_features(
        pixel_values=inputs["pixel_values"],
```

```
    )
    txt_features = model.get_text_features(
        input_ids=inputs["input_ids"],
        attention_mask=inputs["attention_mask"],
    )
```

以下、画像埋め込みとテキスト埋め込みを正規化し、行列積を計算することで、画像とテキストの類似度を計算します。

In [15]

```
img_features = img_features / img_features.norm(
    p=2, dim=-1, keepdim=True
)
txt_features = txt_features / txt_features.norm(
    p=2, dim=-1, keepdim=True
)

similarity = img_features @ txt_features.T
```

上記の計算結果をもとに、入力された画像とテキストの類似度に関する可視化を行います。可視化結果を確認すると、適切な画像とテキストのペアの類似度が高くなっていることが確認できます。"a black-and-white silhouette of a horse"のプロンプトに対して白黒のテキストが高い類似度を表しますが、プロンプトに含まれる白黒（black-and-white）に反応しているためと考えられます。

In [16]

```
assert len(original_imgs) == len(original_txts)
count = len(original_imgs)

fig, ax = plt.subplots(figsize=(20, 14))
ax.imshow(similarity, vmin=0.1, vmax=0.3)

ax.set_yticks(
```

```
    range(len(original_txts)), labels=original_txts, fontsize=18
)
ax.set_xticks([])

for i, img in enumerate(original_imgs):
    ax.imshow(
        img,
        extent=(i - 0.5, i + 0.5, -1.6, -0.6),
        origin="lower"
    )

for x in range(similarity.shape[1]):
    for y in range(similarity.shape[0]):
        ax.text(
            x,
            y,
            f"{similarity[y, x]:.2f}",
            ha="center",
            va="center",
            size=12,
        )

for side in ["left", "top", "right", "bottom"]:
    plt.gca().spines[side].set_visible(False)

ax.set_xlim([-0.5, count - 0.5])
ax.set_ylim([count - 0.5, -2])

ax.set_title(
    "Cosine similarity between text and image features", size=20
)
```

CLIPによるゼロショット画像分類

ここからはCLIPによるプロンプトテンプレートを用いたゼロショット画像分類について紹介します。入力には先ほどと同じskimageの画像データを使用し、分類対象のクラスとして、**CIFAR-100**[Krizhevsky et al., 2009]に含まれているクラス名を使用します。CIFAR-100データセットは主に画像分類のベンチマークとして幅広く使用されています。CIFAR-100という名前の通り、100クラスの動植物や乗り物、家具などの画像を扱っており、各クラスには600枚の画像が含まれています。

In [17]

```
from torchvision.datasets import CIFAR100

cifar100 = CIFAR100(
    os.path.expanduser("~/.cache"),
    download=True
)
```

プロンプトテンプレートを用いた画像分類の準備をします。テンプレートである"This is a photo of a {label}"に対して、CIFAR-100に含まれる画像のクラス名を埋め込んだプロンプトをtext_descriptionsとして定義します。

In [18]

```
text_template = "This is a photo of a {label}"
text_descriptions = [
    text_template.format(label=label)
    for label in cifar100.classes
]
```

CLIPProcessorを用いて上記で得られたテキストプロンプトの前処理を実施します。その後CLIPに入力してテキスト埋め込みを取得します。

In [19]

```
inputs = processor(
    text=text_descriptions,
    padding="max_length",
```

```
    return_tensors="pt"
)

with torch.no_grad():
    txt_features = model.get_text_features(
        input_ids=inputs["input_ids"],
        attention_mask=inputs["attention_mask"],
    )
    txt_features = txt_features / txt_features.norm(
        p=2, dim=-1, keepdim=True
    )
```

skimageに含まれている画像を埋め込んだimg_featuresとプロンプトを埋め込んだtxt_featuresとの行列積を計算した後、ソフトマックス関数に通して、対象の画像に対する各クラスの予測確率を取得します。

In [20]

```
txt_probs = (
    100 * img_features @ txt_features.T
).softmax(dim=-1)
top_probs, top_labels = txt_probs.topk(5, dim=-1)
```

予測確率が高い上位5件とその確率値をそれぞれ表示します。予測結果を確認すると、CLIPを再学習させなくとも適切な予測結果が得られていることを確認できます。

In [21]

```
nrows, ncols = 4, 4
fig = plt.figure(figsize=(16, 16))
plt.style.use("ggplot")

y = np.arange(top_probs.shape[-1])

for i, img in enumerate(original_imgs):
```

```
    ax1 = fig.add_subplot(nrows, ncols, 2 * i + 1)
    ax1.imshow(img)
    ax1.axis("off")
    ax1.set_title(original_txts[i], fontsize=10)

    ax2 = fig.add_subplot(nrows, ncols, 2 * i + 2)
    ax2.barh(y, top_probs[i])

    plt.gca().invert_yaxis()
    plt.gca().set_axisbelow(True)
    ax2.set_yticks(
        y, [cifar100.classes[idx] for idx in top_labels[i]]
    )
    ax2.set_xlabel("Probability")

fig.subplots_adjust(wspace=0.5)
```

第3節 Stable Diffusionを構成する要素

Stable Diffusionは、図4-1に示したLDMと同様、Image Encoder、Denoiser、Text Encoder、Noise Schedulerを構成要素として持ちます。以下、それぞれの構成要素の概要、入出力、Stable Diffusionにおける役割について説明します。

Image Encoder（画像符号化器）

LDMの肝となるコンポーネントは、入力画像データを潜在表現に圧縮するImage Encoderです。これには多くの場合、VAEが採用されます。VAEは図4-10のようにEncoderとDecoderから構成されています。Encoderは画像を入力として低次元の潜在表現へ変換して出力しますが、これが次項で説明するDenoiserへの入力となります。逆に、Decoderは潜在表現を入力として画像に変換して出力します。

Stable Diffusionにおける役割としては、高解像度画像を生成するための計算時間の短縮が挙げられます。LDMをもとにしたStable Diffusionでは、VAE Encoderで出力された低次元の潜在表現で拡散過程を実施することで、計算量を大幅に削減できます。なお、VAE Decoderは推論時のみ使用され、学習時には使用されません。

図4-10 VAEのモデル構成。Stable Diffusionの構成要素であるVAE EncoderはImage Encoderとも呼ばれ、画像を低次元表現である潜在表現へ変換する。逆にImage Decoderと呼ばれるVAE Decoderは潜在表現からオリジナルの画像を復元する。これらが達成されるようにVAEは訓練される。

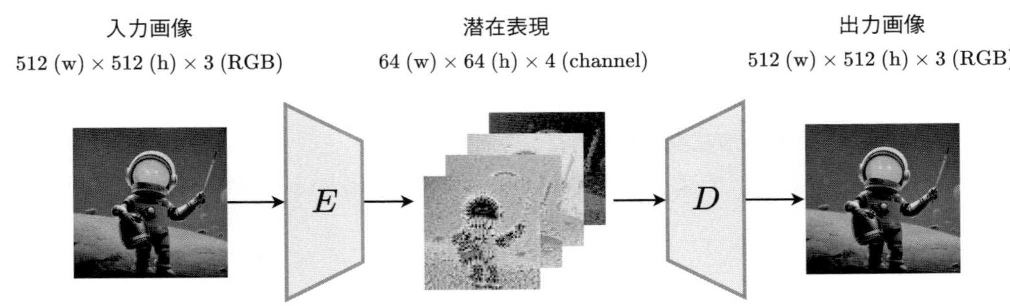

Denoiser（ノイズ予測器）

U-NetもVAE同様EncoderとDecoderから構成されており、図3-5に示したようなU字型の構造をしています。タイムステップ情報の処理は図4-11に示すように、位置符号化の概念を応用しています。具体的には、タイムステップ情報を学習可能な埋め込み（time vector）に変換し、これをチャンネル方向cに写像します。その後、潜在表現の中間表現に対して、シフトとスケーリングを司る埋め込みを適用することで、タイムステップを考慮した潜在表現を得ることができます。U-Netの最終的な出力は、潜在空間上における元の潜在変数（ノイズが加わる前の潜在表現）に対するノイズの残差を予測します。このノイズ残差は、時刻tから$t-1$においてノイズを除去した潜在表現を得るための推定値として機能します。結果として、元潜在変数に近いクリーンな潜在表現を再構成することができます。

図4-11 U-Netにおけるステップ数を考慮した学習

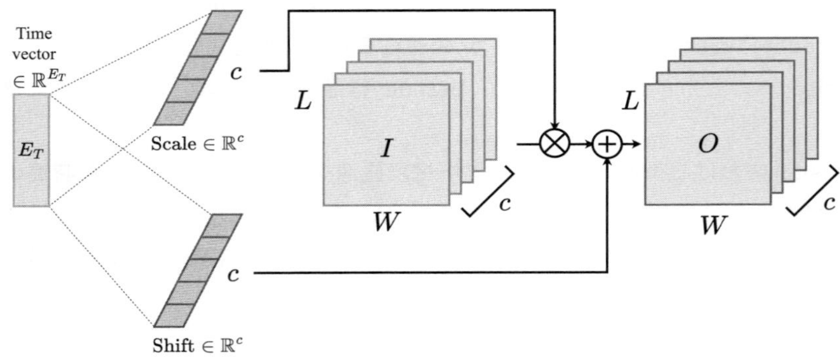

Stable DiffusionにおけるU-Netは、「1. ノイズ込みの潜在表現またはノイズ画像」「2. プロンプトのテキスト埋め込み」を入力として受け取ります。

1について、訓練時にはノイズを追加したオリジナル画像をVAE Encoderがエンコードした「ノイズ込みの潜在表現」が入力になります。推論時には画像はなく与えられるのはプロンプトのみなので、ランダムに生成された潜在表現が入力になります。

2のテキスト埋め込みについては、次項で説明する、Text Encoderから得られたものを使用します。

Text Encoder（テキスト符号化器）

Text Encoderは例えば"An astronaut riding a horse"（馬に乗る宇宙飛行士）などのプロンプトを、U-Netが許容する埋め込み空間へ変換する役割を担います。LDMではText EncoderとしてBERTを使用しています。一方Stable Diffusionは、前節で説明したCLIPを使用して入力トークン列を潜在的なテキスト埋め込みへ変換しています。Stable Diffusionでは、このテキスト埋め込みを条件として利用し、指定したテキストに合った画像を生成しています。CLIPは大規模なデータで事前学習されているため、より高次元の言語特徴の抽出が可能になっていると考えられます。

Noise Scheduler

Noise Schedulerは、拡散過程および逆拡散過程に関するノイズを制御する役割を担います。Noise Schedulerは入力として「Denoiserの出力」「拡散過程にて繰り返し実行される潜在表現」「タイムステップ」を受け取り、ノイズ除去されたサンプルを返します。Noise Schedulerは画像にノイズを逐次的に追加する方法や、モデルの出力に基づいて潜在表現を更新する方法を定義します。第3章2節にて紹介したDDPMやDDIMを始め、効率的な生成のために様々なスケジューリングを検討したNoise Schedulerが提案されています[Karras et al., 2022][Liu et al., 2022][Song et al., 2021b]。すべてのNoise Schedulerは現在の拡散過程の状況を知るためにタイムステップを受け取ります。このタイムステップは離散的なもの（intの入力を受け取るもの）[Ho et al., 2020][Liu et al., 2022]と連続的なもの（floatの入力を受け取るもの）[Song, 2021]の両方が存在します。学習時に使用されたNoise Schedulerとは異なるものも使用可能であり、その場合、生成されるサンプルの性質が変わります[Chen, 2023]。

Stable Diffusionの実装

ではpython-image-generation/notebooks/4-3_stable-diffusion_components.ipynb[12]を開いてください。以下、パイプラインの構成要素を明示的に呼び出して画像生成を行う方法を示します。

これまでの実装例ではStableDiffusionPipelineパイプラインを用いて、Stable Diffusionの各要素を特に意識しないで画像を生成する例を示してきましたが、今回の例は各要素がどのように組み合わさって画像生成が行われるかを理解することが目的です。ここではstable-diffusion-v1-5/stable-diffusion-v1-5の設定と、Stable Diffusionに含まれているCLIPであるopenai/clip-vit-large-patch14を使用します。

In [1]

```
sd_model_id = "runwayml/stable-diffusion-v1-5"
clip_model_id = "openai/clip-vit-large-patch14"
```

12 https://github.com/py-img-gen/python-image-generation/blob/main/notebooks/4-3_stable-diffusion_components.ipynb

Image EncoderであるVAEをAutoencoderKL[13]を用いて読み込みます。ここでsubfolderを指定していますが、stable-diffusion-v1-5/stable-diffusion-v1-5[14]を確認すると、各要素がフォルダで分かれていることがわかります。ここでは明示的にフォルダ名を指定することで、事前学習済みVAEを読み込んでいます。

さらに、VAEへ入力する画像の前処理を行うためにVaeImageProcessor[15]も読み込んでおきます。VaeImageProcessorは画像を正規化し、VAEの入力サイズにリサイズするための前処理を行います。

In [2]

```
from diffusers import AutoencoderKL
from diffusers.image_processor import VaeImageProcessor

vae = AutoencoderKL.from_pretrained(
    sd_model_id,
    subfolder="vae",
)
vae = vae.to(device)

image_processor = VaeImageProcessor(
    vae_scale_factor=vae.config.scaling_factor
)
```

DenoiserであるU-NetをUNet2DConditionModel[16]を用いて読み込みます。ここでもVAE同様subfolderを指定しています。

In [3]

```
from diffusers import UNet2DConditionModel

unet = UNet2DConditionModel.from_pretrained(
    sd_model_id, subfolder="unet"
```

13 https://huggingface.co/docs/diffusers/api/models/autoencoderkl#diffusers.AutoencoderKL
14 https://hf.co/stable-diffusion-v1-5/stable-diffusion-v1-5/tree/main
15 https://huggingface.co/docs/diffusers/api/image_processor#diffusers.image_processor.VaeImageProcessor
16 https://hf.co/docs/diffusers/api/models/unet2d-cond#diffusers.UNet2DConditionModel

```
)
unet = unet.to(device)
```

Text Encoderを読み込みます。これまで使用していたCLIPModelはText EncoderとImage Encoderの両方を兼ねていましたが、今回はCLIPTextModel[17]を指定してText Encoderのみを読み込みます。さらにCLIPTextModelに対応したトークナイザであるCLIPTokenizerを読み込みます。

In [4]

```
from transformers import CLIPTextModel, CLIPTokenizer

text_encoder = CLIPTextModel.from_pretrained(clip_model_id)
text_encoder = text_encoder.to(device)

tokenizer = CLIPTokenizer.from_pretrained(clip_model_id)
```

Noise Schedulerを読み込みます。ここではLMSDiscreteScheduler[18]を読み込みます。

In [5]

```
from diffusers import LMSDiscreteScheduler

scheduler = LMSDiscreteScheduler.from_pretrained(
    sd_model_id, subfolder="scheduler"
)
```

以下、画像生成に必要なハイパーパラメータを設定します。各パラメータはStable Diffusionにおいて一般的に使用される値を設定しています。

In [6]

```
prompt = "a photograph of an astronaut riding a horse"

height = 512  # 生成画像の高さ
```

17 https://huggingface.co/docs/transformers/main/en/model_doc/clip#transformers.CLIPTextModel
18 https://hf.co/docs/diffusers/api/schedulers/lms_discrete#diffusers.LMSDiscreteScheduler

```
width = 512  # 生成画像の幅

# ノイズ除去のステップ数; デフォルト値を使用
num_inference_steps = 50
# classifier-free guidance の guidance scale
guidance_scale = 7.5
# seed を生成する generator
generator = torch.manual_seed(seed)
# バッチサイズ
batch_size = 1
```

以下、CFGのためにテキスト条件ありとなしのテキスト埋め込みを取得します（CFGについては第3章4節参照）。

まずテキスト条件となる埋め込みを取得します。プロンプトに対してCLIPTokenizerを適用してテキストをトークンID列へと変更します。その後それらのID列に対してCLIPTextModelを適用してテキスト埋め込みを取得します。最後にテキスト埋め込みのサイズを表示しています。各次元それぞれバッチサイズ、トークン長[19]、埋め込み次元数を示しています。

In [7]

```
text_input = tokenizer(
    prompt,
    padding="max_length",
    max_length=tokenizer.model_max_length,
    truncation=True,
    return_tensors="pt",
)

with torch.no_grad():
    outputs = text_encoder(text_input.input_ids.to(device))
    text_embeddings = outputs.last_hidden_state
```

19　CLIPTextModelの場合、文の開始と終了を表す特殊トークン<|startoftext|>と<|endoftext|>を含めて77トークンが最大長として設定されています。

```
print(text_embeddings.size())
```

Out [7]

```
torch.Size([1, 77, 768])
```

次にテキスト条件なし埋め込みを取得します。条件なしを表すには一般的には空文字""を使用します。以下では空文字のリストをbatch_size分作成して埋め込みを取得しています。得られた埋め込みのサイズは、上記で取得したテキスト条件あり埋め込みと同様です。

In [8]

```
max_length = text_input.input_ids.shape[-1]
uncond_input = tokenizer(
    [""] * batch_size,
    padding="max_length",
    max_length=max_length,
    return_tensors="pt",
)
with torch.no_grad():
    outputs = text_encoder(uncond_input.input_ids.to(device))
    uncond_embeddings = outputs.last_hidden_state

print(uncond_embeddings.size())
```

Out [8]

```
torch.Size([1, 77, 768])
```

上記で得られたテキスト条件ありとなしの埋め込みを結合し、1つのテンソルにします。このときのサイズについて、batch_sizeは1のものを結合しているため2になっていますが、それ以外のトークン長と埋め込み次元は変わりありません。

In [9]

```
text_embeddings = torch.cat(
    [uncond_embeddings, text_embeddings]
)
```

```python
print(text_embeddings.size())
```

Out [9]

```
torch.Size([2, 77, 768])
```

Stable Diffusionで逆拡散過程を実行するための潜在表現を取得します。ここでは以下に示すサイズのテンソルを有する潜在表現をランダムに生成しています。latentsのサイズを確認すると、それぞれバッチサイズ、U-Netの入力チャンネル数、潜在表現の縦および横のサイズになっています。

In [10]

```python
latents = torch.randn(
    (
        batch_size,
        unet.config.in_channels,
        height // 8,
        width // 8
    ),
    generator=generator,
)
latents = latents.to(device)

latents.size()
```

Noise Schedulerの設定を行います。ここではNoise Schedulerに対して逆拡散過程の回数であるnum_inference_stepsを設定しています。LMSDiscreteSchedulerでは、潜在表現に対して自身のinit_noise_sigmaの値を掛けておく必要があるので、以下のようにして計算しておきます。

In [11]

```python
scheduler.set_timesteps(num_inference_steps)

latents *= scheduler.init_noise_sigma
```

以下はStableDiffusionPipeline内部で行われていた逆拡散過程を明示的に行う実装例です。ランダムに初期化したlatentsをCFGに使用するために複製します。現在のタイムステップに応じて

Denoiserの入力をスケーリングする必要があるため、scale_model_inputを用いて潜在表現を変換します。この潜在表現をもとにDenoiserでノイズを予測し、この結果をもとにCFGを適用します。最後に現在のステップの情報から前のステップの潜在表現を得る操作を繰り返します。

In [12]

```
from tqdm.auto import tqdm

for t in tqdm(scheduler.timesteps):
    # Classifier-free guidance で 2 回 のモデル forward 計算を
    # 避けるために、潜在表現を 2 つにしてバッチ化します
    latent_model_input = torch.cat([latents] * 2)

    latent_model_input = scheduler.scale_model_input(
        latent_model_input, t
    )

    # U-Net を元にノイズ残差を予測します
    with torch.no_grad():
        noise_pred = unet(
            latent_model_input,
            t,
            encoder_hidden_states=text_embeddings,
        ).sample

    # Classifier-free guidance を適用します
    # - 計算されたノイズ残差に対して、無条件/条件付き埋め込みに分割
    # - 分割されたそれぞれを用いて classifier-free guidance を計算
    noise_pred_uncond, noise_pred_text = noise_pred.chunk(2)
    noise_pred = noise_pred_uncond + guidance_scale * (
        noise_pred_text - noise_pred_uncond
    )

    # 現在のステップ x_t から前のステップ x_{t-1} を予測
```

```
    latents = scheduler.step(noise_pred, t, latents).prev_sample
```

最終的に得られた潜在表現を、VAEのImage Decoderを用いて画像に変換します。変換結果に対し、VaeImageProcessorのpostprocess関数を用いて後処理を行い、画像を表示します。

In [13]

```
from diffusers.image_processor import VaeImageProcessor

scale_factor = vae.config.scaling_factor

with torch.no_grad():
    images = vae.decode(
        latents / scale_factor,
        generator=torch.manual_seed(seed)
    ).sample

image_processor = VaeImageProcessor(
    vae_scale_factor=scale_factor
)
images = image_processor.postprocess(images)

images[0]
```

第4節 Stable Diffusion v1

Stable Diffusion[Runway et al., 2022]は、2022年8月22日にミュンヘン大学[20]のCompVis[21]が発表したLDMをベースに、Eleuther AI[22]社、LAION[23]グループ、Stability.AI[24]社からのサポートを受けて開発された画像生成モデルです[25]。図4-12に示すように、LDMと同様にテキストプロンプトから画像を生成するText-to-Imageの他、Image-to-Imageや**Super resolution**（**超解像**）、**Inpainting**（**画像修復**）など幅広い画像生成タスクに対応しています。

図4-12 Stable Diffusionが対応している画像生成タスクの例。[Rombach et al., 2022]より引用。

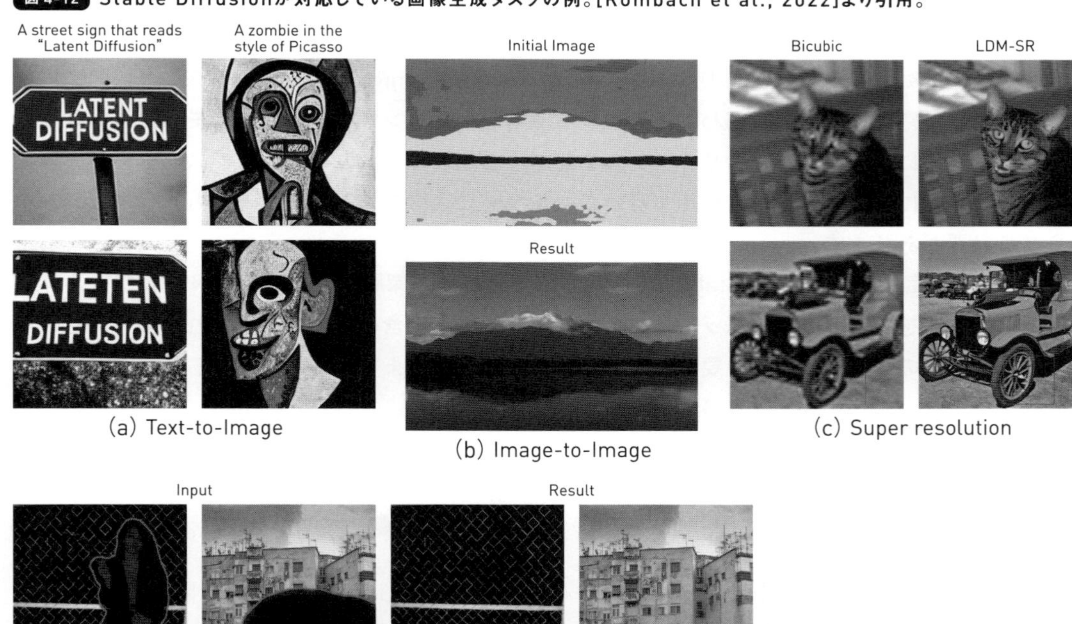

Stable Diffusionが爆発的な注目を集めた主要因は、一般向けのGPUでわずか数秒以内に、前例

20 ルートヴィヒ・マクシミリアン大学ミュンヘン校：https://www.lmu.de/de/index.html
21 Computer Vision & Learning research group：https://ommer-lab.com/
22 Eleuther AI：https://www.eleuther.ai/
23 LAION：https://laion.ai/
24 Stability AI：https://stability.ai/
25 Stable Diffusion Public Release — Stability AI：https://stability.ai/news/stable-diffusion-public-release

のない高品質な画像生成を実現した点にあります。特に10GB以下のVRAMで動作し、512 × 512ピクセルの高画質画像を生成できるようになったため、研究者のみならず一般の人々も様々な条件下でStable Diffusionを実行できるようになりました。これにより画像生成が民主化されたといっても過言ではありません。

Stable Diffusionの公開に先立って、Hugging Face社の精力的な法律、倫理、技術チームとCoreWeave[26]社のエンジニアの協力のもと、次の観点を取り入れています。

1. ライセンスの観点
2. 安全性判定機構の観点

1のライセンスについて、Stable DiffusionはCreative ML OpenRAIL-Mライセンス[27]で公開されています。これは営利・非営利を問わず使用できる寛容なライセンスです。また、モデルの倫理的および法的な使用に焦点を当てており、モデルを配布する際には必ずこのライセンスを含める必要があります。さらに、このモデルを利用するいかなるサービスのエンドユーザーにも、ライセンスを知らせる必要があります。

2の安全性判定機構について、Stable Diffusionの開発者は、深層学習ベースのNSFWフィルターを開発し、これをソフトウェアパッケージ全体にデフォルトで含めています。これにより、生成されたコンテンツの概念やその他の要素を理解し、ユーザーが望まない可能性のあるNSFWの生成を抑制します[28]。

SD v1の実装

ではpython-image-generation/notebooks/4-4_stable-diffusion-v1.ipynb[29]を開いてください。SD v1の実装は第1章2節で紹介済みですので、ここではStable Diffusionが画像生成する際に使用する潜在表現に着目した方法を2つ紹介します。1つ目は潜在表現を生成する際に使用する乱数の種に関する方法です。2つ目は画像から潜在表現を推定する方法です。

乱数の種の探索

拡散モデルでは、ある乱数の種を元にしたガウス分布からサンプリングされた潜在表現を起点に

---

26 CoreWeave：https://www.coreweave.com/
27 Creative ML OpenRAIL-M ライセンス：https://hf.co/spaces/CompVis/stable-diffusion-license
28 画像生成モデルは強力ですが、私たちが望むものをより良く表現する方法を理解するためには、さらなる改善が必要です。
29 https://github.com/py-img-gen/python-image-generation/blob/main/notebooks/4-4_stable-diffusion-v1.ipynb

画像を生成します。このため、意図した画像を生成するためには適切な乱数の種を見つけることが重要です。以下、複数の乱数の種を用意して画像を生成し、その中からさらに良い画像を生成するための乱数の種の探索について説明します。

まずはStableDiffusionPipelineを用いて、stable-diffusion-v1-5/stable-diffusion-v1-5を指定してパイプラインを読み込みます。

In [1]

```
from diffusers import StableDiffusionPipeline

model_id = "stable-diffusion-v1-5/stable-diffusion-v1-5"

pipe = StableDiffusionPipeline.from_pretrained(
    model_id, torch_dtype=dtype
)
pipe = pipe.to(device)
```

次に画像生成をする際のハイパーパラメータを設定します。ここでは生成する画像の枚数、画像の解像度、潜在表現の次元数を指定します。

In [2]

```
# 生成する画像の枚数
n_images = 4
# 生成する画像の解像度
image_w, image_h = 512, 512
# 潜在表現のチャンネル数
in_channels = pipe.unet.config.in_channels
```

生成する画像の枚数に合わせて乱数の種を取得するget_latent_seeds関数を定義します。この関数はnum_imagesの数だけ乱数の種を生成し、リストで返します。

In [3]

```python
from typing import List


def get_latent_seeds(
    n_images: int, generator: torch.Generator
) -> List[int]:
    seeds = torch.randint(
        0, 2**32 - 1, size=(n_images,), generator=generator
    )
    return seeds.tolist()
```

次に乱数の種をもとに潜在表現を取得するget_image_latentと指定した乱数の数だけ潜在表現を複数取得するget_image_latents関数を定義します。上で定義したget_latent_seeds関数を用いて乱数の種を取得し、指定した数だけ潜在表現を生成する流れになります。

In [4]

```python
from diffusers.utils.torch_utils import randn_tensor


def get_image_latent(
    in_channels: int,
    image_w: int,
    image_h: int,
    generator: torch.Generator,
    device: torch.device,
    dtype: torch.dtype,
) -> torch.Tensor:
    return randn_tensor(
        (1, in_channels, image_h // 8, image_w // 8),
        generator=generator,
        device=device,
        dtype=dtype,
```

```
    )


def get_image_latents(
    seeds: List[int],
    in_channels: int,
    device: torch.device,
    dtype: torch.dtype,
) -> torch.Tensor:
    latents = [
        get_image_latent(
            in_channels=in_channels,
            image_w=image_w,
            image_h=image_h,
            device=device,
            dtype=dtype,
            generator=torch.manual_seed(seed),
        )
        for seed in seeds
    ]
    return torch.cat(latents)
```

実際にget_latent_seedsを用いてn_images個の乱数の種を取得し、その内容を表示します。

In [5]

```
seeds = get_latent_seeds(
    n_images=n_images, generator=torch.manual_seed(seed)
)
seeds
```

取得した複数の乱数の種を使用して、その数に応じた潜在表現を取得します。この潜在表現をもとに画像を生成していきます。

In [6]

```
latents = get_image_latents(
    seeds=seeds, in_channels=in_channels, device=device,
dtype=dtype
)
latents.shape
```

これまで同様、パイプラインにプロンプトを指定して画像を生成します。違う点としては、latentsに上記で取得した潜在表現を指定している点です。これまでは初期値となる潜在表現を指定せず、内部で潜在表現を生成していました。

In [7]

```
prompt = "Labrador in the style of Vermeer"

# プロンプトは潜在表現の数分設定する
prompts = [prompt] * n_images
# `latents` に取得した潜在表現を入力する
output = pipe(prompts, latents=latents)

images = output.images
images[0]
```

生成した画像を以下のmake_image_grid()を使用して並べて表示します。

In [8]

```
from diffusers.utils import make_image_grid

make_image_grid(images, rows=1, cols=len(images))
```

生成結果を眺め、好みの画像を1つ選んでさらに深堀りしてみましょう。画像生成時に使用した乱数の種を再利用すれば、同じ生成結果を再現できます。ここでは最初のサンプルを選んで画像生成を再実行してみます。

In [9]

```
my_seed = seeds[0]
my_seed
```

以下のようにしてget_image_latent関数のgeneratorに乱数の種を指定して実行することで、上記で計算したlatentと同じものが取得可能です。

In [10]

```
latent = get_image_latent(
    in_channels=in_channels,
    image_w=image_w,
    image_h=image_h,
    generator=torch.manual_seed(my_seed),
    device=device,
    dtype=dtype,
)
latent.shape
```

得られたlatentをもとにパイプラインを使用して画像を生成します。latentsにlatentを指定することを忘れないでください。正しく実行できれば、先ほどと同じ画像が生成されるはずです。

In [11]

```
prompt = "Labrador in the style of Vermeer"

output = pipe(prompt, latents=latent)

images = output.images
images[0]
```

乱数の種を記録しておくことで、いつでも好きなときに生成結果を再現できるようになります。同じlatentとpromptの組み合わせを使用して生成を繰り返せば、常に同様の結果が得られます。

次に、同じ潜在表現を保持したまま、プロンプトの内容を変えたときの生成画像の変化を見てみましょう。こうすることで、「構図は似ているが、プロンプトの内容を反映したスタイルが異なる画像」が生成できるはずです。以下、「ラブラドール（Labrador)」と指定しているところを「テリア（Terrier)」と変更して画像生成を行います。同様の構図で犬種だけが変化していることを確認できるはずです。

In [12]

```
prompt = "Terrier in the style of Vermeer"

output = pipe(prompt, latents=latent)

images = output.images
images[0]
```

次に画風を「フェルメール（Vermeer)」から「ゴッホ（Van Gogh)」にしてみましょう。これまでの構図を維持したゴッホ風の画像が生成されるはずです。

In [13]

```
prompt = "Labrador in the style of Van Gogh"

output = pipe(prompt, latents=latent)

images = output.images
images[0]
```

今度はゴッホ風の画風は維持して、テリアをピエロにして画像を生成してみます。最初に指定していた"Labrador in the style of Vermeer"とはプロンプトがほとんど異なりますが、最初に生成された画像の構図を維持しつつ、ゴッホ風のピエロの画像が生成されることが確認できるはずです。

In [14]

```
prompt = "Clown in the style of Van Gogh"

output = pipe(prompt, latents=latent)

images = output.images
```

```
images[0]
```

このようにして乱数の種やそれをもとにした潜在表現を探索しつつプロンプトを調整していくことで、自身のイメージに合った画像を生成可能になります。

画像からノイズを推定するInversion技術

拡散モデルの逆拡散過程では、ノイズから段々とノイズを除去して画像を生成します。今回紹介する**DDIM Inversion**[Mokady et al., 2023]はこの逆をたどるもので、生成画像のもととなった初期ノイズを推定する手法です。

まずはStableDiffusionPipelineを用いてstable-diffusion-v1-5/stable-diffusion-v1-5を読み込みます。

In [15]

```
from diffusers import StableDiffusionPipeline

model_id = "stable-diffusion-v1-5/stable-diffusion-v1-5"

pipe = StableDiffusionPipeline.from_pretrained(
    model_id, torch_dtype=dtype
)
pipe = pipe.to(device)
```

読み込まれたパイプラインに対してDDIMSchedulerを指定します。ここではfrom_configを用いてオリジナルのNoise Schedulerから設定を読み込みます。

In [16]

```
from diffusers import DDIMScheduler

ddim_scheduler = DDIMScheduler.from_config(
    pipe.scheduler.config
)
pipe.scheduler = ddim_scheduler
```

読み込んだパイプラインとスケジューラを用いて画像生成を実行して動作確認します。

In [17]

```
prompt = (
    "Beautiful DSLR Photograph of a penguin on the beach, golden hour"
)

output = pipe(prompt, generator=torch.manual_seed(seed))
images = output.images
images[0]
```

ここでDDIMを用いたサンプリングについて振り返ります。ある時刻tにおいて、ノイズ画像(潜在表現)$\boldsymbol{x}_t$はオリジナル画像$\boldsymbol{x}_0$とノイズϵが混ざっているものとして、式[3.2]のように表すことができました。このとき、付与されるノイズ$\bar{\alpha}_t$はNoise Schedulerによって計算されます。diffusersではこの$\bar{\alpha}_t$はscheduler.alphas_cumprodに格納されています。ここでは$\bar{\alpha}_t$の値をプロットしてみます。可視化結果として、先に示した図3-4と同様のグラフが表示されるはずです。

In [18]

```
import matplotlib.pyplot as plt

plt.style.use("ggplot")

timesteps = pipe.scheduler.timesteps.cpu()
alphas = pipe.scheduler.alphas_cumprod[timesteps]

fig, ax = plt.subplots()
ax.plot(timesteps, alphas)
ax.set_xlabel("timesteps")
ax.set_ylabel(r"$\alpha_t$")
```

$t = 0$ではノイズのないオリジナルの画像からスタートします($\alpha_t = 1$)。タイムステップが大きくなればなるほど、ほとんどがノイズになり、$\alpha_t = 0$を示します。

サンプリング時にはタイムステップ$t = 1000$の純粋なノイズからはじめ、徐々に$t = 0$へ変化させます。tから$t - 1$を計算するために、ノイズを予測（$\epsilon_\theta(x_t)$）し、これをもとにノイズを除去した画像$\boldsymbol{x}_0$を予測します。次にこの予測を使って$\boldsymbol{x}_t$の方向を$\boldsymbol{x}_0$の方向へ移動させます。最後にσ_tでスケーリングされたノイズを追加します。このプロセスは式[3.13]にて紹介しました。以下にDDIMにおけるサンプリングを実装した例を示します。

In [19]

```
from typing import List, Optional

from PIL.Image import Image as PilImage
from tqdm.auto import tqdm


@torch.no_grad()
def sample(
    prompt: str,
    start_step: int = 0,
    start_latents: Optional[torch.Tensor] = None,
    guidance_scale: float = 3.5,
    num_inference_steps: int = 50,
    num_images_per_prompt: int = 1,
    do_classifier_free_guidance: bool = True,
    generator: Optional[torch.Generator] = None,
) -> List[PilImage]:
    device = pipe._execution_device

    # プロンプトを埋め込みへ変換
    prompt_embeds, negative_prompt_embeds = pipe.encode_prompt(
        prompt,
        device,
        num_images_per_prompt,
        do_classifier_free_guidance,
    )
```

```
    if do_classifier_free_guidance:
        prompt_embeds = torch.cat(
            (negative_prompt_embeds, prompt_embeds)
        )

    # 逆拡散過程におけるステップ数を設定
    pipe.scheduler.set_timesteps(
        num_inference_steps,
        device=device
    )

    # `start_latents` が指定されていない場合は、ランダムな初期値を生成
    if start_latents is None:
        start_latents = randn_tensor(
            (1, pipe.unet.config.in_channels, 64, 64),
            device=device,
            dtype=prompt_embeds.dtype,
            generator=generator,
        )
        start_latents *= pipe.scheduler.init_noise_sigma

    latents = start_latents.clone()

    for i in tqdm(range(start_step, num_inference_steps)):
        t = pipe.scheduler.timesteps[i]

        # Expand the latents if we are doing classifier free guidance
        latent_model_input = (
            torch.cat([latents] * 2)
            if do_classifier_free_guidance
            else latents
        )
```

```
        latent_model_input = pipe.scheduler.scale_model_input(
            latent_model_input, t
        )

        # Predict the noise residual
        noise_pred = pipe.unet(
            latent_model_input,
            t,
            encoder_hidden_states=prompt_embeds,
        ).sample

        # Perform guidance
        if do_classifier_free_guidance:
            noise_pred_uncond, noise_pred_text = (
                noise_pred.chunk(2)
            )
            noise_pred = noise_pred_uncond + guidance_scale * (
                noise_pred_text - noise_pred_uncond
            )

        # Normally we'd rely on the scheduler to handle the update step:
        # latents = pipe.scheduler.step(noise_pred, t, latents).prev_sample

        # Instead, let's do it ourselves:
        prev_t = max(
            1, t.item() - (1000 // num_inference_steps)
        )  # t-1
        alpha_t = pipe.scheduler.alphas_cumprod[t.item()]
        alpha_t_prev = pipe.scheduler.alphas_cumprod[prev_t]
        predicted_x0 = (
            latents - (1 - alpha_t).sqrt() * noise_pred
```

```
        ) / alpha_t.sqrt()
        direction_pointing_to_xt = (
            1 - alpha_t_prev
        ).sqrt() * noise_pred
        latents = (
            alpha_t_prev.sqrt() * predicted_x0
            + direction_pointing_to_xt
        )

    # Post-processing
    images = pipe.vae.decode(
        latents / pipe.vae.scaling_factor, generator=generator
    ).sample
    images = pipe.image_processor.postprocess(
        images, do_denormalize=[True] * images.shape[0]
    )

    return images
```

上記のsample関数の動作を確認してみましょう。以下を実行してプロンプトに指定した画像が生成されることを確認します。

In [20]

```
images = sample(
    prompt="Watercolor painting of a beach sunset",
    num_inference_steps=50,
    generator=torch.manual_seed(seed),
)
images[0]
```

Inversionの目的はノイズから画像へのプロセスを「逆」にたどることです。ここからはDDIM Inversionについて説明していきます。まずは初期画像としてサンプル画像をダウンロードおよび読み込みます。自身で生成した画像を使用することもできます。

```
In [21]
from diffusers.utils import load_image

input_image = load_image(
    "https://hf.co/datasets/diffusers/dog-example/resolve/main/
alvan-nee-9M0tSjb-cpA-unsplash.jpeg",
    convert_method=lambda im: (
        im.convert("RGB").resize((512, 512))
    ),
)
input_image
```

CFGを含めたDDIM Inversionを行うため、プロンプトを指定しておきます。

```
In [22]
input_image_prompt = (
    "A professional photo of a dog sitting on an orange
background"
)
```

次にPillow形式の画像をVAEのImage Encoderで潜在表現に変換します。

```
In [23]
from torchvision.transforms import functional as F

image_tensor = F.to_tensor(input_image)
# shape: (3, 512, 512)
image_tensor = image_tensor.unsqueeze(dim=0)
# shape: (1, 3, 512, 512)
image_tensor = image_tensor.to(device=device, dtype=dtype)

vae_scaling_factor = pipe.vae.scaling_factor
with torch.no_grad():
```

```
    latent = pipe.vae.encode(image_tensor * 2 - 1)
# l = pipe.vae.config.scaling_factor * latent.latent_dist.
sample()
latent = vae_scaling_factor * latent.latent_dist.sample()
```

以下にinversion関数を定義します。この関数は上記のsample関数と似ていますが、タイムステップを逆方向、つまり$t=0$から始めてtから$t+1$の方向に進めます。その結果、よりノイズが少なくなる方向ではなく、多くなる方向にノイズを予測して追加し、潜在表現を更新します。

In [24]

```
@torch.no_grad()
def invert(
    prompt: str,
    start_latents: torch.Tensor,
    guidance_scale: float = 3.5,
    num_inference_steps: int = 50,
    num_images_per_prompt: int = 1,
    do_classifier_free_guidance: bool = True,
):
    # Encode prompt
    prompt_embeds, negative_prompt_embeds = pipe.encode_prompt(
        prompt,
        device,
        num_images_per_prompt,
        do_classifier_free_guidance,
    )
    if do_classifier_free_guidance:
        prompt_embeds = torch.cat(
            (negative_prompt_embeds, prompt_embeds)
        )

    # Latents are now the specified start latents
    latents = start_latents.clone()
```

```
    # We'll keep a list of the inverted latents as the process goes on
    intermediate_latents = []

    # Set num inference steps
    pipe.scheduler.set_timesteps(
        num_inference_steps, device=device
    )

    # Reversed timesteps <<<<<<<<<<<<<<<<<<<<
    timesteps = list(reversed(pipe.scheduler.timesteps))

    for i in tqdm(
        range(1, num_inference_steps),
        total=num_inference_steps - 1
    ):
        # We'll skip the final iteration
        if i >= num_inference_steps - 1:
            continue

        t = timesteps[i]

        # Expand the latents if we are doing classifier free guidance
        latent_model_input = (
            torch.cat([latents] * 2)
            if do_classifier_free_guidance
            else latents
        )
        latent_model_input = pipe.scheduler.scale_model_input(
            latent_model_input, t
        )
```

```
        # Predict the noise residual
        noise_pred = pipe.unet(
            latent_model_input,
            t,
            encoder_hidden_states=prompt_embeds,
        ).sample

        # Perform guidance
        if do_classifier_free_guidance:
            noise_pred_uncond, noise_pred_text = (
                noise_pred.chunk(2)
            )
            noise_pred = noise_pred_uncond + guidance_scale * (
                noise_pred_text - noise_pred_uncond
            )

        current_t = max(
            0, t.item() - (1000 // num_inference_steps)
        )  # t
        next_t = t  # min(999, t.item() + (1000//num_inference_
steps)) # t+1
        alpha_t = pipe.scheduler.alphas_cumprod[current_t]
        alpha_t_next = pipe.scheduler.alphas_cumprod[next_t]

        # Inverted update step (re-arranging the update step to
get x(t) (new latents) as a function of x(t-1) (current latents)
        latents = (
            latents - (1 - alpha_t).sqrt() * noise_pred
        ) * (alpha_t_next.sqrt() / alpha_t.sqrt()) + (
            1 - alpha_t_next
        ).sqrt() * noise_pred
```

```
        # Store
        intermediate_latents.append(latents)

    return torch.cat(intermediate_latents)
```

入力画像の潜在表現に対してinvert関数を適用することで、DDIM Inversionを適用した際の各ステップごとの潜在表現を取得できます。

In [25]

```
inverted_latents = invert(
    prompt=input_image_prompt,
    start_latents=latent,
    num_inference_steps=50,
)
inverted_latents.shape
```

inverted_latents[-1]で最終的にDDIM Inversionで得られた潜在表現を確認することができます。以下のようにして得られた潜在表現を可視化してみましょう。

In [26]

```
inverted_latent = inverted_latents[-1].unsqueeze(dim=0)
inverted_latent = inverted_latent / vae_scaling_factor

with torch.no_grad():
    images = pipe.vae.decode(inverted_latent).sample

images = pipe.image_processor.postprocess(
    images, do_denormalize=[True] * images.shape[0]
)
images[0]
```

この潜在表現を用いてStableDiffusionPipelineによる画像生成を行います。ここでlatents引数にinverted_latentを渡していることに注意してください。

In [27]

```
inverted_latent = inverted_latents[-1].unsqueeze(dim=0)
output = pipe(
    prompt=input_image_prompt,
    latents=inverted_latent,
    num_inference_steps=50,
    generator=torch.manual_seed(seed),
)
images = output.images
images[0]
```

可視化結果を確認すると、オリジナルの画像と異なるものとなっています。DDIM Inversionには、タイムステップtと$t+1$でのノイズ予測が同じであるという重要な仮定があります。この仮定は、50ステップや100ステップといった少ないステップ数では完全には成り立ちません。ステップ数を増やすことで各ステップ間の変化が小さくなり、近似がより正確になるため再構成の精度は向上しますが、計算コストが増加します。そのため、実用的な代替手段として、Inversion時に保存しておいた中間潜在表現を使用し、例えば50ステップ中の20ステップ目から開始する「ショートカット」的な方法を使うことでDDIM Inversionの仮定を考慮した再構成を行うことができます。

In [28]

```
start_step = 20
inverted_latent = inverted_latents[-(start_step + 1)].
unsqueeze(dim=0)

images = sample(
    prompt=input_image_prompt,
    start_latents=inverted_latent,
    start_step=start_step,
    num_inference_steps=50,
    generator=torch.manual_seed(seed),
)
images[0]
```

上記のショートカットを適用すると、オリジナルに限りなく近い画像を得ることができました。このDDIM Inversionを応用すると、プロンプトに指定された物体のみを他の物体に変更することが可能です。例えば「犬」を「猫」に変えることで、同様の背景のまま犬を猫に変化させた画像を生成できます。

In [29]

```
start_step = 10
inverted_latent = inverted_latents[-(start_step + 1)].
unsqueeze(dim=0)

new_prompt = input_image_prompt.replace("dog", "cat")
print(f"Before: {input_image_prompt}")
print(f"After:  {new_prompt}")

images = sample(
    prompt=new_prompt,
    start_step=start_step,
    start_latents=inverted_latent,
    num_inference_steps=50,
    guidance_scale=8.,
    generator=torch.manual_seed(seed),
)
images[0]
```

Out [29]

```
Before: A professional photo of a dog sitting on an orange
background
After:  A professional photo of a cat sitting on an orange
background
```

第5節 Stable Diffusion v2

CompVisを中心としたチームが開発したSD v1は、オープンソースのAIモデルの新たな基準を確立しました。また、世界中で数百にも及ぶ派生モデルやイノベーションを生み出す契機となりました。その注目度は凄まじく、GitHubのスター数10,000に最も早く到達したソフトウェアの1つとなり、2ヶ月足らずでスター数33,000を突破しています[30]。

SD v2（**Stable Diffusion v2**）[Runway et al., 2022]は、2022年11月24日にリリースされました。オリジナルのSD v1リリースに比べ、次の要素において大きな改善や新機能の提供がなされました[31]。

1. 新たなText-to-Imageモデル
2. 拡散モデルをもとにした超解像アップスケーラー
3. 深度マップからの画像生成（Depth-to-Image）モデル
4. Inpaintingモデル

1のText-to-Imageモデルについて、SD v2には、LAIONによって開発された新たなText EncoderであるOpenCLIP[Ilharco et al., 2021]を使用して訓練されたText-to-Imageモデルが含まれています。OpenCLIPは、（1）従来のCLIPよりも大規模なデータで学習を行っており、（2）マルチモーダルな文脈理解とテキスト表現の精度が強化されているため、テキスト情報の認識精度が向上しています。これにより、テキストプロンプトの内容をより的確に反映した画像生成が可能となり、OpenAI社のCLIPを使用していたSD v1と比較して、全体的なパフォーマンス改善につながっています。また、生成可能な画像の解像度もSD v1の512 × 512から768 × 768へと拡大されています。Stability.AI社のDeepFloyd[32]チームは、LAION-5Bデータセットから審美性の高い画像を選別し、さらにLAIONのNSFWフィルターを用いて成人向けコンテンツを除去した精選データセットでSD v2を訓練しています。

2の超解像アップスケーラーについて、SD v2には、画像の解像度を4倍に向上させる拡散モデルベースのアップスケーラーが含まれています。SDv2のリリース記事では、低解像度の生成画像（128 × 128）を高解像度の画像（512 × 512）にアップスケーリングした例が示されています。Text-to-Imageモデルと組み合わせることで、SD v2は2048 × 2048ピクセル、さらにはそれ以上の解像度の画像を生成できます。

30　Art Isn't Dead, It's Just Machine-Generated | Andreessen Horowitz：https://a16z.com/art-isnt-dead-its-just-machine-generated/
31　Stable Diffusion 2.0 Release — Stability AI：https://stability.ai/news/stable-diffusion-v2-release
32　DeepFloyd：https://github.com/deep-floyd

3について、SD v2で新たに導入された深度ガイド付きDepth-to-Imageモデルは、SD v1のImage-to-Image機能を拡張したものです。このモデルはMiDaS[Ranftl et al., 2020]を用いて入力画像の深度を推定し、その深度情報とテキスト情報を組み合わせて新たな画像を生成します。なお、深度情報はユーザーが指定することも可能です。

図4-13 Depth-to-Image生成によって、元の画像とまったく異なる見た目の画像に変換しつつ、オリジナル画像との一貫性と保ち、深度を保持できるため、様々な新しいクリエイティブな応用が可能。

(a) https://github.com/Stability-AI/stablediffusion/blob/main/assets/stable-samples/depth2img/merged-0005.png より引用。

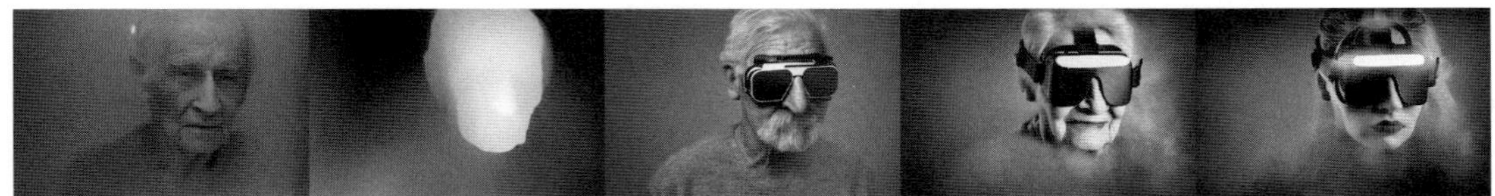

(b) https://github.com/Stability-AI/stablediffusion/blob/main/assets/stable-samples/depth2img/merged-0000.png より引用。

4について、SD v2では、Inpaintingモデルも更新されました。これはSD v2のText-to-Imageモデルを Inpainting タスクへ Fine-tuning したもので、図4-14に示すように従来モデルよりも画像の対象領域をより賢く、より高速に修正可能になったと報告されています。

図4-14 SD v2のText-to-ImageモデルでFine-tuningされたInpaintingモデルの生成結果。https://github.com/Stability-AI/stablediffusion/blob/main/assets/stable-inpainting/merged-leopards.pngより引用。

SD v2の実装

ではpython-image-generation/notebooks/4-5_stable-diffusion-v2.ipynb[33]を開いてください。以下、SD v2を用いた画像生成の実装例を示します。ここではSD v2によるベーシックなText-to-Imageの他、Inpainting、Super resolution、Depth-to-Imageの実装例を示します。

SD v2によるText-to-Image

SD v1と同様StableDiffusionPipelineを用い、SD v2を指定して事前学習済みモデルを読み込みます。なお、ここでは少ないステップ数で高品質な画像生成が可能なDPMSolverMultistepScheduler[34]を使用しています。

In [1]

```
from diffusers import (
    DPMSolverMultistepScheduler,
    StableDiffusionPipeline,
)

model_id = "stabilityai/stable-diffusion-2-base"

pipe = StableDiffusionPipeline.from_pretrained(
    model_id, torch_dtype=dtype, variant=variant
)

pipe.scheduler = DPMSolverMultistepScheduler.from_config(
    pipe.scheduler.config
)
pipe = pipe.to(device)
```

SD v1のパイプラインと同様、以下のようにすると画像を生成できます。

---

33 https://github.com/py-img-gen/python-image-generation/blob/main/notebooks/4-5_stable-diffusion-v2.ipynb
34 https://huggingface.co/docs/diffusers/api/schedulers/multistep_dpm_solver#diffusers.DPMSolverMultistepScheduler[Lu et al., 2022]

In [2]

```
prompt = "High quality photo of an astronaut riding a horse in space"

image = pipe(
    prompt,
    num_inference_steps=25,
    generator=torch.manual_seed(seed)
).images[0]
image
```

SD v2によるInpainting

この例でもSD v1と同様、StableDiffusionInpaintPipeline[35]に事前学習済みモデルを読み込みます。ここではSD v2のInpaintingモデルであるstabilityai/stable-diffusion-2-inpainting[36]を指定します。

In [3]

```
from diffusers import StableDiffusionInpaintPipeline

model_id = "stabilityai/stable-diffusion-2-inpainting"

pipe = StableDiffusionInpaintPipeline.from_pretrained(
    model_id, torch_dtype=dtype, variant=variant
)

pipe.scheduler = DPMSolverMultistepScheduler.from_config(
    pipe.scheduler.config
)
pipe = pipe.to(device)
```

35 https://hf.co/docs/diffusers/api/pipelines/stable_diffusion/inpaint#diffusers.StableDiffusionInpaintPipeline
36 https://huggingface.co/stabilityai/stable-diffusion-2-inpainting

Inpaintingのためのサンプル画像を取得します。ここではLDMのレポジトリで公開されている画像とマスク画像をダウンロードして使用します。プロンプトにはマスク領域のInpainting内容を指示するテキストを指定します。

上記で準備した画像、マスク画像、プロンプトを用いてInpaintingを行います。最後にオリジナルの画像、マスク画像、生成結果を並べて表示します。

In [4]

```
from diffusers.utils import load_image, make_image_grid

img_url = "https://raw.githubusercontent.com/CompVis/latent-
diffusion/main/data/inpainting_examples/overture-creations-
5sI6fQgYIuo.png"
mask_url = "https://raw.githubusercontent.com/CompVis/latent-
diffusion/main/data/inpainting_examples/overture-creations-
5sI6fQgYIuo_mask.png"

init_image = load_image(img_url).resize((512, 512))
mask_image = load_image(mask_url).resize((512, 512))

prompt = (
    "Face of a yellow cat, high resolution, sitting on a park
bench"
)

image = pipe(
    prompt=prompt,
    image=init_image,
    mask_image=mask_image,
    num_inference_steps=25,
    generator=torch.manual_seed(seed),
).images[0]

make_image_grid([init_image, mask_image, image], rows=1, cols=3)
```

SD v2によるSuper resolution

入力画像を高解像度化するSuper resolutionの実装例を示します。実行にはStableDiffusionUpscalePipeline[37]を用い、事前学習済みモデルを読み込みます。ここではSD v2のSuper resolutionモデルであるstabilityai/stable-diffusion-x4-upscaler[38]を指定します。

In [5]
```
from diffusers import StableDiffusionUpscalePipeline

model_id = "stabilityai/stable-diffusion-x4-upscaler"

pipe = StableDiffusionUpscalePipeline.from_pretrained(
    model_id, torch_dtype=dtype, variant=variant
)
pipe = pipe.to(device)
```

Super resolutionのサンプル画像を以下のようにしてダウンロードし、低解像度にするため128 × 128サイズに縮小しています。その後プロンプトにSuper resolutionを行う内容を指定してパイプラインを実行します。生成結果である高解像度画像は1024 × 1024サイズになっていますが、低解像度と高解像度画像を並べて表示するため、それぞれを512 × 512にリサイズして表示します。低解像度画像に比べて高解像度画像では細部がより鮮明であることが確認できます。

In [6]
```
url = "https://hf.co/datasets/hf-internal-testing/diffusers-images/resolve/main/sd2-upscale/low_res_cat.png"
low_res_img = load_image(url)
low_res_img = low_res_img.resize((128, 128))

prompt = "a white cat"

upscaled_image = pipe(
    prompt=prompt,
```

37 https://hf.co/docs/diffusers/main/en/api/pipelines/stable_diffusion/upscale#diffusers.StableDiffusionUpscalePipeline
38 https://huggingface.co/stabilityai/stable-diffusion-x4-upscaler

```
    image=low_res_img,
    generator=torch.manual_seed(seed),
).images[0]

images = [
    low_res_img.resize((512, 512)),
    upscaled_image.resize((512, 512)),
]
make_image_grid(images, rows=1, cols=2)
```

SD v2によるDepth-to-Image

深度マップ（**Depth Map**）を考慮したDepth-to-Imageは、SD v2から導入された新機能です。この機能はStableDiffusionDepth2ImgPipeline[39]に事前学習済みモデルを読み込むことで利用できます。ここではstabilityai/stable-diffusion-2-depth[40]を指定してパイプラインを用意します。

In [7]

```
from diffusers import StableDiffusionDepth2ImgPipeline

model_id = "stabilityai/stable-diffusion-2-depth"
pipe = StableDiffusionDepth2ImgPipeline.from_pretrained(
    model_id, torch_dtype=dtype, variant=variant
)
pipe = pipe.to(device)
```

サンプルとなる2匹の猫の画像をダウンロードします。この画像に対してDepth-to-Imageパイプラインを使用してプロンプトに指定したような2匹の虎になるように画像生成を行います。StableDiffusionDepth2ImgPipelineでは内部で入力画像の深度マップを推定し、その結果をもとに画像を生成します。プロンプトに指定した通り、2匹の猫が虎になった画像が生成されます。

39 https://hf.co/docs/diffusers/main/en/api/pipelines/stable_diffusion/depth2img#diffusers.StableDiffusionDepth2ImgPipeline
40 https://huggingface.co/stabilityai/stable-diffusion-2-depth

In [8]

```
url = "http://images.cocodataset.org/val2017/000000039769.jpg"
init_image = load_image(url)

prompt = "two tigers"
negative_prompt = "bad, deformed, ugly, bad anotomy"

image = pipe(
    prompt=prompt,
    image=init_image,
    negative_prompt=negative_prompt,
    strength=0.7,
).images[0]
make_image_grid([init_image, image], rows=1, cols=2)
```

第6節 Stable Diffusion XL

SDXL(**Stable Diffusion XL**)[Podell et al., 2024]は、これまでのモデルに対して大幅にパラメータ数を増やしたText-to-Imageモデルです。2023年の4月に、まず3.1B[41]パラメータを有するベータ版がリリースされました[42]。その後、SDXL 0.9が、3.5Bパラメータに加え、6.6Bパラメータを持つ複数モデルを束ねるアンサンブルという手法を活用したパイプラインが公開されました[43]。これらの公開後も改良が重ねられ、正式版であるSDXL 1.0は2023年7月26日に正式にリリースされました[44]。

SDXLの技術的な特徴は以下の3つが中心になっています。

- U-Netのパラメータ数がオリジナルのStable Diffusionよりも3倍大きくなっており、さらにオリジナルのText Encoderに加えてパラメータ数が多いOpenCLIPのText Encoder（ViT-bigG/14）を組み合わせることでパラメータ数を増化すると、スケーリング則に伴ってより高品質な画像生成が可能
- 入力画像のサイズ情報とクロップ情報をもとにした条件付けを導入することで、訓練データとして使用されない部分についても考慮される。これにより生成された画像がどのようにクロップされるべきかを制御可能
- SDXLは図4-15に示すような2段階のモデルパイプラインを採用している。ベースモデル（単体で動作可能）が画像を生成し、それを入力としてRefinerモデルによって追加で詳細な描画結果が提供される。Refinerによって得られた潜在表現に対してSDEditと呼ばれる確率微分方程式に従った編集手法を適用することで生成性能を向上させている

41 B = billion = 10億
42 Stable Diffusion XL Beta Available for API Customers and DreamStudio Users(https://stability.ai/news/stable-diffusion-xl-beta-available-for-api-customers-and-dreamstudio-users)
43 Stability AI launches SDXL 0.9: A Leap Forward in AI Image Generation — Stability AI：https://stability.ai/news/sdxl-09-stable-diffusion
44 Announcing SDXL 1.0 — Stability AI：https://stability.ai/news/stable-diffusion-sdxl-1-announcement

図4-15 SDXLのモデル構造。[Podell et al., 2024]を参考に作成。SDXLはプロンプトと128×128サイズの潜在表現から同じサイズの潜在表現を生成する。その後潜在表現とプロンプトをRefinerに入力し、得られた潜在表現に対してSDEditを適用、最後にVAE Decoderを使用して最終的な画像を得る構成となっている。

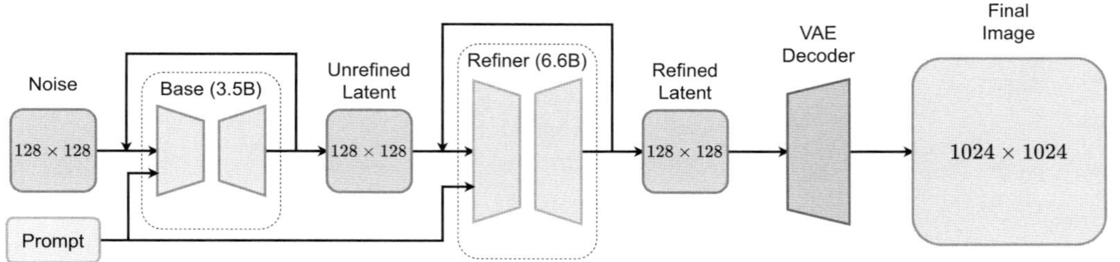

2023年4月13日のSDXLのベータ版リリース以来、Discordコミュニティでは約7,000人以上のユーザーがSDXLによる画像生成を試しており、1日平均20,000枚以上、700,000枚以上の画像が作成されたと報告されています。なお、SDXL v0.9は非商用、研究専用ライセンス、SDXL 1.0はCreative ML OpenRAIL-Mライセンスを踏襲したCreativeML OpenRAIL++-Mライセンス[45]でリリースされていることに注意してください。

SDXLの実装

ではpython-image-generation/notebooks/4-6_stable-diffusion-xl.ipynb[46]を開いてください。以下、SDXLを用いた画像生成の実装例を示します。ここではSDXLによるText-to-Image、Image-to-Image、Inpainting、そしてSuper resolutionの方法を示します。

SDXLによるText-to-Image

SDXLでは`StableDiffusionXLPipeline`[47]を用いて事前学習済モデルを読み込みます。SDXLは`stabilityai/stable-diffusion-xl-base-1.0`[48]を指定することで読み込みます。後はこれまでのパイプライン同様、プロンプトを指定して画像を生成できます。

45 CreativeML OpenRAIL++-M ライセンス：https://github.com/Stability-AI/generative-models/blob/main/model_licenses/LICENSE-SDXL1.0
46 https://github.com/py-img-gen/python-image-generation/blob/main/notebooks/4-6_stable-diffusion-xl.ipynb
47 https://hf.co/docs/diffusers/api/pipelines/stable_diffusion/stable_diffusion_xl#diffusers.StableDiffusionXLPipeline
48 https://hf.co/stabilityai/stable-diffusion-xl-base-1.0

In [1]

```
from diffusers import StableDiffusionXLPipeline

pipe_t2i = StableDiffusionXLPipeline.from_pretrained(
    "stabilityai/stable-diffusion-xl-base-1.0",
    torch_dtype=dtype,
    variant=variant,
    use_safetensors=True,
)
pipe_t2i = pipe_t2i.to(device)

prompt = "Astronaut in a jungle, cold color palette, muted colors, detailed, 8k"
image = pipe_t2i(
    prompt=prompt, generator=torch.manual_seed(seed)
).images[0]
image
```

SDXLによるImage-to-Image

Image-to-Image生成では、StableDiffusionXLImg2ImgPipeline[49]を利用します。Text-to-Imageのパイプラインと大部分が同じため、今回はそのパイプラインを使ってImage-to-Imageのパイプラインを構成してみます。具体的には以下のようにfrom_pipe関数を使います。このようにすることで、事前学習済みモデルを読み込む際、追加のVRAMを消費しないようにできます。なお、これまで通り、stabilityai/stable-diffusion-xl-refiner-1.0[50]を指定してfrom_pretrained関数で事前学習済みモデルを読み込むことができます。詳しくはStableDiffusionXLImg2ImgPipelineのドキュメントを参照してください[51]。

49 https://hf.co/docs/diffusers/api/pipelines/stable_diffusion/stable_diffusion_xl#diffusers.StableDiffusionXLImg2ImgPipeline
50 https://huggingface.co/stabilityai/stable-diffusion-xl-refiner-1.0
51 Stable Diffusion XL：https://hf.co/docs/diffusers/api/pipelines/stable_diffusion/stable_diffusion_xl#diffusers.StableDiffusionXLImg2ImgPipeline.__call__.example

In [2]

```
from diffusers import StableDiffusionXLImg2ImgPipeline
from diffusers.utils import load_image, make_image_grid

# use from_pipe to avoid consuming additional memory when loading a checkpoint
pipe_i2i = StableDiffusionXLImg2ImgPipeline.from_pipe(pipe_t2i)
pipe_i2i = pipe_i2i.to(device)

init_image = load_image(
    "https://hf.co/datasets/huggingface/documentation-images/resolve/main/diffusers/sdxl-text2img.png"
)
prompt = "a dog catching a frisbee in the jungle"

image = pipe_i2i(
    prompt,
    image=init_image,
    strength=0.8,
    guidance_scale=10.5,
    generator=torch.manual_seed(seed),
).images[0]

make_image_grid([init_image, image], rows=1, cols=2)
```


SDXLによるInpainting

Inpaintingでは、StableDiffusionXLInpaintPipeline[52]を利用します。ここでも上記のImage-to-Image生成と同様に、from_pipe関数を使ってInpaintingのパイプラインを構成します。なお、stabilityai/stable-diffusion-xl-base-1.0を指定してfrom_pretrained関数で事前学習済みモデ

52 https://huggingface.co/docs/diffusers/api/pipelines/stable_diffusion/stable_diffusion_xl#diffusers.StableDiffusionXLInpaintPipeline

ルを読み込むことができます[53]。

In [3]

```
from diffusers import StableDiffusionXLInpaintPipeline

# use from_pipe to avoid consuming additional memory when loading a checkpoint
pipe = StableDiffusionXLInpaintPipeline.from_pipe(pipe_t2i)
pipe = pipe.to(device)

init_image = load_image(
    "https://hf.co/datasets/huggingface/documentation-images/resolve/main/diffusers/sdxl-text2img.png"
)
mask_image = load_image(
    "https://hf.co/datasets/huggingface/documentation-images/resolve/main/diffusers/sdxl-inpaint-mask.png"
)

prompt = "A deep sea diver floating"
image = pipe(
    prompt=prompt,
    image=init_image,
    mask_image=mask_image,
    strength=0.85,
    guidance_scale=12.5,
    generator=torch.manual_seed(seed),
).images[0]

make_image_grid([init_image, mask_image, image], rows=1, cols=3)
```

53 Stable Diffusion XL：https://hf.co/docs/diffusers/api/pipelines/stable_diffusion/stable_diffusion_xl#diffusers.StableDiffusionXLInpaintPipeline.__call__.example

SDXLによるSuper resolution

SDXLは、より高画質な画像を生成可能なRefinerモデルを有しています。Super resolutionではこのRefinerを有効活用し、ベースとなる潜在表現を洗練させて、その潜在表現から高解像度画像を生成します。このような構成は、粗く生成するモデルと細かく生成するモデル、それぞれの専門性を持ったDenoiserの集まりということで**Ensemble of Expert Denoisers**[Balaji et al., 2022]と呼ばれています。このようなEnsemble of Expert Denoisersでは潜在表現をやり取りするため、ベースモデルで生成した画像をRefinerモデルに渡してSuper resolutionを行うのと比べて、全体的な逆拡散過程のステップ数が少なくなり、生成速度が大幅に改善します。

以下、SDXLのEnsemble of Expert DenoisersによるSuper resolutionの例を示します。まずはベースのパイプランとなるStableDiffusionXLPipelineをstabilityai/stable-diffusion-xl-base-1.0を指定して読み込みます。次にRefinerとしてStableDiffusionXLImg2ImgPipelineをstabilityai/stable-diffusion-xl-refiner-1.0を指定して読み込みます。ここでtext_encoder_2の引数にベースのText Encoderであるbase.text_encoder_2を指定していることに注意してください。

In [4]

```
import torch
from diffusers import DiffusionPipeline

base = StableDiffusionXLPipeline.from_pretrained(
    "stabilityai/stable-diffusion-xl-base-1.0",
    torch_dtype=dtype,
    variant=variant,
    use_safetensors=True,
)
base = base.to(device)

refiner = StableDiffusionXLImg2ImgPipeline.from_pretrained(
    "stabilityai/stable-diffusion-xl-refiner-1.0",
    text_encoder_2=base.text_encoder_2,
    vae=base.vae,
    torch_dtype=dtype,
    use_safetensors=True,
    variant=variant,
```

```
)
refiner = refiner.to(device)
```

特に工夫なくEnsemble of Expert Denoisersによる生成を実施すると、ベースモデルが出力する潜在表現にまだ多くのノイズが含まれてしまいます。この問題に対して、ベースモデルはノイズが多い拡散過程を専門として担当し、Refinerモデルはノイズが少ない拡散過程を専門として担当することで解決を図ります。

具体的には各モデルにおいて実行するタイムステップを調整します。ベースモデルの場合はdenoising_endで、Refinerモデルの場合はdenoising_startで指定します。ここでは、ベースモデルにおいてノイズが多いと考えられる拡散過程の最初の80%を示すdenoising_end=0.8を指定し、Refinerモデルではノイズが少なくなっていると考えられる最後の20%を示すdenoising_start=0.8を指定しています。なお、ベースモデルの出力は潜在表現にする必要があるため、output_type="latent"を指定しています。

In [5]

```
prompt = "A majestic lion jumping from a big stone at night"

base_image = base(
    prompt=prompt,
    num_inference_steps=40,
    denoising_end=0.8,
    generator=torch.manual_seed(seed),
).images[0]

base_latent_image = base(
    prompt=prompt,
    num_inference_steps=40,
    denoising_end=0.8,
    output_type="latent",
    generator=torch.manual_seed(seed),
).images[0]

refined_image = refiner(
```

```
    prompt=prompt,
    num_inference_steps=40,
    denoising_start=0.8,
    image=base_latent_image,
    generator=torch.manual_seed(seed),
).images[0]

make_image_grid([base_image, refined_image], rows=1, cols=2)
```

第7節 Stable Diffusion v3

Stable Diffusion v3（**SD v3**）[Esser et al., 2024]は、Stable Diffusionシリーズとして Stability.AI社が継続的に開発を進めた成果として発表された2025年現在最新のText-to-Imageモデルです。複数の対象を含むプロンプトへの対応力、画像品質、および画像中に文字を描画するスペル能力が大幅に向上しており、最も高性能なモデルとして位置付けられています。SD v3はSD v1、v2と同様に、Image Encoder、Text Encoder、Denoiser、Noise Scheduler、Image Decoderから構成されます。新しい点はDenoiserにマルチモーダル化したDiTアーキテクチャを採用し、Noise Schedulerとして**フローマッチング**（**Flow Matching**）[Lipman et al., 2023]を導入した点です。これらの要素を組み合わせたパラメータ数の異なる800Mから8Bまでのモデルが訓練されています[54]。

図4-16 SD v3 8B モデルにおける生成例。[Esser et al., 2024]より引用。「画像中に忠実に文字を反映する」など、プロンプトに対する忠実度がSD v1やSD v2よりも向上しており、バラエティに富んだ画像を生成可能になっている。

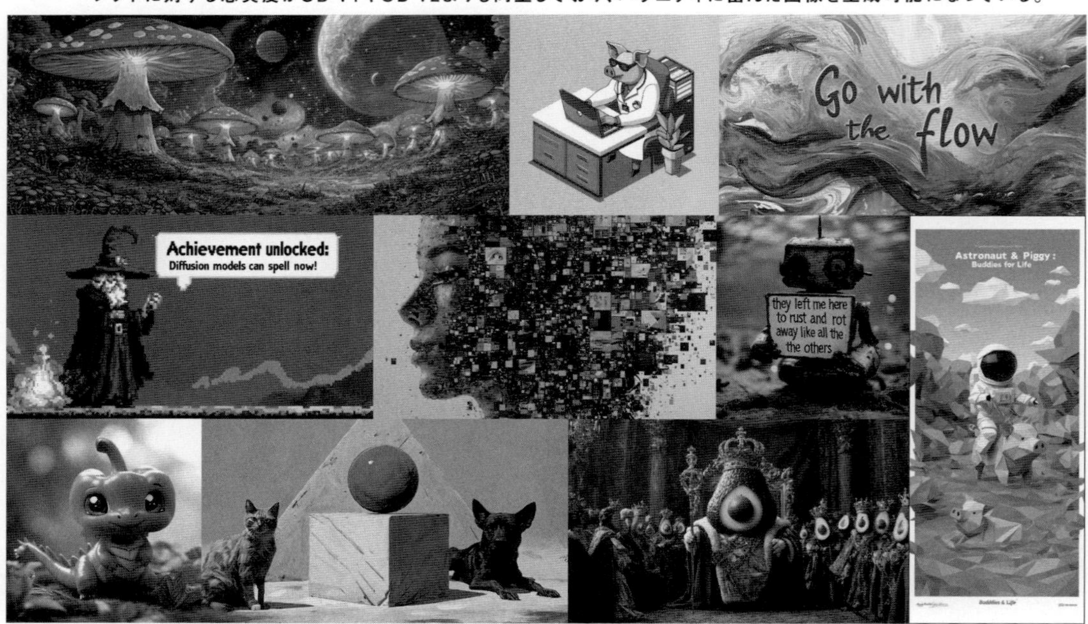

SD v3の中核を成すアーキテクチャは、図4-17、図4-18に示す通り**MM-DiT**（**Multimodal Diffusion Transformer**）です。MM-DiTの基盤となっているのは、Peeblesら[Peebles and Xie, 2023]

54 SD v3については著者の解説スライドも合わせて参考にしてください。「Scaling Rectified Flow Transformers for High-Resolution Image Synthesis / Stable Diffusion 3 - Speaker Deck」：https://speakerdeck.com/shunk031/stable-diffusion-3

によって提案された**DiT**(**DiffusionTransformer**)です。DiTは特に高品質な画像生成を目的としたTransformerベースのアーキテクチャで、従来のU-Netアーキテクチャとは異なり、より高次元の特徴抽出とノイズからデータへの変換を実現します。これにより、テキストと画像の統合処理がより効果的に行えます。また、SD v3は3つのText Encoderから構成されており、それぞれ**CLIP**(openai/clip-vit-large-patch14)と**OpenCLIP**(laion/CLIP-ViT-bigG-14-laion2B-39B-b160k53[55])、そして**T5-XXL**(google/t5-v1_1-xxl[56])を使用しています。訓練時にランダムにT5-XXLによるテキスト特徴を使用しない学習を採用することで、推論時にT5-XXLを使用しなくても高品質な画像生成が可能になっています。

図4-17 SD v3のモデル構造の概要(全体図)。[Esser et al., 2024]を参考に作成。

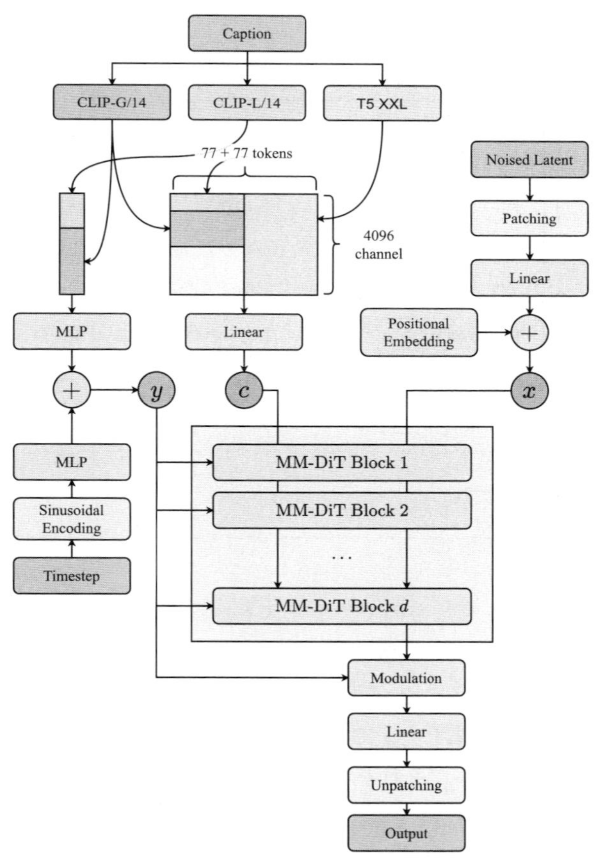

55 https://hf.co/laion/CLIP-ViT-bigG-14-laion2B-39B-b160k
56 https://hf.co/google/t5-v1_1-xxl

図4-18 SD v3のモデル構造の概要（MM-DiTブロック）。[Esser et al., 2024]を参考に作成。⊙はconcat操作、＊は要素積を表している。QとKに対するRMSNormは学習を安定させるために導入されている。

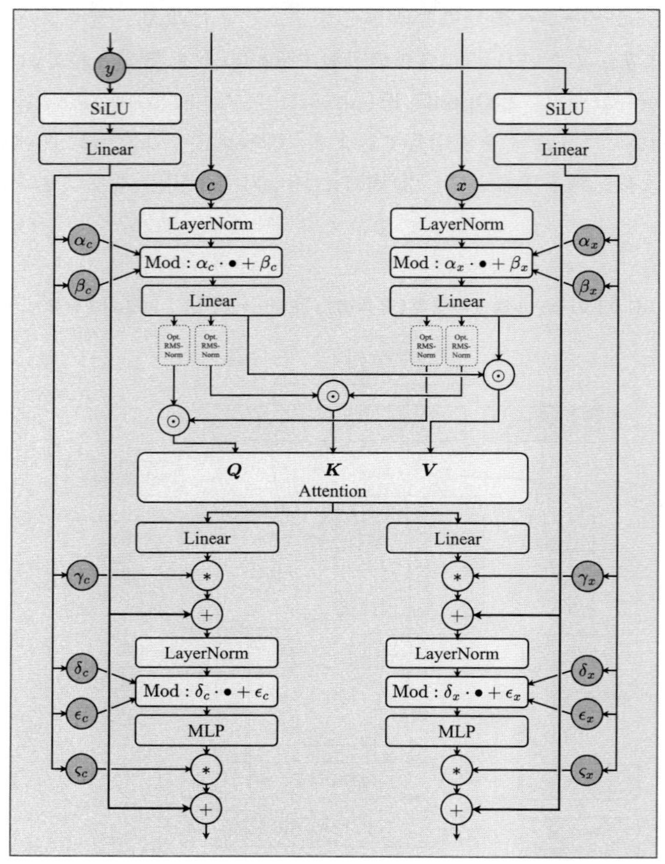

MM-DiTは、DiTをさらに発展させたもので、テキストと画像の両方のモダリティを効果的に処理するために設計されています。従来の拡散モデルで使用されていたU-Netは、Encoder-Decoder構造によって画像の高次特徴を捉えることが可能でした。しかし、テキスト情報の統合には追加モジュールが必要という制限がありました。これに対し、MM-DiTはテキストと画像の各モダリティに対して独立したパラメータを用い、それぞれ最適化された埋め込みを学習します。また、従来の畳み込み層やプーリング層による特徴抽出に代えて注意機構を採用しています。この仕組みにより、各モダリティに対するより深い理解と統合を実現されています。さらにこの設計思想により、将来的には動画などの他のモダリティへの拡張も容易になっています。

Flow Matchingは、拡散モデルの訓練と推論において、データとノイズの間の関係を最適化する手法です。図4-19に示すように、訓練時にデータとノイズを線形の軌跡で接続することで、推論経路を直線化します。この直線を補完することで、少ないステップでのサンプリングを可能にします。SD v3では、このFlow Matchingを発展させた**整流フロー**(**Rectified Flow**)[Liu et al., 2023b][Albergo and Vanden-Eijnden, 2023][Lipman et al., 2023]アプローチを採用しています。特に、**再重み付け整流フロー**(**Re-weighted Rectified Flow**)[Esser et al., 2024]という新しい軌跡サンプリングスケジュールを導入しています。この手法では、訓練時にデータとノイズをつなげる中間部分により大きな重みを付与してサンプリングします。これにより、より難しいサンプルにおける生成に対応し、生成性能を一貫して向上させました。このアプローチによって従来の拡散モデル（LDM、**EDM**(**Elucidating the Design Space of Diffusion-Based Generative Model**)[Karras et al., 2022]、ADMなど）と比較して、より効率的なサンプリングを実現しています。

図4-19　拡散過程とFlow Matchingの比較。拡散過程では、データに徐々にノイズを付与していき最終的にノイズとなるような軌道を学習する一方で、Flow Matchingでデータからノイズへの効率的な軌道を学習する。一番効率の良い軌道はデータからノイズを直線で結んだベクトルを学習する。推論時には、学習されたベクトルを逆方向にしたものを用いてサンプリングする。直線的な軌道を学習しているため、中間的なステップを飛ばして少ステップで生成が可能になる。

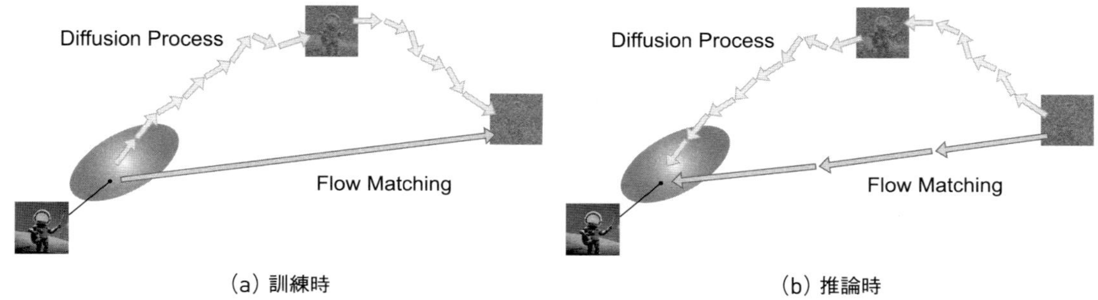

(a) 訓練時　　(b) 推論時

図4-20はPartiPrompts[Yu et al., 2022]を用いてSD v3の出力画像を他の最先端モデル（DALL-E 3、Midjourney v6、Ideogram[57]v1など）と比較し、人間のフィードバックに基づいて評価した結果です。評価項目はプロンプトの遵守、タイポグラフィー、および視覚的審美性です。評価結果から、SD v3はすべての評価項目で現在の最先端モデルと同等か、それを上回るパフォーマンスを発揮していることが確認されています。

57　Ideogram：https://ideogram.ai/

図4-20 PartiPromptsクローズドおよびオープンな最先端の生成画像モデルにおける人間の好みの評価。[Esser et al., 2024]より引用。SD v3 8Bモデルは、視覚品質、プロンプトの順守、タイポグラフィ生成の各カテゴリーにおけるPartiPromptsで評価した場合、現在の最先端のText-to-Imageモデルと比較して良好な結果を示している。

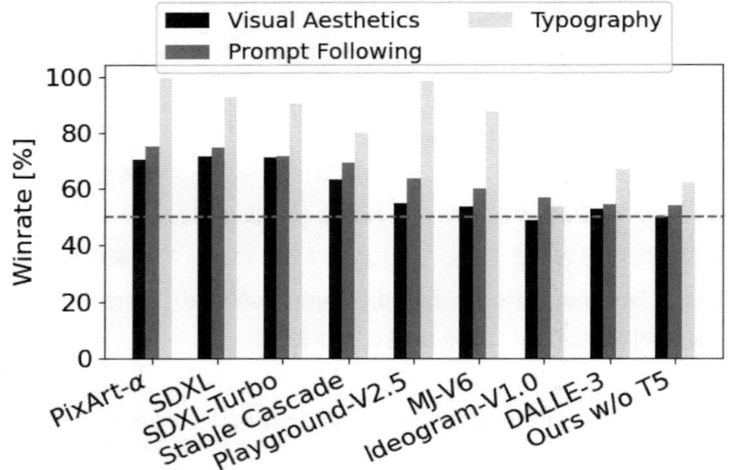

SD v3の開発では、MM-DiTと再重み付け整流フローを組み合わせたText-to-Imageタスクにおけるスケーリング則の包括的な調査が行われました。図4-21に示される検証結果によると、学習回数とモデルサイズの増加に伴い、検証損失が一貫して滑らかに減少することが確認されています。さらに、パラメータ数が大きいT5-XXL Text Encoderを使用しない場合でも、生成性能を維持しながら大幅にVRAM使用量を削減できることが実証されています。

この方法により、コンシューマー向けのGPUでも高品質な画像生成が可能になり、より多くのユーザがSD v3を活用できるようになっています。

図4-21 SD v3画像生成モデルにおけるスケーリング則の検証。[Esser et al., 2024] より引用。

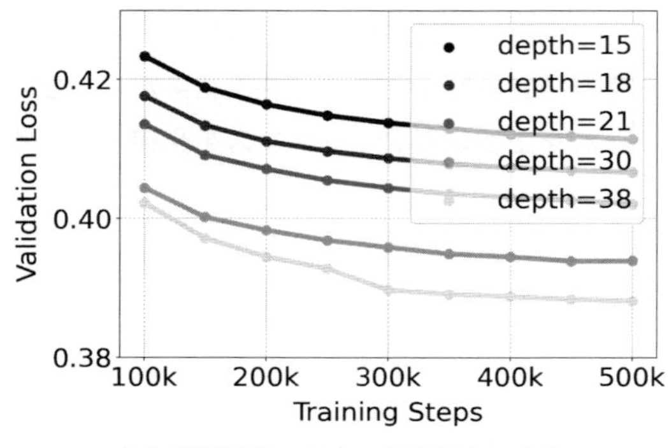

(a) 学習回数に対する検証損失の変化

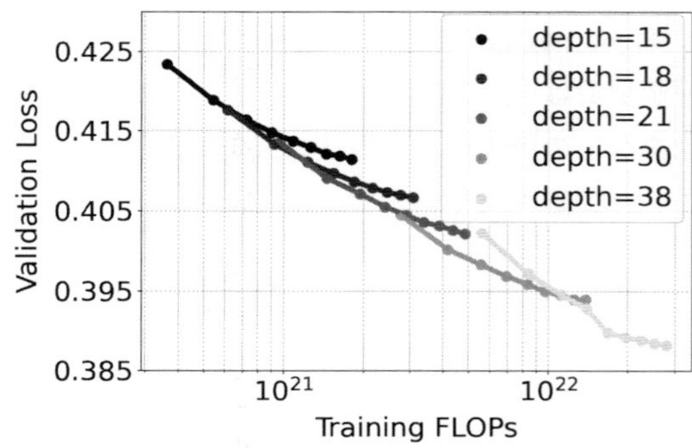

(b) モデルサイズに対する検証損失の変化

なお、SD v3 medium[Esser et al., 2024]は**Stability Non-Commercial Research Community**ライセンス[58]のもとでリリースされていることに注意してください。商用に大規模に利用するユーザーや企業で利用する場合、Stability.AI社に連絡の上、エンタープライズ用ライセンスの取得が必要になります。

SD v3の実装

ではpython-image-generation/notebooks/4-7_stable-diffusion-v3.ipynb[59]を開いてください。以下、SD v3を用いた画像生成の実装例を示します。あらかじめ図4-22に示される同意画面を確認し、必要事項を入力してください。

図4-22 SD v3 mediumをHugging Faceからダウンロードするための利用規約の同意画面（2024年8月現在）。https://hf.co/stabilityai/stable-diffusion-3-mediumへアクセスし必要事項を記入し、「Agree and access repository」をクリックする。

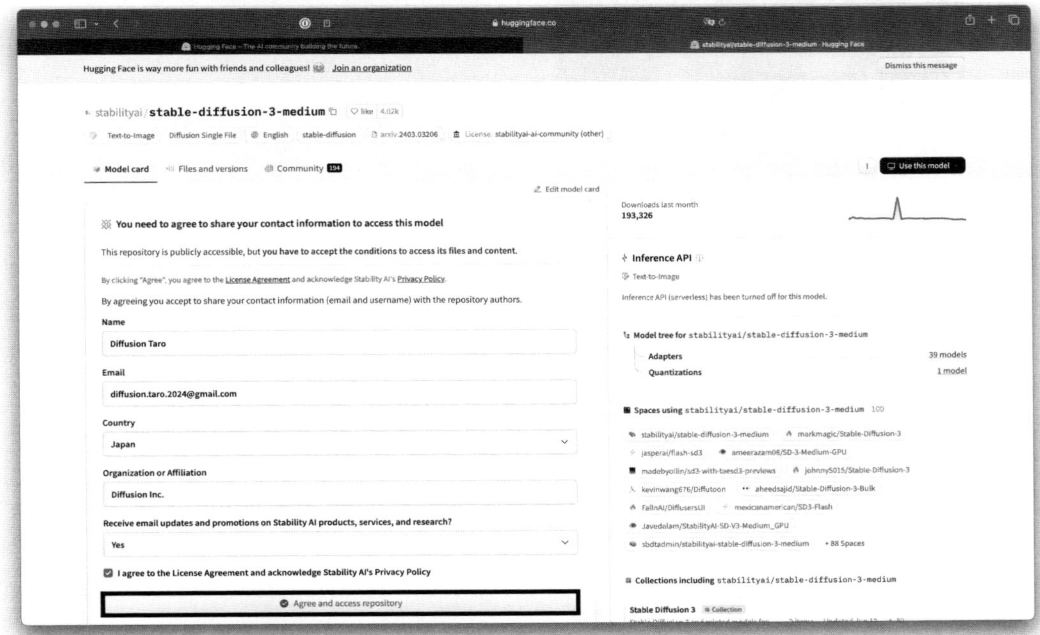

58 Stability Non-Commercial Research Community ライセンス：https://hf.co/stabilityai/stable-diffusion-3-medium
59 https://github.com/py-img-gen/python-image-generation/blob/main/notebooks/4-7_stable-diffusion-v3.ipynb

図4-23 利用規約に同意後、SD v3 mediumがダウンロード可能な状態になる。

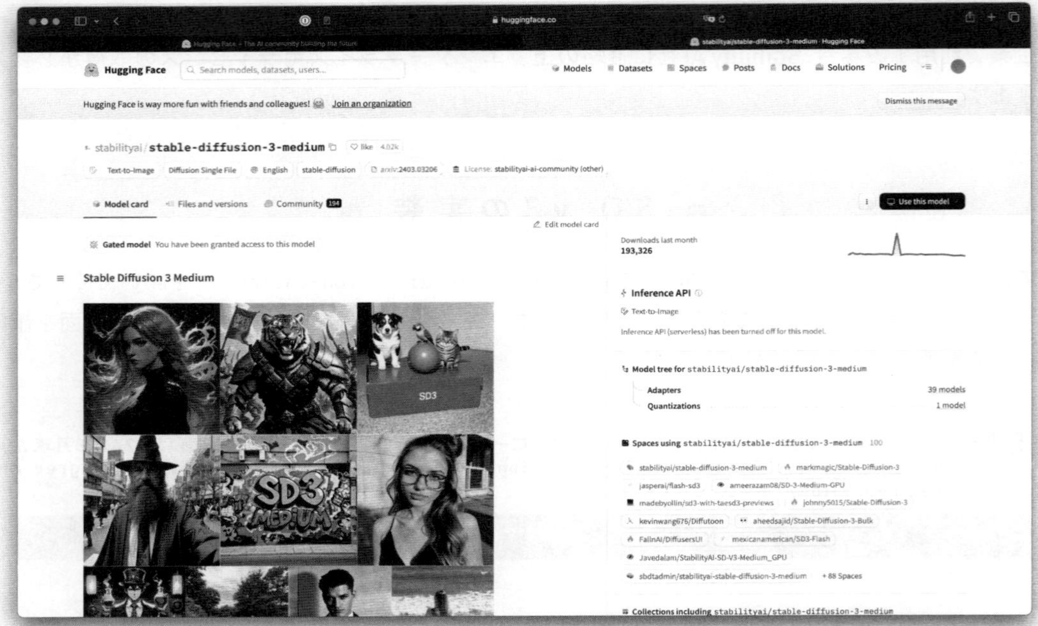

In [1]

```
from huggingface_hub import notebook_login

notebook_login()
```

SD v3によるText-to-Image

SD v3ではSD v1およびSD v2とは異なり、StableDiffusion3Pipeline[60]を用いて事前学習済みモデルを読み込みます。これは今までのStable Diffusionとは異なるモデルアーキテクチャを採用しているからです。ここではmodel_idとしてstabilityai/stable-diffusion-3-medium-diffusers[61]を指定して読み込みます。

60 https://hf.co/docs/diffusers/api/pipelines/stable_diffusion/stable_diffusion_3#diffusers.StableDiffusion3Pipeline
61 https://hf.co/stabilityai/stable-diffusion-3-medium-diffusers[Gugger et al., 2022]

```
from diffusers import StableDiffusion3Pipeline

model_id = "stabilityai/stable-diffusion-3-medium-diffusers"

pipe = StableDiffusion3Pipeline.from_pretrained(
    model_id, torch_dtype=dtype
)
pipe = pipe.to(device)
```

プロンプトと推論ステップ、生成画像のサイズとCFGのガイダンススケールを指定します。SD v3の特性として、指定した文字を生成画像に描画できます。ここでは「hello world」の文字列を生成画像内に描画するように指定しています。SD v3ではノイズとデータを直線で結ぶFlow Matchingを採用しているため、50ステップ程度を要するSD v1およびSD v2と比較して、30ステップ弱と少ないステップ数で画像を生成できます。

```
prompt = "a photo of a cat holding a sign that says hello world"
negative_prompt = ""

num_inference_steps = 28
width, height = 1024, 1024
guidance_scale = 7.0
```

では実際にSD v3を用いて画像生成を行います。プロンプトに指定した通りの猫や文字が描画されているでしょうか？ また、プロンプトに指定する文字をより長い文で指定した場合にどのようになるでしょうか？ 生成結果を確認してみましょう。現在のところ短い英文ではかなりの割合で正確に描画できますが、より長い文や英文以外の描画に失敗する傾向にあります。

```
image = pipe(
    prompt=prompt,
    negative_prompt=negative_prompt,
```

```
        num_inference_steps=num_inference_steps,
        width=width,
        height=height,
        guidance_scale=guidance_scale,
        generator=torch.manual_seed(seed),
    ).images[0]

image
```

次の実装に取り組む前に、ノートブックに示したとおり、VRAMを解放する処理を実行しておきます。

CPU Offloadingを使用した推論

SD v3は拡散過程を担うパラメータ数の多いDiTに加えて、3つのText Encoderを使用します。したがって、これまでのStable Diffusionと比べるとVRAMの使用量が格段に増加しており、Colabを含む一般的なGPUではVRAM不足のために動作が難しい場合があります。そのため、パイプラインを`pipe.to("cuda")`などでGPUへ直接移動する代わりに、`pipe.enable_model_cpu_offload()`を用いて、各Stable DiffusionのコンポーネントをCPU必要なタイミングでGPUへ移動する**CPU Offloading**機能[62]を有効化します。

SD v3をはじめ、拡散モデルをもとにしたText-to-Imageモデルは、推論時に複数のコンポーネントを使用しており、それらが順次実行されます。具体的にはText Encoderによるテキスト条件の抽出、それを用いたDenoiser（例：U-NetやDiT）によるノイズ除去、そしてVAEによる潜在表現のデコードといった流れがあります。これらのコンポーネントは推論時にそれぞれ一度だけ実行されるため、VRAMを常に専有する必要はありません。`enable_model_cpu_offload`を使用することで、各コンポーネントが必要なときだけVRAMに読み込まれるようになり、推論速度を大幅に減速させることなく、メモリ消費を大きく抑えることができます[63]。

In [5]

```
pipe_offload = StableDiffusion3Pipeline.from_pretrained(
    model_id, torch_dtype=dtype
```

---

62 https://hf.co/docs/diffusers/optimization/memory#cpu-offloading

63 ここで注意ですが、`enable_model_cpu_offload()`を実行するときは`to("cuda")`を使って手動でパイプラインをGPUへ移動させないでください。CPU Offloadingが有効になると、パイプラインが自動でGPUへコンポーネントを移動させるためです。

```
)
pipe_offload.enable_model_cpu_offload()
```

CPU Offloadingを使用している場合も、先ほどと同様にパイプラインを用いて画像生成が可能です。生成結果を確認してみましょう。

In [6]

```
image_offload = pipe_offload(
    prompt=prompt,
    negative_prompt=negative_prompt,
    num_inference_steps=num_inference_steps,
    width=width,
    height=height,
    guidance_scale=guidance_scale,
    generator=torch.manual_seed(seed),
).images[0]

image_offload
```

ここでも次の実装に取り組む前に、VRAMを解放する処理を実行しておきます。

T5-XXLを使用しない推論

CPU Offloadingを使用することでGPUのVRAMを削減できましたが、さらに削減する手段の1つとしてT5-XXLの使用を避ける方法があります。T5-XXLはSD v3のパラメータの大部分を有しているため、これの使用を避ければ大幅なVRAMの削減につながります。なお、SD v3はランダムにT5-XXLの結果を使用しないようにして学習しているため、推論時にT5-XXLを使用しなくても十分な性能が得られることを確認していきます。

T5-XXLを使用しないようにするには、T5-XXLに対応するtext_encoder_3とtokenizer_3を指定せずにStableDiffusion3Pipelineを使用します。

In [7]

```
pipe_wo_t5 = StableDiffusion3Pipeline.from_pretrained(
    model_id,
```

```
    text_encoder_3=None,
    tokenizer_3=None,
    torch_dtype=dtype
)
pipe_wo_t5 = pipe_wo_t5.to(device)
```

さて、T5-XXLを使用しないで画像を生成してみましょう。これまでと同じプロンプトで実行します。生成結果はどのようになったでしょうか？ テキストは適切に描画できたでしょうか？ T5-XXLを使用しない場合でも、指定したテキストを描画できていることがわかります。なおT5-XXLを使用すると、画風に合ったスタイルで文字が描画されますが、使用しない場合はゴシック体のような形で描画されていることが確認できます。

In [8]

```
image_wo_t5 = pipe_wo_t5(
    prompt=prompt,
    negative_prompt=negative_prompt,
    num_inference_steps=num_inference_steps,
    width=width,
    height=height,
    guidance_scale=guidance_scale,
    generator=torch.manual_seed(seed),
).images[0]

image_wo_t5
```

量子化したT5-XXLを使用した推論

さらにT5-XXLに着目して、このText Encoderのパラメータを**量子化**（**Quantize**）することでVRAMを削減する方法を紹介します。ここではbitsandbytes[64]というライブラリを使用して通常32-bitのパラメータを8-bitへ変換します。

深層学習における量子化とは、ニューラルネットワークの中で繰り返し行われる計算において、

64 bitsandbytes-foundation/bitsandbytes：https://github.com/bitsandbytes-foundation/bitsandbytes

小数点の桁数を丸めて少なくすることで演算負荷を下げる方法です。パラメータ数が増加傾向にある昨今の深層学習技術に対して、限りあるGPUリソースを有効活用する方法として再注目されています。

bitsandbytesによる量子化はBitsAndBytesConfig[65]を通して行います。設定としてload_in_8bit=Trueと指定することで8-bit量子化が簡単に適用できます。T5-XXL読み込み時に、T5EncoderModel[66]に対してこの設定を適用し、その後StableDiffusion3Pipelineを用いてパイプライン全体を読み込みます。

In [9]

```
from transformers import BitsAndBytesConfig, T5EncoderModel

quantization_config = BitsAndBytesConfig(load_in_8bit=True)

text_encoder_quantized = T5EncoderModel.from_pretrained(
    model_id,
    subfolder="text_encoder_3",
    quantization_config=quantization_config,
)
pipe_quantized_t5 = StableDiffusion3Pipeline.from_pretrained(
    model_id,
    text_encoder_3=text_encoder_quantized,
    device_map="balanced",
    torch_dtype=dtype,
)
```

量子化したT5-XXLを用いる場合でも、これまでと同様の手順でパイプラインを利用した画像の生成が可能です。

In [10]

```
image_quantized_t5 = pipe_quantized_t5(
    prompt=prompt,
```

65 https://huggingface.co/docs/transformers/v4.47.1/en/main_classes/quantization#transformers.BitsAndBytesConfig
66 https://huggingface.co/docs/transformers/model_doc/t5#transformers.T5EncoderModel

```
    negative_prompt=negative_prompt,
    num_inference_steps=num_inference_steps,
    width=width,
    height=height,
    guidance_scale=guidance_scale,
    generator=torch.manual_seed(seed),
).images[0]

image_quantized_t5
```

最後に、VRAMを解放する処理を実行しておきます。

生成結果の比較

最後に、SD v3をベースに生成方法を変えた場合の生成結果を比較してみましょう。オリジナルのSD v3で生成した結果と比べて、CPU Offloadingを使用した場合やT5-XXLを量子化した場合の生成結果はどのように異なるでしょうか？ また、T5-XXLを使用しない場合の生成結果はどうなるでしょうか？ さらに、プロンプトを変えたときにどのように変化するかも確認してみましょう。

In [12]

```
import matplotlib.pyplot as plt

images = {
    "Original": image,
    "CPU Offload": image_offload,
    "Without\nT5 encoder": image_wo_t5,
    "Quantized\n T5 encoder": image_quantized_t5,
}

fig, axes = plt.subplots(nrows=1, ncols=len(images), dpi=300)

for i, (k, image) in enumerate(images.items()):
    axes[i].imshow(image)
    axes[i].set_title(k, fontsize=5)
```

```
    axes[i].axis("off")

fig.tight_layout()
```

まとめ

第4章では、現代の画像生成技術の中核を担うStable Diffusionについて、その理論的基盤から実装まで包括的に解説しました。

まずLDMの基礎として、潜在空間での拡散モデルの仕組みを説明し、画像の圧縮表現を用いることで効率的な生成を実現する方法について説明しました。また、テキストと画像の意味的な関連付けを可能にするCLIPについて、その構造と学習方法を詳しく解説しました。

次にStable Diffusionを構成する主要なコンポーネントとして、Text Encoder、U-Net、VAEについて説明しました。各コンポーネントの役割と連携の仕組みを解説し、モデル全体がどのように画像生成を実現しているかを明らかにしました。特にText Encoderによるテキスト理解、U-Netによる潜在空間での拡散過程の制御、VAEによる画像の圧縮と復元という、それぞれの要素技術の重要性について詳しく説明しました。

最後にStable Diffusionの進化について、v1からv3までの発展過程を追いました。各バージョンでの改良点と新機能を解説し、特にSDXLやSD v3で導入された革新的な機能について詳しく説明しました。

このように第4章では、現代の画像生成技術の基盤となるStable Diffusionについて、その理論と実践の両面から包括的な理解を深めることができました。これらの知識は、続く第5章で説明する画像生成技術の応用を理解する上で、重要な基礎となります。

COLUMN

深層学習を用いた実験を再現可能にするために気をつけること

深層学習の研究にかかわらず、実験の再現性は研究の信頼性を担保する上で不可欠な要素です。同一の実験を異なる環境で実行した際に同様の結果が得られない場合、学術研究における追試の困難さや、産業応用における開発環境と本番環境の不一致など、深刻な問題を引き起こします。特に深層学習分野では、フレームワークやライブラリのバージョンの違いが実験結果に大きな影響を与えるため、環境の再現性確保は極めて重要な課題となっています。

実験環境を準備するうえで、「Python環境の構築」と「その環境にインストールするライブラリのバージョンの指定」が重要になります。

前者については、プロジェクトごとに独立した仮想環境を構築することで、異なるバージョンのライブラリを使用する複数のプロジェクトを同時に進行させることが可能になります。これにより、プロジェクト間での依存関係の衝突を防ぎ、各プロジェクトの再現性を確保できます。

後者については、深層学習フレームワークは急速な進化を続けており、メジャーバージョンの更新だけでなく、マイナーバージョンの更新でも挙動が変化することがあります。本書では取り上げていませんが、PyTorchと並んで広く使われているTensorFlow[67]のように、ver. 1とver. 2でAPIの設計思想が大きく異なり、大部分のコードの互換性がないという例があります。また、依存ライブラリのバージョンの組み合わせによっても、実験結果が変化する可能性があります。

こうした課題に対して、従来は`requirements.txt`[68]を用いた依存関係管理が一般的でしたが、いくつかの重大な問題があります。まず、そもそも`requirements.txt`を作成するのを忘れます。また作成してもライブラリを追加および更新したタイミングで再度`requirements.txt`を更新することを忘れます。人間なので忘れます。その他、直接的な依存関係のみが記録され、間接的な依存関係が明示されないことで、異なる環境での再現性が損なわれる可能性があります。また、`pip freeze`コマンドで生成される`requirements.txt`には、プロジェクトに不要なパッケージまで含まれてしまうことがあります。さらに、特定のGPUやCUDAバージョンに依存するPyTorchやTensorFlowのインストールでは、システム環境との整合性も考慮する必要があります。

では、結局どうすればよいのか。ずばり解決策は非常に高速なパッケージマネージャである「uv」[69]を使用することです。同様のツールとしてpoetry[70]やpipenv[71]がありますが、Rust製のuvはこれらのツールを遥かに超える高速な動作を誇ります[72]。uvは仮想環境やPython自体のバージョンを

---

67 TensorFlow：https://www.tensorflow.org [Abadi et al., 2015]
68 https://docs.python.org/3.11/tutorial/venv.html#managing-packages-with-pip
69 astral-sh/uv：https://github.com/astral-sh/uv
70 python-poetry/poetry：https://github.com/python-poetry/poetry
71 pypa/pipenv：https://github.com/pypa/pipenv
72 Rust製のツールとしてコラム3ではruffを紹介しました。

管理できるため、一貫した開発環境を提供します。uvの具体的な使用方法については、本書付録Webページ[73]を参照してください。未来の自分や他の研究者がPython環境を容易に再現できるように、ぜひuvを活用してください。

73 https://py-img-gen.github.io/column/reproducible-experiments/

第5章

拡散モデルによる画像生成技術の応用

本章では、拡散モデルを様々な画像生成タスクへ応用した事例について紹介します。Stable Diffusion公開を皮切りに、テキストによる指示をベースにしながら、個人のニーズに合わせたり、より細かな制御を行った画像生成、高度な画像編集が可能になりました。またStable Diffusion自体を効率的に学習・推論させるための技術や、既存のStable Diffusionを拡張する技術についても紹介します。さらに、画像生成の急激な発展により表面化した、生成画像に対する倫理や公平性の観点について検討している研究も紹介します。

第1節 パーソナライズされた画像生成

本節では、個人のニーズにあった画像を生成可能な、画像生成のパーソナライゼーション手法**Textual Inversion**[Gal et al., 2023]および**DreamBooth**[Ruiz et al., 2023]について紹介します。こうした新規概念の学習手法は**PCS**（**Personalized Content Synthesis**）[Zhang et al., 2024]と呼ばれています。Textual Inversionでは、画像の雰囲気やスタイルといった概念的なものが学習可能です。DreamBoothでは、入力画像の物体をそっくりそのまま生成画像に埋め込むような画像生成が可能になります。

Textual Inversion

図5-1にTextual Inversionの概要を示します。Textual Inversionは、ユーザーが指定したプロンプトをもとに自然言語による指示で画像を生成するText-to-Image手法です。テキストエンコーダのベクトル空間において「高度な意味合い」と「細かい視覚的な詳細」の両方を捉えられる擬似単語S_*の学習が目的になっています。ユーザーから提供されたコンセプト・概念を用いた評価実験では、提案されたTextual Inversionによる生成が高い視覚的忠実度を示すとともに、柔軟な画像編集の可能性を実証しました。

図5-1 Textual Inversion の概要。[Gal et al., 2023]より引用。（左）事前に学習したテキスト画像モデルの埋め込み空間から特定の概念を表す新しい擬似単語S_*を学習。（右）学習した擬似単語S_*は、新しい文章に合成することができ、対象物体を新しい背景に配置したり、スタイルや構成を変えたり新しい製品に組み込むことが可能。

これまでの手法と比べてTextual Inversionが優れている点は以下の通りです。

1. 従来のテキスト条件付き画像生成と比較した性能
2. 従来のInversion技術と比較した性能
3. パーソナライゼーションにおける効率性

1について、これまではGANや拡散モデルベースが画像生成手法として注目されてきましたが、多くはゼロから学習させるものが中心でした。Textual Inversionは自由形式な生成モデルがベースになっており、新しいモデルをゼロから学習させるのではなく、学習済みモデルの語彙を拡張する手法を採用しています。

2について、従来の方法が画像を潜在空間に変換する[Zhu et al., 2016][Tov et al., 2021]のに対して、Textual Inversionはユーザーが提供したコンセプトを新たな「語彙」として変換します。この語彙を用いることで、与えられた概念を新しい形で表現し、より直感的で一般的な画像編集が可能になります。

3について、推薦システムなど[Amat et al., 2018]で注目されていた、ユーザーのニーズに合わせてモデルを特化させるパーソナライズというコンセプトを、画像生成の分野で実用の域へと押し上げました。画像やグラフィックス領域におけるパーソナライゼーションでは、従来、特定の顔や背景をより良く再現するために一般的には生成モデルの細かい調整が重要[Nitzan et al., 2022]で、調整のコストがかなり掛かっていました。

Textual Inversionと最も関連の強い先行研究**PerVL**（**Personalized Vision & Language**）[Cohen et al., 2022][1]では、学習済みCLIPを活用してパーソナライズされた物体の検索とセグメンテーションを実施しています。CLIPの埋め込み空間において特定のオブジェクトを示す擬似的な単語を特定し、この疑似単語をもとに画像を検索したり、画像内から対象のオブジェクトを認識したりといったことが可能です。ただし、PerVLは分類の枠組みを使用しているため、画像生成において必要な情報を捉えるのが困難でした。

Textual Inversionの核となるアイディアは「新たな概念S_*のみを学習させる」点です。図5-2に示すように、LDMをベースの画像生成モデルとして利用し、条件付けのためにS_*を含むプロンプトを入力します。プロンプトはトークンに分割されてトークンID列となり、その後トークン埋め込み$\boldsymbol{v}$へと変換されますが、このときS_*に対応する埋め込み$\boldsymbol{v}_*$のみを最適化するようにモデルを学習させます。このようにして入力画像とその概念との対応を表す$\boldsymbol{v}_*$によってStable Diffusionを条件付けすることで、パーソナライズされた画像を生成可能にします。

1　Textual Inversion[Gal et al., 2023]の論文中ではPALAVRAと表記されています。

図5-2 Textual Inversionにおける学習の概要。[Gal et al., 2023]より引用。新たな概念を示すS_*を含むプロンプトは、まずトークンのID列に変換される。このID列は埋め込み層で連続したベクトル表現 v に変換される。最後に得られたベクトル表現はテキストエンコーダ $c_\theta(\cdot)$ を経て、生成モデルに条件を導入する。Textual Inversionでは追加した概念S_*に対応するベクトル表現v_*のみを最適化する。

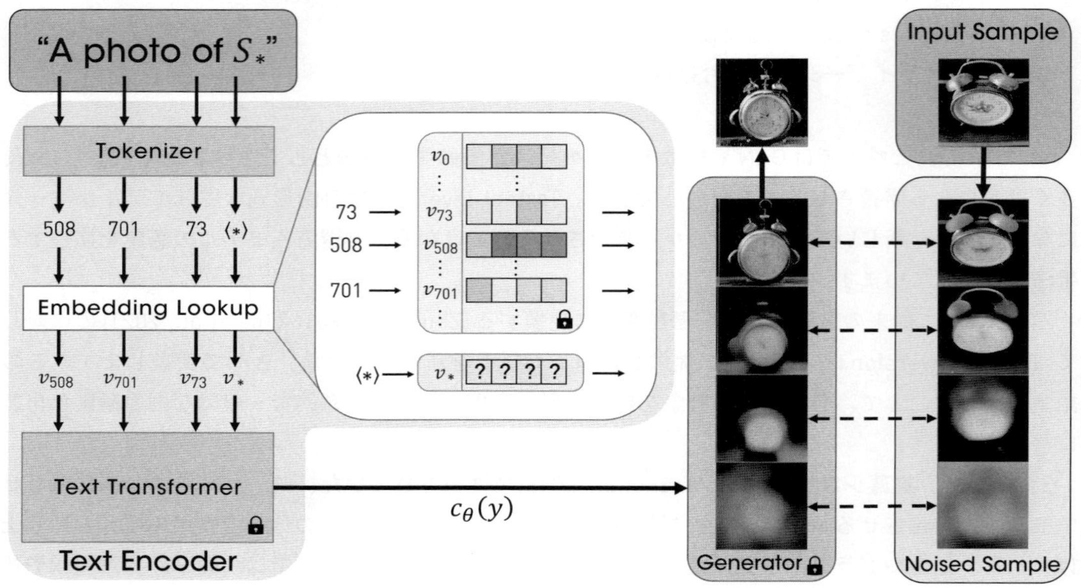

Textual Inversion実装のポイント

ではpython-image-generation/notebooks/5-1-1_textual-inversion.ipynb[2]を開いてください。本章では、紙面の都合上、コードの細部については割愛します。サンプルコード全体をGitHubにて公開しているので詳細はそちらを参照してください。ここでは実装のポイントを示します。

実装でつまずきやすいポイントや注意点

- placeholder_tokenとinitializer_tokenの扱い：すでにトークナイザに登録されている単語をplaceholder_tokenやinitializer_tokenとして使うとエラーになります。これは既存の語彙に含まれているためです。エラーが出たら別の文字列に変えてトークナイザに再登録しましょう。文字列の頭に「<」や「{」を付与するなどの工夫をすると他の単語との重複を避けられます。

2 https://github.com/py-img-gen/python-image-generation/blob/main/notebooks/5-1-1_textual-inversion.ipynb

- マルチベクトルnum_vectorsの利用：num_vectorsが1以上でないとエラーを起こすように実装例を示していますが、複数ベクトルを使うと新規トークンが複数作られるので、初期化や学習ループに気をつけましょう。複数のplaceholder_token（「<toy-cat>」「<toy-cat>_1」など）をまとめて一度に訓練する場合、テンプレートや学習データセットとの整合にも注意が必要です。
- すべてのトークン埋め込みを更新しないようにする：勾配の更新を行う際に、placeholder_token以外の埋め込みパラメータの勾配がゼロになるようにしています。これはすでに学習済みの単語埋め込みを壊さないために必要な処理です。コードの中ではindex_no_updatesを用いて埋め込みを巻き戻しています。こうした処理を忘れると学習によって元のモデルが破壊されるリスクがあるので要注意です。

パラメータの調整や拡張の方法

- learning_rate、gradient_accumulation_steps、train_batch_size：learning_rateのis_scale_lrがTrueの場合、GPU数やバッチサイズに合わせて自動的に学習率がスケーリングされるようになっています。ColabのようなGPUが1つしかない環境では、is_scale_lr=Falseにして、最適な学習率を手動で調整したほうが結果が安定する場合があります。
- repeatsの大きさ：データセットが少ない枚数しかない場合でも、repeatsを大きくすると実質エポックあたりの画像読み込み回数が増えるので、トークンの埋め込みをしっかり学習させやすくなります。場合によっては繰り返しすぎて過学習する可能性があるため、num_train_epochsやrepeatsを見ながら調整するとよいでしょう。

デバッグやエラー処理を円滑に進めるためのヒント

- VRAM不足対策：エポックの途中でCUDA out of memoryが起こる場合、バッチサイズや画像サイズ（resolution）を下げ、gradient_accumulation_stepsを大きくしてみるなどの対策をとりましょう。gradient_accumulation_stepsにより有効バッチサイズを維持しながら1ステップあたりのVRAMを削減できます。
- placeholder_tokenの衝突時の挙動：同じ文字列や似た形の文字列がトークナイザにすでに登録されているとadd_tokensの際にnum_added_tokensが想定より小さくなる場合があります。サンプルの実装例は衝突時にValueErrorを返します。実際に衝突が発生しないか確認しておき、もし衝突が見つかった場合はトークン名を変えましょう。
- 検証用の画像生成の取り扱い：validation_promptを設定している場合、生成された画像をこまめにチェックしましょう。出力画像が真っ暗になったり、明らかにオブジェクトが壊れている場合は学習率が大きい／学習が進みすぎ／テンプレート不足などが疑われます。

応用例・さらに発展させるためのアイディア

- 複数オブジェクトや複数スタイルの同時学習：「<toy-cat>」「<toy-dog>」のように複数のplaceholder_tokenを追加し、それぞれに対して同じスクリプトを走らせることで、多様な概念を並行学習できます。placeholder_token="<*", ...>"のようにパターンを決めて、複数のトークンを一括登録し、訓練を回すと、サンプルの実装を少し拡張するだけで効率的に学習できます。
- イメージ生成時のタグ管理：生成後の画像を各ステップごとにまとめて管理し、学習過程を可視化できるようにすると便利です。検証ごとに生成された画像をフォルダ分けして保存しておき、画像比較ツールなどで推移をチェックすると、モデルがどの段階で学習しすぎたか（過学習）や学習不足が把握しやすくなります。
- テンプレートのカスタマイズ：IMAGENET_TEMPLATES_SMALL、IMAGENET_STYLE_TEMPLATES_SMALLに加え、独自の文面を追加することで、より多様なプロンプト表現に対応できます。例として「a small {} on the table」「a portrait photo of {}」「{} from a low angle shot」などを追加したときの動作を確認してみましょう。

以上が、サンプルコードを使った実装時の留意点・工夫ポイントです。

1. まずはサンプルのまま動かし、学習が成立する流れを一通り確認する
2. 次に自分の目的やデータにあわせてパラメータやテンプレートを調整する

これらを意識するとスムーズに開発を進められるはずです。ぜひ試行錯誤しながら、自分のプロジェクト向けにコードを拡張してみてください。

DreamBooth

図5-3にDreamBoothの概念図を示します。DreamBoothは、Textual Inversion同様、与えられた固有の概念に特化したText-to-ImageモデルをFine-tuningする手法です。この手法では**被写体駆動型生成**（**Subject-driven Generation**）[Ruiz et al., 2023]を提唱しており、数枚の被写体画像があるときに、その被写体の主要な視覚的特徴に忠実でありながら、異なる文脈における新たな画像を生成可能にすることを目的としています。問題設定はTextual Inversionに類似していますが、被写体に紐づく固有識別子（例えば[V]）を学習させるとともに、対象を表す大まかな名詞（例：dog）も与えて"A [V] dog"のように入力することで、学習済みモデルの知識を効率よく活用します[3]。

図5-3 DreamBoothの概要。[Ruiz et al., 2023]より引用。追加概念となる数枚の画像を与える点でTextual Inversionと類似しているが、DreamBoothではモデルそのものを追加概念に合うように調整する。論文中ではAI-poweredなフォトブースと紹介している。被写体の特徴に忠実でありながら、環境との自然な相互作用、斬新かつ明瞭な視覚表現、照明条件の変化などが可能である。

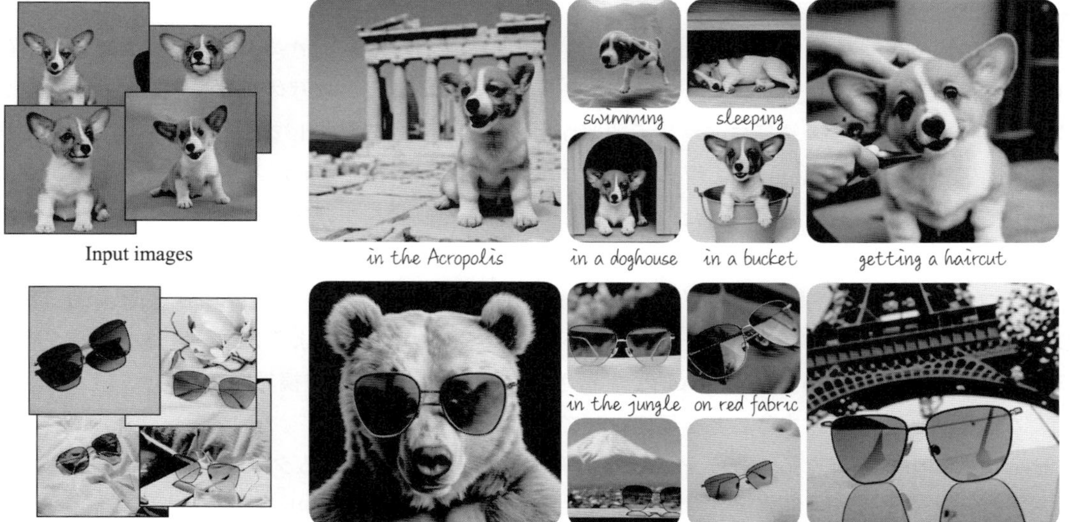

これまでの手法と比べて優れている点は以下の通りです。

1. 対象の物体を画像に合成する技術と比較した性能

3 Textual InversionにおけるS_*とDreamBoothにおける[V]は非常によく似ています。

2. テキストを介した画像編集技術と比較した性能
3. テキストからの画像生成技術と比較した性能
4. 拡散モデルにおけるInversion技術と比較した性能

1について、最新の3D再構成技術[Barron et al., 2021]においても、物理的な物体を正確に再構成するには多数の視点からの画像が必要となり、対象物体の自然な合成には課題が残されています。特に元画像と異なる新たな視点での画像生成である新規視点合成では、限られた画像情報から物体固有の材質特性や照明条件を正確に推定する必要があります。この点が高品質な画像生成の大きな課題となっています。

2について、従来のテキストを介した画像編集技術では、大局的な特性の変更や局所的な編集は可能でしたが、被写体画像を新たな文脈・視点で表現・生成する能力は依然として発展途上でした。プロンプトで指示するだけで画像や動画を自動で加工可能な**Text2LIVE**[Bar-Tal et al., 2022]は、特に局所的な編集に強みがありますが、大局的な変更や全く新しい視点からの画像生成という点で改善の余地があります。

3について、Text-to-Imageモデルは生成画像に対して細かな制御はできず、テキストによる条件付けのみにとどまっています。また、被写体を正しく変更するには被写体領域を指定するマスキングが必要であったりと、編集に非常に手間がかかります。DreamBoothでは適用先として非常に強力な画像生成モデルImagenを使用していますが、このImagenでも、たとえプロンプトエンジニアリングに注力しても、与えられた条件を正しく反映した画像を生成するのは簡単ではありませんでした。

4については、同時期に発表されたTextual Inversionに対する優位性が挙げられます。DreamBoothは、例えば特定の犬を「犬」というドメインに埋め込むように、被写体をそれが属するドメインに適切に埋め込むような形で学習させることで、被写体の視覚的特徴を保持したまま、新たな被写体画像を生成することを可能にしています。

DreamBoothの核となるアイディアは「固有識別子とその元となるクラス名の組からさらなるパーソナライズを実現する」点です。図5-4に示すように、DreamBoothは入力として被写体（例：特定の犬）に関する数枚の画像と対応するクラス名（例：犬）を扱い、被写体に関して一意に決まる固有の識別子[V]を学習します。推論時はプロンプトに固有識別子[V]を埋め込むことで、異なる文脈で被写体となる物体を画像に合成可能になります。

DreamBoothでは、生成画像をより高品質にするため、2段階でFine-tuningする方法を採用しています。1段階目では、固有識別子[V]を含めて低解像度モデルを学習させます。このとき、固有識別子ありの"A [V] dog"で画像を生成できるようにします。同時に固有識別子なしの"A dog"による生成結果が元のモデルから不変となるような制約として**Class-specific Preservation Loss（ク**

ラス固有事前保存損失）を導入します。2段階目では低解像度画像を高解像度画像へ変換するモデルを学習させます。

図 5-4 DreamBoothにおける学習の概要。[Ruiz et al., 2023]より引用。被写体の3～5枚の画像が与えられたとき、DreamBoothでは2つのステップでテキストから画像への拡散モデルをFine-tuningする。(a) 入力画像と、固有識別子と被写体が属するクラス名（例:"A [V] dog"）を含むテキストプロンプトをペアにして、低解像度テキスト－画像モデルを微調整する。並行して、Class-specific Preservation Lossを適用する。この損失項は、モデルがクラスに対して持つ意味的事前分布を活用し、テキストプロンプトのクラス名（例:"A dog"）を使って、被写体のクラスに属する多様なインスタンスを生成するように促す。(b) 入力画像セットから取り出した低解像度と高解像度の画像のペアを用いて超解像度コンポーネントを微調整することで、描画対象の小さなディテールに対する高い忠実度を維持できる。

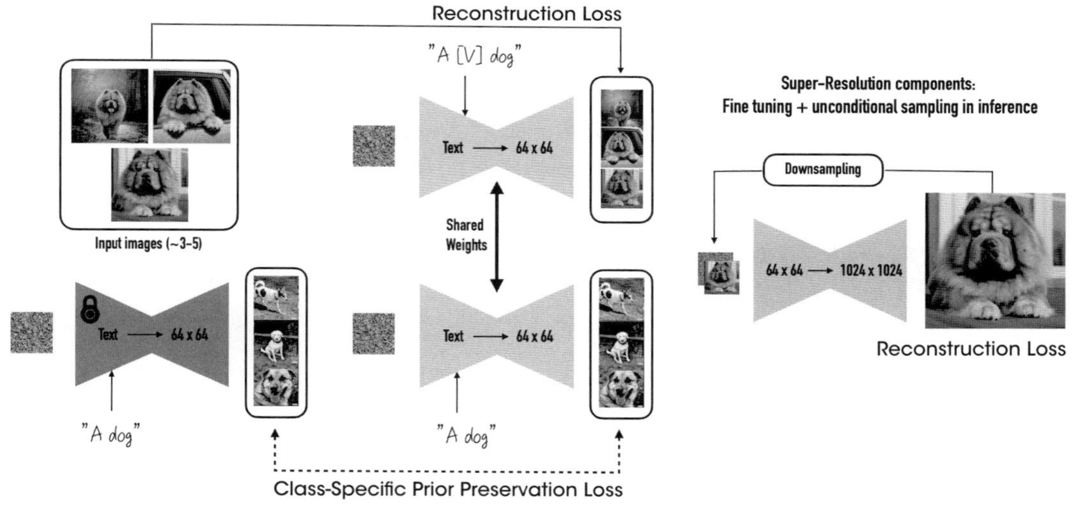

DreamBooth実装のポイント

ではpython-image-generation/notebooks/5-1-2_dreambooth.ipynb[4]を開いてください。

サンプルコードは、Stable Diffusionに特定のオブジェクトやスタイルを学習させるDreamBoothの実装例となっています。Textual Inversionのサンプルコード同様、実装・運用時に押さえておきたい注意点やパラメータチューニングのコツ、デバッグ方法などをまとめます。

実装でつまずきやすいポイントや注意点

● Class-specific Preservation Lossに関して：デフォルトではwith_prior_preservation=False

4 https://github.com/py-img-gen/python-image-generation/blob/main/notebooks/5-1-2_dreambooth.ipynb

ですが、Trueにするとクラス画像を用意する必要があり、クラス画像が不足している場合は自動で生成するフローがあります。クラス画像生成のフローではpromptに基づいてデータを増やすため、クラス画像のクオリティが学習にも影響します。

- DreamBoothDatasetの扱い：instance_data_dirに特殊なオブジェクト画像を置き、クラス画像（class_data_dir）がある場合はwith_prior_preservation=Trueとしてクラス画像を読み込みます。instance_prompt（例："a photo of sks dog"）の不適切な単語や未登録トークンには注意してください（tokensが増えるとうまく動かない場合があります）。
- gradient_checkpointing：gradient_checkpointing=Trueにすると、学習速度は低下しますが、unetやtext_encoderの勾配をチェックポイントのみで保存してVRAMを節約できます。VRAMが小さい環境での学習時に便利です。逆にメモリに余裕があればcheckpointingをオフにして学習を高速化してもよいでしょう。
- train_text_encoder：DreamBooth手法の一部ではtext_encoder（CLIPのテキスト部分）を学習対象にするかどうかを切り替える部分があります。Falseに設定すると、U-Netのみ学習します。text_encoderを学習対象にしたほうがよりオブジェクト固有の認識を強化できる場合があります。一方で学習量が増えるのでメモリや時間的コストは高くなります。

dtypeとMixed Precision

mixed_precision="no"に設定すると、常にfloat32で学習します。fp16やbf16で高速化したい場合は"fp16"、"bf16"に変更します。ColabやGPUがRTX30シリーズ以上のみであればbf16が安定して速い場合があります。環境に応じて切り替えて試してみるとよいでしょう。

パラメータの調整や拡張の方法

- instance_prompt、class_prompt：instance_promptとclass_promptは学習の要です。「どんなオブジェクトをどう呼ぶか」をテキストで指定します。学習対象（人・ペット・特定の物体）に応じて単語を工夫しすぎると既存のCLIP語彙と衝突する可能性があるため、ある程度シンプルな文字列にとどめるほうが安全です。
- prior_loss_weight：with_prior_preservation=Trueでクラス画像を使う場合、実際の学習対象画像 vs. クラス画像の誤差をどの比率で扱うかをprior_loss_weightで決めます。1.0以上にするとクラス画像による正則化が強くなり、オブジェクトの特徴が失われにくくなりますが、固有識別が弱まる可能性もあります。
- use_8bit_adam：bitsandbytesライブラリにより8bit量子化されたAdamWを使う設定です。通常のAdamWよりメモリ使用量が減る反面、対応GPUやPythonバージョンに注意が必要です。Colabなどでバッチサイズを少し大きめに保ちたいときなどは便利です。不安定な場合は、

use_8bit_adam=Falseで普通のAdamWに切り替えましょう。

処理速度・メモリ使用量などのパフォーマンス面での工夫

- batch size、gradient_accumulation_steps：DreamBoothは高解像度かつ学習ステップ数も多くなりがちなので、VRAMが不足することも少なくありません。train_batch_sizeを小さくし、必要に応じてgradient_accumulation_stepsを増やすことでVRAMの不足を補えます。例としてtrain_batch_size=1、gradient_accumulation_steps=4にすれば勾配更新がバッチサイズ4のときと同程度になります。
- スケジューラまわり：validation_schedulerをDPMSolverMultistepSchedulerに変えるなど、より高速・高品質な生成手法を選べます。生成を軽くするために推論ステップ（num_inference_steps）やCFG、学習以外で時間短縮する工夫も1つの手です。
- text_encoderの訓練有無：text_encoderの部分も同時学習すると、勾配計算が増える、VRAMが増減するなど、パフォーマンスへ大きく影響します。まずはText Encoderを固定して結果をテストし、必要があればtrain_text_encoder=Trueにして再度学習する、と段階的に進めることをおすすめします。

デバッグやエラー処理を円滑に進めるためのヒント

- Class imagesのトラブルシュート：with_prior_preservation=Trueにしたにもかかわらずclass_data_dirが空であったり、画像サイズがズレていたりするとエラーになります。class_data_dirを手動で用意するか、生成フローが走るように設定しましょう。num_class_imagesとすでにあるクラス画像の枚数を確認し、足りない場合に生成が行われます。
- 学習途中の確認：検証時に生成したチェック用画像において、生成画像が明らかに暗い／崩れているなどの場合は、学習率や学習回数が適切か疑ってみましょう。validation_promptを複数用意して複数種のサンプルを並べて見ると変化が把握しやすくなります。
- tokenizerの変化：コードの流れ上、AutoTokenizerをロードした独自の初期化はしていません。ユーザー側でinstance_promptに特殊トークンを含める場合は、別途追加トークンの登録が必要になることがあります。DreamBoothでは多くの場合placeholder_tokenを使わないので衝突しにくいですが、気になる場合は例として<sks-dog>のように変わったトークンを追加し、CLIPTokenizerへのadd_tokensで処理します。

応用例・さらに発展させるためのアイディア

- マルチオブジェクト学習：instance_data_dirに複数のディレクトリを用意し、それぞれ別のオブジェクトを格納し、一括で学習にかけられるようにコードを拡張すれば、複数オブジェクトを1つのモデルに取り込むことができます。

- Hypernetwork、ControlNetとの組み合わせ：DreamBoothで学習したチェックポイントをさらに他の制御手法（ControlNet、LoRA（低ランク適応）など）と組み合わせると、より制御性の高い生成が得られます。
- 生成時のネガティブプロンプト：学習データに余計な要素（背景、模様）が紛れていると、生成画像にノイズ要素が入り込みやすくなります。negative_promptをうまく設定することでノイズの除去が容易になり、DreamBoothでより洗練された生成が実現できます。

以上が、DreamBoothのサンプルコードを実装、調整していく際の主な留意点や工夫のポイントです。

1. まずはデフォルトのハイパーパラメータで実行し、手元の環境で学習が最後まで通るか確認する
2. 得られた結果を見ながら、学習ステップ数、学習率、画像反転確率などを少しずつ調整する

これらを意識して進めると、より高品質な学習結果が得られやすくなるでしょう。

第 2 節　制御可能な画像生成

本節では、入力する条件により忠実な画像生成を実現する手法**Attend-and-Excite**[Chefer et al., 2023]および**ControlNet**[Zhang et al., 2023]について紹介します。Attend-and-Exciteはプロンプトテキストをより忠実に生成画像に反映させる手法であり、ControlNetは姿勢や深度情報などの視覚的な様々な情報をもとに生成画像を制御する方法です。

Attend-and-Excite

図5-5にStable Diffusion と Attend-and-Exciteを適用したときの生成画像の比較を示します。Attend-and-Exciteは、Stable Diffusionのような拡散モデルに適用して、よりプロンプトに忠実な画像を生成する手法です。この手法は交差注意機構に着目した制御法になっており、テキストプロンプト内のすべての主題となる単語に注意を向けて（attend）その活性化度合いを強化（excite）するように交差注意機構を誘導します。追加学習が必要ない（training-free）制御方法となっており、推論時に交差注意のスコアを制御するだけなので、時間やコストがかかる追加学習やFine-tuningが必要ありません。

図5-5 Stable Diffusionにおける画像生成の失敗例。画像は[Chefer et al., 2023]より引用。上段のStable Diffusionの生成結果は主に2つの点で失敗している。（左）破滅的忘却。（右）誤った属性の結合。下段は上段と同じ乱数シードを用いてStable Diffusionに対してAttend-and-Exciteを適用したときの生成結果である。Attend-and-Exciteを適用したStable Diffusionでは、これら典型的な失敗を抑制可能となる。

"A yellow bowl and a blue cat"　"A yellow bow and a brown bench"

Stable Diffusion

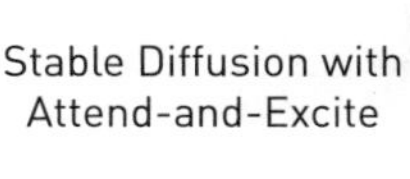

Catastrophic neglect（破滅的忘却）　Incorrect Attribute Binding（誤った属性の結合）

これまでの手法と比べて優れている点は以下の通りです。

1. テキストからの画像生成技術と比較した性能
2. 追加情報を与えて生成画像を制御可能
3. Attend-and-Excite と同様のモチベーションの研究と比較した性能

1について、テキストからの画像生成技術では、プロンプトテキストをより強調してプロンプトに忠実な画像生成を促すCFG[Ho and Salimans, 2021]が存在し、広く有用性が確認されていますが、期待する結果を得るには、多くの場合、手間のかかるプロンプトエンジニアリングが必要になります（CFGについては、第3章4節を参照）。

2について、先行研究ではセグメンテーションマップを与えて生成画像を制御する方法が中心でした[Zhao et al., 2019][Gafni et al., 2022][Avrahami et al., 2023]。生成対象の物体とそのレイアウト情報を与えて配置を制御するような手法[Li et al., 2023]もありますが、これらは人手によりデザインされた追加情報を必要とするために手間がかかります。

3について、Attend-and-Exciteと同様に、プロンプトに忠実な画像生成を目指した研究としてComposable DiffusionやStructured Diffusionがあります。**Composable Diffusion**[Liu et al., 2022]は図5-6に示すように、プロンプトに"A **AND** B **AND** ..."のような形で与え、A、B...それぞれの生成に注力し、その後それらの物体を合成するように生成するのが特徴です。ただし、Composable Diffusionは否定文等を含む複雑なプロンプトによる合成に難がありました。Structured Diffusionは図5-7に示すように、プロンプト内に存在する名詞句をより強調するように注意スコアを計算することで、複数の物体を確実に生成できるようにします。Attend-and-Exciteでは入力されるプロンプトではなく潜在表現を対象に最適化を実施しています。

図5-6 Composable Diffusionにおけるプロンプトと生成画像の例。[Liu et al., 2022b]より引用。Composable Diffusionでは複数の物体をANDでつなげて生成を指示する。

"A photo of cherry blossom trees"AND "Sun dog"AND "Green grass"

"A church"AND "Lightning in the background"AND "A beautiful pink sky"

"A stone castle surrounded by lakes and trees,"AND "Black and white"

"A stone castle surrounded by lakes and trees,"AND(NOT "Black and white")

"A mystical tree " AND"A dark magical pond" AND"Dark"

"A mystical tree " AND"A dark magical pond" AND(NOT"Dark")

図 5-7 Structured Diffusionにおける推論の概要。[Feng et al., 2023]より引用。Structured Diffusionでは、プロンプトから名詞句を抽出し、それらをもとに注意スコアを強調する。

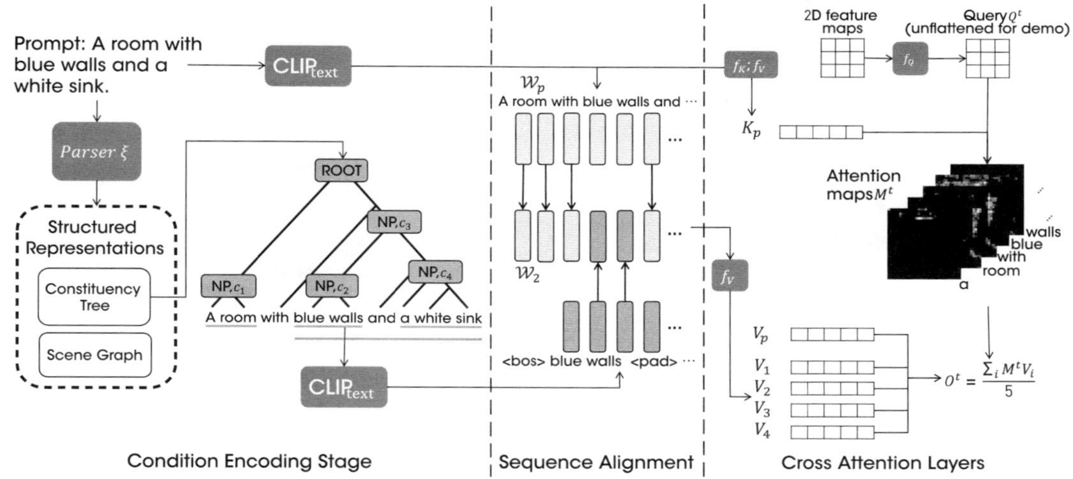

Attend-and-Exciteの核となるアイディアは、「逆拡散過程においてステップごとにノイズが付与された潜在表現をより意味的に忠実になるように徐々にシフトさせる**GSN**(**Generative Semantic Nursing**)[Chefer et al., 2023]」です。図5-8に示すように、Attend-and-ExciteではこのGSNを実現するために3つの段階を経ます。

1段階目では、プロンプトから主題のトークンと注意マップを抽出します。例えば"A lion with a crown"においてlionに対応する注意マップがA_i^2で、crownはA_i^5です。2段階目では、抽出した各注意マップに対してガウシアンカーネルを適用してぼかし、対象のパッチのk近傍を考慮したなめらかな注意マップを取得します。最後の3段階目では、最も無視されてしまったトークンに注目して最適化を実施します。具体的にはそのトークンをより強調するように潜在表現を更新します。

図 5-8 Attend-and-Excite による画像生成の概要。[Chefer et al., 2023]より引用。あるステップ t での拡散過程（DDPM Process）における交差注意に注目した手法。対象のトークンの注意マップの活性化度合いが大きくなるように潜在表現 z_t を調整する。最終的には指定したトークンに適切に反応するように画像生成が行われる。

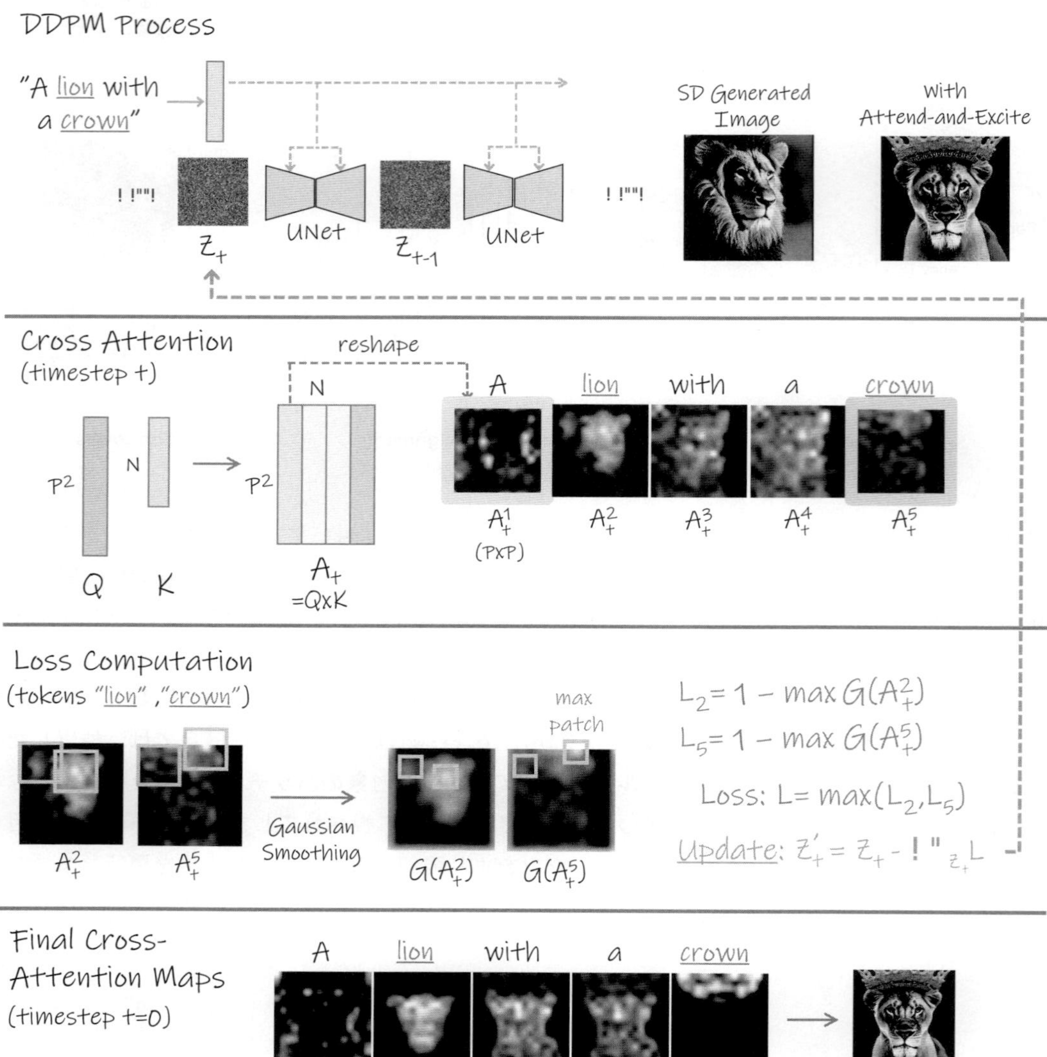

● Attend-and-Excite実装のポイント ●

ではpython-image-generation/notebooks/5-2-1_attend-and-excite.ipynb[5]を開いてください。サンプルではStable Diffusionでの画像生成に加え、Attend-and-Exciteを利用した拡張パイプラインでの画像生成を行い、結果を比較しています。ターゲットとなる単語（トークン）を強調し、より意図したオブジェクトをはっきり描画させる狙いがあります。以下では、本サンプルを実装・応用する際に押さえておきたいポイントを解説します。

実装でつまずきやすいポイントや注意点

- 依存ライブラリ・バージョンの対応：StableDiffusionAttendAndExcitePipeline[6]を使用するため、diffusersライブラリのバージョンが0.13.0以上[7]である必要があります。
- 関数でのトークンの順番："A horse and a dog"というプロンプトを入れた際、get_indicesではhorseが[2]、"dog"が[5]となりましたが、複雑なフレーズになるとトークンの番号が変わる可能性があります。プロンプトを変えるたびにget_indicesを再確認し、正しいインデックスを指定しましょう。誤ったインデックスを指定すると期待通りの効果が得られません。
- VRAMや処理速度：Attend-and-Exciteは追加計算が入るため、通常のStable Diffusionより若干メモリの使用量が大きかったり推論時間が長くなることがあります。特に高解像度かつnum_inference_stepsを増やした場合はVRAMの使用量が増えるので、プログラムを実行する環境のGPUメモリに注意が必要です。
- オブジェクトの数や種類：token_indicesに複数のトークン（例：[2,5,6]）を入れることで複数オブジェクトに対してAttend-and-Exciteを同時に作用させることもできます。あまり多くのトークンを一度に強調しようとすると、相互に干渉して意図と異なる結果が生じる可能性があるので、少しずつ試してみてください。

パラメータの調整・拡張の方法

- num_inference_steps、guidance_scale：生成画質や制御の強さを変えるためのパラメータです。より強調したい場合はguidance_scale（=7.5など）を大きくしますが、行き過ぎると画像が破綻しやすくなります。まずは標準値（50、7.5）で結果を確認し、必要に応じて微調整しましょう。
- token_indicesについて：サンプルではhorse=2、dog=5を指定しています。別の単語を加えた

5 https://github.com/py-img-gen/python-image-generation/blob/main/notebooks/5-2-1_attend-and-excite.ipynb
6 https://hf.co/docs/diffusers/api/pipelines/attend_and_excite#diffusers.StableDiffusionAttendAndExcitePipeline
7 https://github.com/huggingface/diffusers/releases/tag/v0.13.0

い場合や、文中に繰り返し出てくる場合はget_indicesの戻り値を見ながらリストを拡張しましょう。例えばprompt="A horse, a cat, and a dog"ならtoken_indicesが[2, 5, 8]のようになっているかチェックしてから設定するとよいでしょう。

デバッグやエラー処理を円滑に進めるためのヒント

- 割り当てトークンの誤り："dog"や"horse"を指定しているつもりが、別の単語のトークンインデックスを取得してしまい、全く違う効果が出ることがあります。必ずpipe_ae.get_indices(prompt)の出力が想定通りかどうかをprintで確認してからtoken_indicesを設定してください。
- タイプミスやスペル間違い："A horse and a dog"とA hours and a dogなど、微妙なタイポでもトークン分割結果が変わります。生成結果が不自然となる場合、プロンプトのつづりが間違っていないか、コンソールログやtoken_indicesを確認するとよいでしょう。

応用例・さらに発展させるためのアイディア

- 複数トークンの分割制御：複数スロットのtoken_indicesに対して異なる強度の制御をかける実装を加えると、さらに自由度が上がります。A <person> and a <cat>といったプロンプトのそれぞれで強さを別々に設定したり、応用的にLoRAと組み合わせることも可能です。
- 他のスケジューラとの組み合わせ：デフォルトのスケジューラを切り替えると、生成画像の性質が変わります。Attend-and-Exciteと相性のよいスケジューラを探すとより効果的です。
- コードのパイプライン化・GUI化：グリッド描画や比較を関数化し、好きなプロンプトをボタン1つで比較プレビューできるようにすると開発効率が向上します。streamlit[8]やgradio[9]などで簡易GUIにまとめるとチーム内共有も容易になります。

以上が、このサンプルコードを試す際の主な実装上のポイントです。

1. get_indicesを使って対象トークンのインデックスを特定する
2. token_indicesに追加して生成を試してみる
3. num_images_per_promptで複数生成して結果を比較する
4. 全体の中でトークン対象物の位置・見た目がしっかり強調されているかチェックする

以上の流れを踏むと、Attend-and-Exciteの効果を理解しやすくなるでしょう。ぜひ試行錯誤を重ねて、シーン表現やオブジェクト同士の配置など、独自の画像表現を実現してください。

---

8 streamlit：https://streamlit.io/
9 gradio：https://streamlit.io/

ControlNet

図5-9にControlNetによる深度および骨格情報を用いた画像生成の制御例を示します。ControlNetは様々な制御画像（線画、スケッチ、骨格情報、深度情報など）を入力することで生成画像を自在にコントロールする手法です。Stable Diffusionにも適用可能で、従来、Stable Diffusionが苦手としていた詳細な情報や「手」の描画精度が飛躍的に進化しました。学習済み拡散モデルをベースにするため、学習データが少ない場合でもロバストに生成可能であり、Fine-tuningと同等以上に学習の収束が早いのが特徴です。ControlNetは個人所有のGPUマシンでも学習・推論が可能であるため、爆発的にユーザーが増えました。

図5-9 ControlNetにおける深度情報と骨格情報を用いた生成画像の制御。https://x.com/toyxyz3/status/1629620938894643200?s=20より引用。手の深度情報と骨格情報を同時に使用しこれらを考慮することで、これまで苦手としていた「手」を完璧に描画しながら、ポーズも忠実に生成可能に。

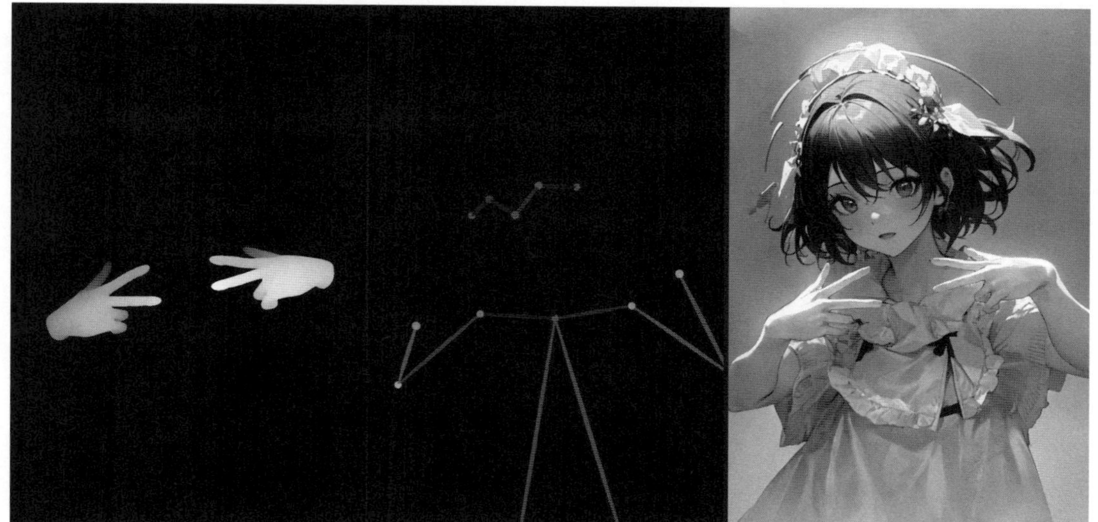

これまでの手法と比べて優れている点は以下の通りです。

1. 元々のモデルに適応する小さなモデルを学習させる手法と比較した性能
2. 拡散モデルをもとにしたText-to-Image手法と比較した性能

1について、従来は**HyperNetworks**[Ha et al., 2016]と呼ばれる元々のモデルの重みに影響を与えるように小さいモデルを学習させる手法が存在しました。元々は**ニューラル言語モデル**（**Neural Language Model**）[Bengio, 2008]に対して提案されたものですが、後にGANによる画像生成においても一定の効果があったと報告されています[Alaluf et al., 2022][Dinh et al., 2022]。HyperNetworksはStable Diffusionに対して応用事例があり、スタイルを変更する試みがされています[10]。

2について、拡散モデルによるText-to-Imageモデルは制御方法としてテキストを重視しますが、ControlNetはモデルのアーキテクチャを重視しているといった違いがあります。ControlNetの核となるアイディアは「学習済みモデルのパラメータは固定しつつ、コピーしたパラメータを少しずつ学習させる」点です。

図5-10に示すように、ControlNetはStable Diffusionをはじめとした学習済みモデルをベースにしているため、データセットが小さい場合の過学習を抑制しつつ、元々の高い画像生成能力も維持しています。ControlNetでは、**Zero Convolution**という重みとバイアスをゼロで初期化した1×1の畳み込み層を利用しています。これにより、元々の拡散モデルのパラメータを壊さず、徐々に対象に合うように学習が進みます。

図5-10 ControlNetは任意のネットワークに適用可能。

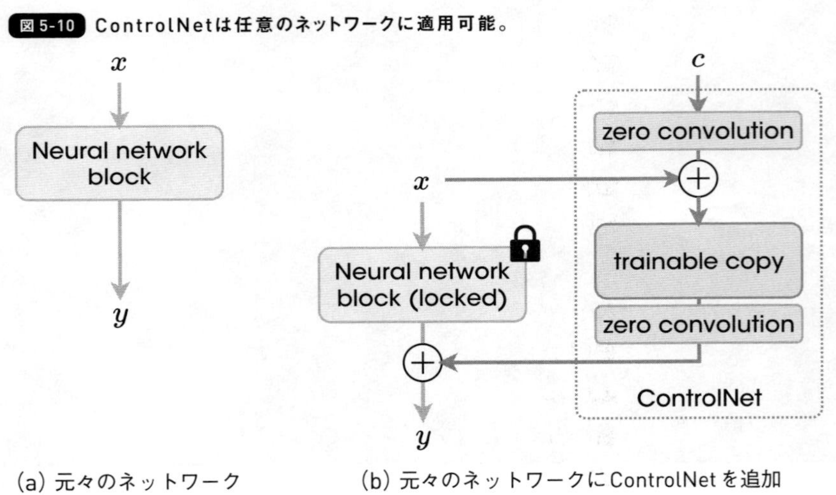

10 Hypernetwork Style Training, a tiny guide · AUTOMATIC1111/stable-diffusion-webui · Discussion #2670：https://github.com/automatic1111/stable-diffusion-webui/discussions/2670

ControlNet 実装のポイント

ではpython-image-generation/notebooks/5-2-2_controlnet.ipynb[11]を開いてください。サンプルコードでは、Stable Diffusionに複数種類のControlNetを適用して、画像生成を制御しています。

実装でつまずきやすいポイントや注意点

- 画像サイズのあわせ方：ControlNetで使用する制御用画像（エッジ画像や深度マップなど）は、通常、生成したいサイズ（例：512×512）と同じか、アスペクト比が同じである必要があります。サイズが一致しないと引数エラーや歪んだ生成が起こる場合があります。画像をリサイズするかトリミングして、なるべくモデル標準の解像度（512×512など）に揃えてください。
- multi-controlでの制御画像の順序：複数のControlNetを渡す際、image=[openpose_image, canny_image]のような形で複数の制御画像を指定できます。controlnet_conditioning_scaleやprompt、negative_promptといった引数との兼ね合いで順番通りに適切に作用します。使い方を間違えると、意図した制御にならないかもしれません。
- CUDA／GPUリソースの不足：ControlNetではU-Netに加えて制御ネットワークも推論時に動くため、VRAM消費量が増えます。複数のControlNetを同時に使うと、さらに増大します。pipe.enable_model_cpu_offload()やpipe.enable_attention_slicing()などを有効にしてメモリを節約したり、バッチサイズや画像解像度を下げるなどの方法で工夫しましょう。

パラメータの調整や拡張の方法

- guidance_scale、num_inference_steps：Stable Diffusionと同様に、guidance_scaleやステップ数を増減することで画質や制御強度が変化します。guidance_scaleについては7.5〜9.0付近から試し、必要に応じて上下させるのが一般的です。guidance_scaleの値が大きいとノイズが増える場合もあるので注意してください。
- controlnet_conditioning_scale：複数のControlNetを用いる場合、それぞれの制御強度（スケール）を制御できます。大きければ制御が強く働き、小さければより自由度が高い生成になります。例えば[1.0, 0.8]とすると、先頭のControlNet（openpose）は強く適用、2番目のControlNet（canny）はやや弱めに適用、といった形で調整できます。
- negative_prompt：余分な物体や特徴を抑えるためにnegative_promptを活用すると、格段に生成品質を制御しやすくなります。特に複数のControlNetを使う場合、余計な形状が描かれやすいので、low qualityやbad anatomyなどをnegative_promptに与えて、破綻を抑えるのが定番です。

---

11 https://github.com/py-img-gen/python-image-generation/blob/main/notebooks/5-2-2_controlnet.ipynb

処理速度・メモリ使用量などのパフォーマンス面での工夫

- enable_model_cpu_offload、enable_attention_slicing：pipe.enable_model_cpu_offload()を使用するとメモリ総量の節約になりますが、転送オーバーヘッドで速度が低下します。メモリに余裕があるときはオフにして高速化し、足りないときに限定して有効化するなど、環境に応じて使い分けてください。
- ControlNetのモジュール数：StableDiffusionControlNetPipeline（controlnet=[cn1, cn2]）のように複数のControlNetを同時に適用した場合、使用するメモリ、計算量ともに倍増していきます。どうしても複数の制御が必要なときは、画像サイズのダウンサンプリングを検討したり、バッチサイズを1にして連続処理するといった方法が有効です。
- キャッシュの削除：連続で異なるControlNetの推論を行うとき、不要になったモデルや中間データがVRAMを使い続けることがあります。del <変数名>やtorch.cuda.empty_cache()を適宜行い、メモリ断片化を軽減する手段を検討してください。

デバッグやエラー処理を円滑に進めるためのヒント

- ControlNetの動作確認：思った通りの形状やエッジが得られないときは、まず制御画像（image、control_image）が正しいフォーマットになっているか、テンソルの次元数などをチェックしてください。テンソルの形状をprintしたり、pillowのsizeを確認し、(H, W)が一致しているか確かめましょう。
- 生成後の差異：ControlNetを使っても、細部が異なったり、ノイズっぽさが残ることは多々あります。ControlNetはあくまでヒントであり、絶対的な固定ではないことに留意してください。より厳密に形状を再現したいなら、Inpaintingやより新しいStable DiffusionでのControlNetなどのアプローチを試すのも手です。
- Out of Memory（OOM）が発生する場合：特に複数のControlNetを適用する場合や高解像度の場合に頻発します。「解像度を下げる（512→384など）」「attention slicingを有効化する」「バッチサイズを1にする」「半精度（fp16／bf16）を使う」などを試してください。

応用例・さらに発展させるためのアイディア

- ControlNetのカスタム学習：独自の制御信号（例：セマンティックマップ、ラフスケッチ）に合わせて学習したControlNetを使えば、独自フローが構築可能です。学習データをイベントごとに構築し、前処理（エッジ抽出や深度推定など）した画像と対応付けて自身で独自のControlNetを学習させることもできます。GPUリソースは必要ですが、自由度が高まります。
- LoRAとの併用：ControlNetに加え、学習済みのLoRAモジュールを適用すると特定のスタイルを付与したまま構造を保つといった複合的な応用も可能です。

● カスタム前処理（例：大域特徴＋局所特徴）：CannyのエッジとOpenPoseとDepthをすべて組み合わせるなどの発展形です。例えばMultiControlNetでスライダーUIを作り、各制御スケールをリアルタイムで調整することも考えられます。

以上が、サンプルコードをより深く理解し、応用するためのヒントです。「形状を厳密に保ちつつ出力だけ変える」ようなタスクにControlNetは有効です。しかしあくまで「制御信号」なので、完全に同じ形状や彩色を再現するわけではない点にも注意が必要です。アプリケーションに合わせて他の手法（Inpainting、Depth-to-Image、LoRA、Hypernetwork）などと組み合わせればさらに表現の幅が広がるでしょう。

第3節 拡散モデルによる画像編集

　本節では、拡散モデルによって画像を編集する手法として、プロンプトテキストをもとにした**Prompt-to-Prompt**[Hertz et al., 2023]および**InstructPix2Pix**[Brooks et al., 2023]、参照画像をもとにした**Paint by Example**[Yang et al., 2023]について紹介します。

Prompt-to-Prompt

　図5-11にPrompt-to-Prompt[Hertz et al., 2023]による生成例を示します。Prompt-to-Promptは、Text-to-Imageモデルに対してプロンプトからプロンプトへ直感的な編集を可能にする手法です。図5-12に示すように、Text-to-Imageモデルの交差注意層に着目した分析結果から、画像空間のレイアウト情報とプロンプトの単語ごとの関係性を適切に制御する方法を構築しています。単語の置き換えによる局所的な編集と、指示の追加による大域的な編集の両者を可能にしています。

図5-11 Prompt-to-Promptによる画像の生成例。[Hertz et al., 2023]より引用。Prompt-to-Promptは、あるプロンプトから生成された画像に対して、画像空間を直接操作することなくテキストのみによる編集を実現。

図5-12 Prompt-to-Promptにて紹介されているText-to-Imageモデルにおける注意マップの可視化結果。[Hertz et al., 2023]より引用。(上段)左の図を生成した際に使用したプロンプトにおける、各単語に対する平均注意スコア。(下段)「bear」と「bird」という単語に対する、各逆拡散ステップにおける注意スコアの遷移。生成画像における物体の構図は、逆拡散過程の初期段階ですでに概ね決定されている。

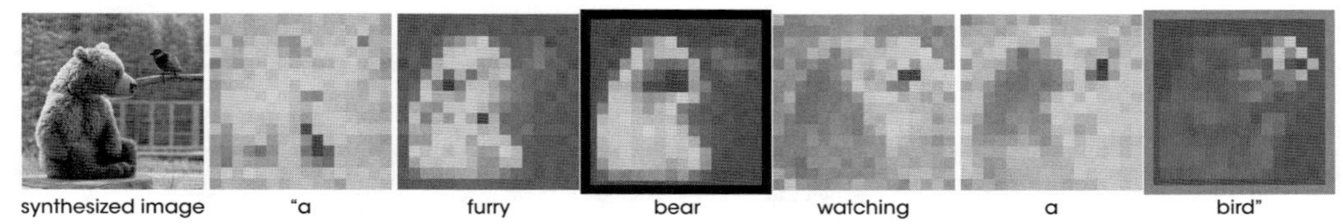

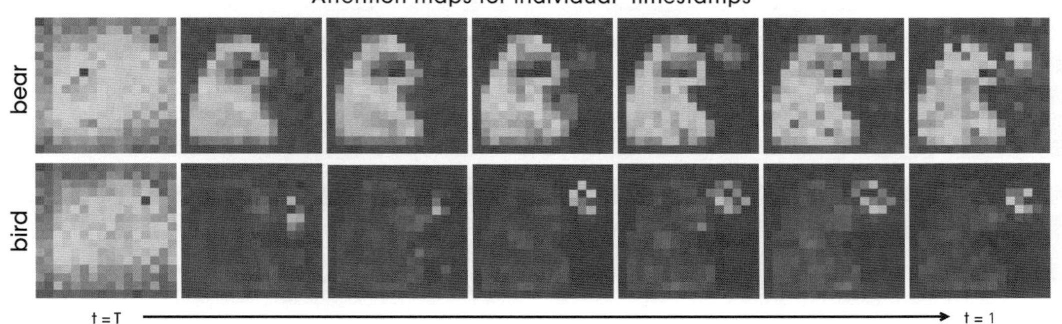

これまでの手法と比べて特に優れているのは、プロンプトの変更による画像編集が可能な点です。

従来のGAN、拡散モデルベースでは、テキストのみの指定は大域的な編集に限定されることが多く[Crowson et al., 2022][Kwon and Ye, 2022]、編集できたとしてもテクスチャの変更にとどまるなど、複雑な変更（例:自転車→自動車）は困難でした。図5-13に示すように、最先端の拡散モデルでは、プロンプトの一部分を変更すると画像全体が全く違うものになる傾向があります。例えば、「犬」→「白い犬」とした場合に、これまで描画されていた犬とは異なる犬が描画されてしまいます。

図5-13 Prompt-to-Promptの使用の有無における生成画像の変化。[Hertz et al., 2023]より引用。
（最左列）Prompt-to-Promptによる交差注意の制御がない場合、全く異なる画像が生成されてしまう。（最右列）Prompt-to-Promptによる制御がある場合、オリジナルの生成画像を考慮しつつ対象の部分を編集することが可能。

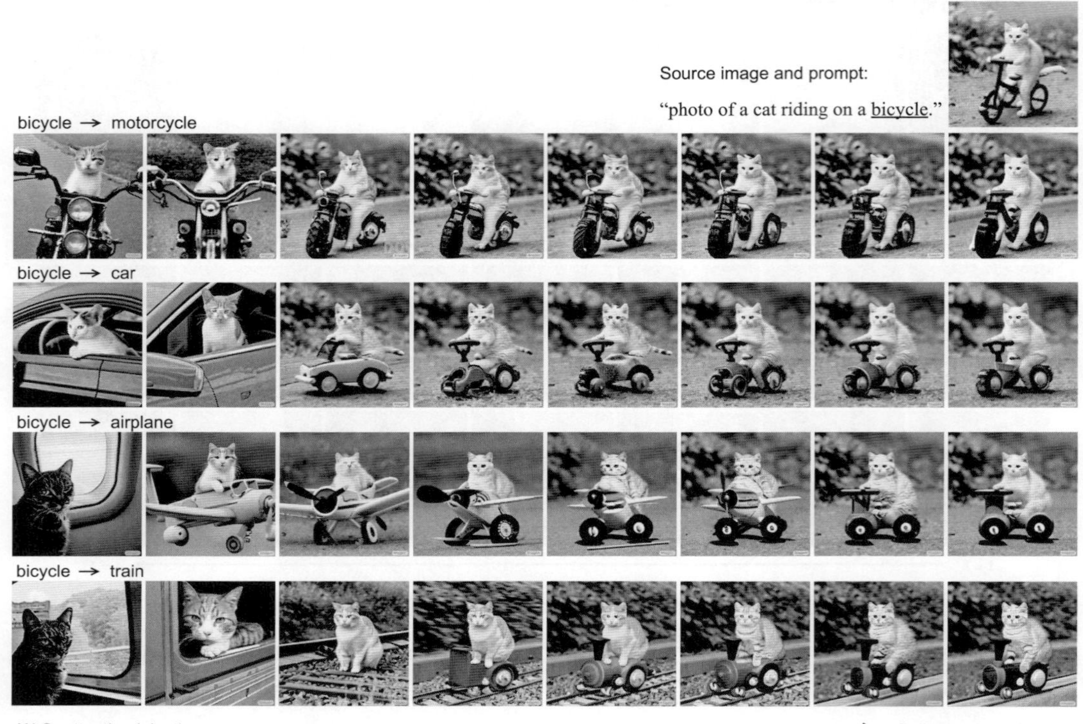

Prompt-to-Promptの核となるアイディアは「交差注意に着目した制御」です。図5-14に示すように、交差注意を適切に制御することで、プロンプトのみによる画像編集を実現しています。

図5-14 Prompt-to-Promptによる画像生成の概要。[Hertz et al., 2023]より引用。(上部)画像特徴、言語特徴を交差注意層で結合。各トークンに対して空間的な注意マップを計算。(下部)ソース画像の注意マップをもとに、生成画像のレイアウトを制御。テキストプロンプトのみを編集することで様々な編集が可能に。Prompt-to-Promptでは3つの編集を考慮している。(1) Word Swap:プロンプト内の単語を入れ替えた場合、レイアウトを保持するためにソース画像の注意マップM_tを用いてターゲットの注意マップM_t^*を上書き。(2) Adding a New Phrase:プロンプトに新しいトークンを追加する場合、プロンプトの変更されていない部分(共通部分)に対してのみ注意マップを注入。(3) Attention Re-weighting:対応する注意マップに対して適切な重み付けを計算することで、トークンが生成結果に与える影響の度合いを制御。

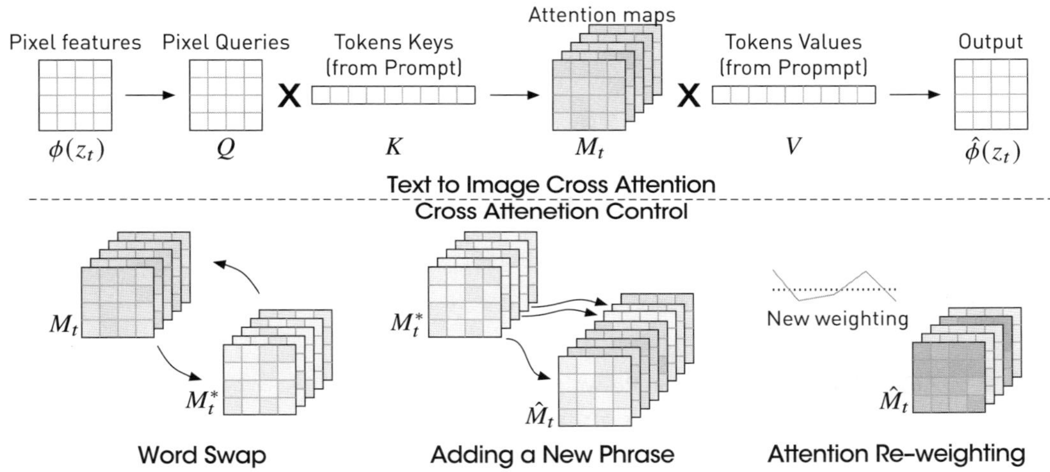

この手法では、タイムステップtにおいて、プロンプト$\mathcal{P}$による条件付けでの拡散モデルの注意マップをM_t、プロンプト$\mathcal{P}^*$による条件付けでの注意マップをM_t^*として定義します。プロンプトの編集は、編集関数$\mathrm{Edit}(M_t, M_t^*, t)$によって実現され、この関数において単語の置換、単語の挿入、注意マップの再重み付けなどを考慮して、多様な編集操作を可能にします。

単語の入れ替え (Word Swap)

オリジナルのプロンプト内の単語を別の単語に置換する編集操作について説明します。例として、$\mathcal{P}$ ="A big red bicycle"から$\mathcal{P}^*$ ="A big red car"への変更を考えます。この編集における主要な課題は、元のプロンプトで生成された構図やスタイルを維持しながら、新しいプロンプトの内容を反映させることです。この課題を解決するため、オリジナルの注意マップを変更後の注意マップに注入する手法を採用します。この処理は、注意マップの注入タイミングτを用いて定式化することができます。

$$\mathrm{Edit}(M_t, M_t^*, t) = \begin{cases} M_t^* & \text{if } t < \tau \\ M_t & \text{otherwise} \end{cases} \quad [5.1]$$

第5章 拡散モデルによる画像生成技術の応用

単語の挿入（Adding a New Phrase）

オリジナルのプロンプトへの新規単語の追加による編集操作について説明します。例として、$\mathcal{P}$ ="A castle next to a river"から$\mathcal{P}^*$ ="Children drawing of a castel next to a river"への変更を考えます。この編集では、プロンプト間の共通情報を保持するため、共通する単語に対してのみ注意マップの注入を適用します。具体的には、単語の共通項を抽出する関数$A(\cdot)$を導入します。この関数は、対象となるプロンプト$\mathcal{P}^*$から単語のインデックスを受け取り、対応する$\mathcal{P}$のインデックスを出力します（マッチしない場合はNoneを返します）。これらの要素を用いた定式化は以下のようになります。

$$(\mathrm{Edit}(M_t, M_t^*, t))_{i,j} = \begin{cases} (M_t^*)_{i,j} & \text{if } A(j) = \mathrm{None} \\ (M_t)_{i,A(j)} & \text{otherwise} \end{cases} \tag{5.2}$$

ここでインデックスiはピクセル値に対応し、jは単語に対応します。単語の入れ替えと同様に注意マップの注入タイミングτを設定することも可能です。

注意マップの再重み付け（Attention Re-weighting）

プロンプト内の各単語が生成画像に与える影響の度合いについて注目し、これを調整する操作関数について説明します。例えば、$\mathcal{P}$ ="A fluffy red ball"において、「フワフワ」の特徴をより強調したり抑制したりする場合を考えます。この操作を実現するため、指定された単語j^*の注意マップをパラメータ$c \in [-2, 2]$でスケーリングし、その効果の強さを調整します。このとき、他の単語に対応する注意マップは変更せずに維持します。この処理は以下のように定式化されます。

$$(\mathrm{Edit}(M_t, M_t^*, t))_{i,j} = \begin{cases} c \cdot (M_t)_{i,j} & \text{if } j = j^* \\ (M_t)_{i,j} & \text{otherwise} \end{cases} \tag{5.3}$$

● Prompt-to-Prompt実装のポイント ●

ではpython-image-generation/notebooks/5-3-1_prompt-to-prompt.ipynb[12]を開いてください。サンプルコードでは、Stable Diffusionを用いたPrompt-to-Promptの一例を紹介しています。Prompt-to-Promptは、生成結果をもとにプロンプトを差し替えたり、特定の単語に重みづけを行うなどして、生成画像をコントロールする仕組みを提供します。サンプルで登場する"edit_type"(replace／refine／reweight）や"local_blend_words"といったパラメータを使い分けることで、従

12 https://github.com/py-img-gen/python-image-generation/blob/main/notebooks/5-3-1_prompt-to-prompt.ipynb

来のプロンプト適用よりきめ細かい操作が可能になります。以下では、実装時の注意点や、パラメータ活用のヒント、パフォーマンスに関する工夫などを解説します。

実装でつまずきやすいポイントや注意点

- custom_pipeline="pipeline_prompt2prompt"：サンプルでは、diffusersライブラリのコミュニティ実装にあるpipeline_prompt2prompt.py[13]を読み込み、パイプラインをカスタムした形で利用しています。
- "edit_type"パラメータ："edit_type"として、主に以下の3つのスタイルが指定可能です。「（i）replace：ある単語を別の単語に置き換えるような編集スタイル」「（ii）refine：元の要素を残しつつ、追加／微調整を行うスタイル」「（iii）reweight：特定の単語に重みづけを行い「smiling」などを強調するように誘導」。それぞれのedit_typeでcross_replace_stepsやself_replace_stepsの扱いがやや異なり、挙動が大きく変わるので、複数のパターンを試して違いを確かめましょう。
- local_blend_words：文字列リスト（例：["squirrel", "cat"]）を指定すると、指定した単語の部分だけをローカルに編集し、それ以外の領域には手を加えにくくなります。ノイズ除去の途中で単語がどう扱われるか（"squirrel"→"cat"への置き換えなど）が複雑なので、過剰に多くを指定すると期待と異なる挙動となる場合があります。

パラメータの調整や拡張の方法

- cross_replace_steps、self_replace_steps：各注意機構に対する編集の度合いを調整するパラメータです。cross_replace_stepsは交差注意層の編集度合いと適用ステップ数を調整します。self_replace_stepsは自己注意層に編集を適用する度合いを調整します。それぞれ0.0～1.0の範囲が推奨です。低いと影響が小さくなり、高いとより大きく編集が入ります。高すぎると意図しない破綻が起きたり元画像の特徴が狂う可能性があります。
- equalizer_words、equalizer_strengths：edit_type="reweight"で利用します。特定の単語を強調したり、逆に抑える場合に活用します。strong=20のように大きく設定すると、単語に対する強調が顕著になりますが、破綻しやすくもなります。複数の単語を同時にreweightしたいときはequalizer_words、equalizer_strengthsのリスト長を揃えて設定してください。
- 入力プロンプト幅（width、height）：サンプルではデフォルトの512×512で生成していますが、これを変更したい場合はprompt_to_prompt関数の引数に指定可能です。解像度を上げる（1024×1024など）とVRAM使用量が跳ね上がるため、まずは小さなサイズでテストして問題

13 https://github.com/huggingface/diffusers/blob/v0.31.0/examples/community/pipeline_prompt2prompt.py

なければ大きくする方法が無難です。

処理速度・メモリ使用量などのパフォーマンス面での工夫

- dtypeとデバイス指定：torch.float16（fp16）で計算しているので、VRAMが少なめのGPUでも動作しやすいですが、古めのGPU（例：GTX 10xx系）では半精度が動かない場合があります。いざというときはtorch.float32に戻したり、複数のモデルを交互に使う場合は torch.cuda.empty_cache() を挟むなどしてメモリを確保するとよいでしょう。
- "cross_attention_kwargs"の設定：Prompt-to-Promptでは通常推論と比べて注目領域の管理や書き換えなどの追加処理があるため、処理時間がやや増えます。batch_sizeや画像サイズをなるべく控えめにするなどの工夫で全体の負荷を調整できます。

デバッグやエラー処理を円滑に進めるためのヒント

- 同じプロンプトで2枚生成して比較：サンプルではPrompt2PromptPipeline[14]に対してprompt=[prompt_before, prompt_after]を与えて2枚出力していますが、エラー時にどちらのプロンプトが失敗原因か区別しにくくなる場合があります。必要に応じて単体で試すか、step-by-stepに実行して前後で何が変わったかを確認しましょう。
- 同義語やスペルでの制御："squirrel"と入力したつもりが"squrrel"のスペルミスだと認識される「トークンくずれ」を起こす可能性があります。また同義語・類義語などの用語の扱いによっては正しく置き換えが行われないこともあるでしょう。トークナイザであるCLIPTokenizerの挙動を確認して、トークンが本当に狙った単語として扱われているかを見直してください。

応用例・さらに発展させるためのアイディア

- 単語単位だけでなく文脈で置き換えたい場合：Prompt-to-Promptは基本的にトークン単位で制御しますが、複数単語にわたるフレーズをまとめて置き換える、あるいはandやwithのニュアンスを変更するなども実装次第で可能です。local_blend_wordsを拡張し、正規表現やサブトークンのまとまりをうまく扱う仕組みを作れば、より複雑な文脈に対応できるかもしれません。
- 入力画像との組み合わせ：Image-to-ImageでもPrompt-to-Promptを活用することで、同じ構図を維持しつつ特定オブジェクトだけ置き換えたりスタイルを変えたりできます。diffusersのpipeline_prompt2prompt.pyをImage-to-Imageへ拡張することも検討してみましょう。

---

14 https://github.com/huggingface/diffusers/tree/v0.31.0/examples/community#prompt2prompt-pipeline

- 分野固有の専門用語への対応：例えば医学論文のような専門単語を編集したい場合、既存のトークン化から外れたり、正しく分割されないケースが発生します。「カスタムトークナイザを差し替える」「あらかじめ特殊トークンを追加しておく」「DreamBooth／Textual Inversionと組み合わせる」などの方法で対応できます。

以上のとおり、Prompt-to-Promptは比較的シンプルなインターフェースながら、テキスト、トークンレベルでの編集が可能で、様々な応用が考えられます。元のプロンプトの構図や要素を活かしつつ、特定の部分だけ変えたいときなどに活躍しますので、ぜひ本サンプルコードをベースにパラメータ調整や追加機能開発を試してください。

InstructPix2Pix

図5-15に**InstructPix2Pix**[Brooks et al., 2023]の概要を示します。InstructPix2Pixは、Text-to-Imageモデルが生成した画像に対して、「テキストのみ」で画像編集の指示を実現する手法です。Stable DiffusionとGPT-3を活用し、元となる生成画像と編集指示テキストの大規模データセットを構築し、それらをもとに学習を行っています。

図5-15 InstructPix2Pixによる画像の生成例。[Brooks et al., 2023]より引用。InstructPix2Pixでは入力画像とその画像に対する編集方法を「テキストのみ」で指示することで、その指示に忠実な画像編集を実現。このような編集は従来ではテキストに加えてマスキングなどの追加の情報が必要であった。

これまでの手法と比べて特に優れている点はText-to-Imageモデルが生成した画像に対して、シンプルなテキスト指示のみで直感的な画像編集を実現できる点にあります。

InstructPix2Pixは、アイディアの部分ではPrompt-to-Promptと高い類似性を持ちます。ただし、Prompt-to-Promptは元々のプロンプトに対して追加のテキストを加える形式ですが、InstructPix2PixはPrompt-to-Promptのようにすべてのプロンプトは必要とせず、編集箇所のみを指示（instruct）[15]する形式になっています。

InstructPix2Pixは学習済み基盤モデルによって生成されたデータで学習を行っています。従来は人手によってアノテーションされたデータをもとにモデルを学習させることが多かったのですが、現在、大規模生成モデルによる合成データを用いた学習が注目を集めています[Ravuri and Vinyals, 2019][Li et al., 2022][Peebles et al., 2022]。

InstructPix2Pixの核となるアイディアは「画像編集用の大規模データセットの構築と、拡散モデルをもとにしたテキスト指示による画像編集モデルの学習」です。

図5-16に示すように、まずは入力テキスト、編集指示プロンプトテキスト、編集後のプロンプトテキストの3つの組を700件程度人力で作成しておきます。そして、このデータをもとにGPT-3をFine-tuningし、これらのテキストの組を増やしておきます。その後Prompt-to-Promptを使用して編集前後の画像データを作成し、図5-17に示すような局所的に変化させたデータを獲得します。これが画像編集用の大規模データセットとなります。

次に、作成した画像編集用データセットをもとに、Stable DiffusionをFine-tuningします。今回の「画像編集前と後のペアデータ」のように学習データが限られている場合は、Stable Diffusionのような大規模データで学習済みモデルを使用することで、ゼロから学習させるよりも良い結果が期待できます[Wang et al., 2022]。ここで条件付けとして編集対象となるオリジナルの画像を入力するために、最初の畳み込み層にチャンネルを追加しています。ここで追加した畳み込み層のパラメータはゼロで初期化されており、徐々に学習されていくよう工夫されています[16]。さらに、CFGを発展させてオリジナル画像と編集指示テキストによる2つの条件を考慮した新たなCFGも提案しています（図5-18）。

15　InstructPix2Pixが登場する少し前に、ChatGPTの元となったアイディアと言われるInstructGPT[Ouyang et al., 2022]が注目を集めた影響もあってか、指示に焦点を当てた研究が数多く登場しました[Dai et al., 2023][Zhang et al., 2023]。InstructPix2Pixもその1つだと言えるかもしれません。

16　ControlNetのZero Convolutionに類似したアイディアだと言えます。

図5-16 InstructPix2Pix における学習の概要。[Brooks et al., 2023]より引用。InstructPix2Pixは大きく「(1)編集前後の対応を学習可能なデータの生成」「(2)編集指示に従う拡散モデルの学習」に分かれる。
(1)について:(a)編集指示プロンプトテキスト(instruction)と編集後のプロンプトテキスト(edited caption)を生成できるようにGPT-3をFine-tuningする。(b)Stable Diffusionに対してPrompt-to-Promptを使ってinstructionとedited captionから編集前後の画像を生成。(c)上記の手順で45万枚の画像を生成。
(2)について:(d)Stable Diffusionで生成した画像を使用してinstructionからedited captionに合う画像を生成するように学習させる。

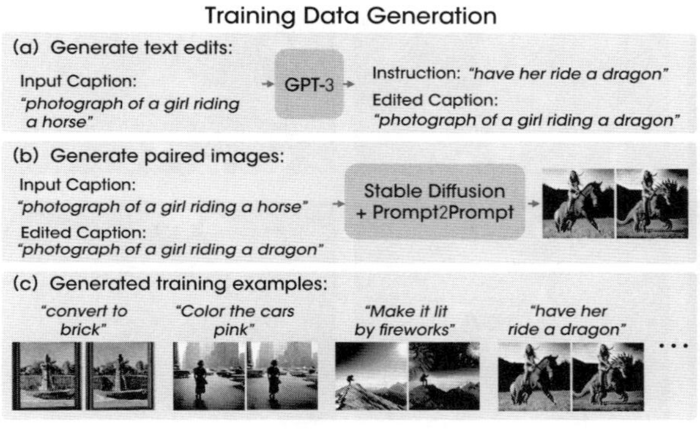

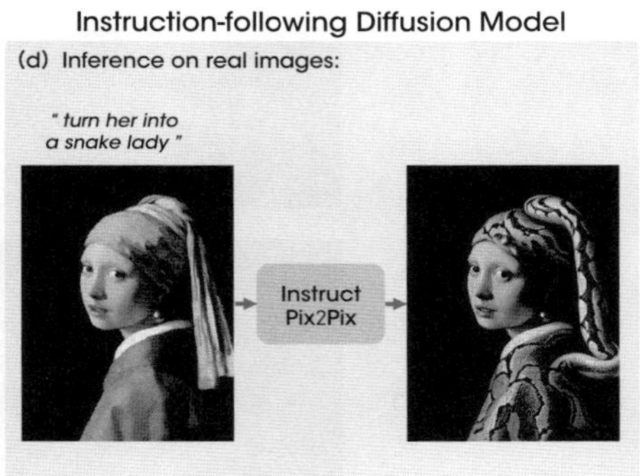

図5-17 Prompt-to-Promptの使用の有無におけるStable Diffusionによる画像生成結果の比較。[Brooks et al., 2023]より引用。それぞれプロンプトは以下の通り:「photograph of a girl riding a horse」「photograph of a girl riding a dragon」

(a) Prompt-to-Prompt を使用しない場合

(b) Prompt-to-Prompt を使用した場合

図 5-18 元画像と編集指示テキストによる2つの条件を考慮したCFG による画像編集の例。[Brooks et al., 2023]より引用。s_I(縦軸)は入力画像との類似度を制御。s_T(横軸)は編集指示との一貫性を制御。

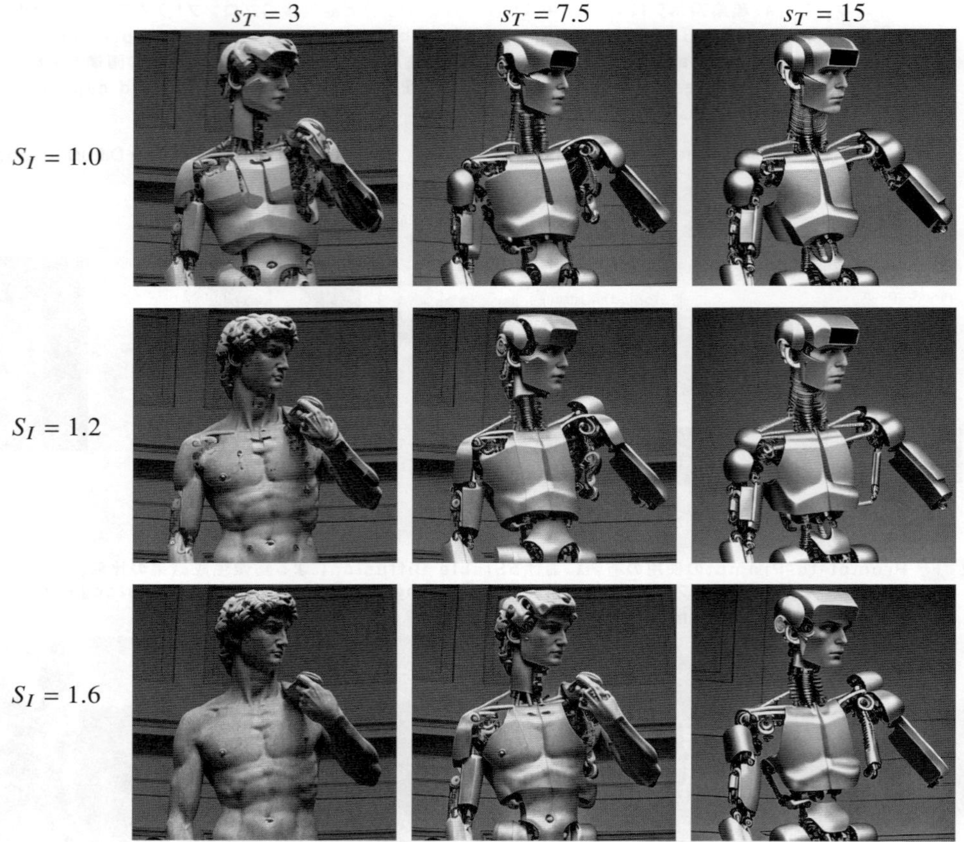

InstructPix2Pix実装のポイント

ではpython-image-generation/notebooks/5-3-2_instruct-pix2pix.ipynb[17]を開いてください。サンプルコードは、InstructPix2Pixを使ってテキストによる画像編集を行う例です。InstructPix2Pixでは、(1) 元画像と (2)「どのように編集してほしいか」というプロンプトの両方を入力にして、生成画像を得ることができます。ここでは実装時に注意すべきポイントや、パラメータ調整の方法、効率的なデバッグ手段などを解説します。

17 https://github.com/py-img-gen/python-image-generation/blob/main/notebooks/5-3-2_instruct-pix2pix.ipynb

実装でつまずきやすいポイントや注意点

● 学習済みモデルを適切にロードする際のオプション：サンプルでは torch_dtype=torch.float16とvariant=fp16を設定し、VRAMを節約しています。ただし、古めのGPUでは16bitが使えない場合もあります。その場合は、torch_dtype=torch.float32に変えて試す、あるいは差分を詰めるなどの工夫が必要です。

● 安全チェック（safety_checker）の有効／無効化：サンプルではsafety_checker=Noneとしていますが、これはダビデ像を題材に画像編集を行った結果、チェック機構が誤作動したためです。一般的には結果によってセンシティブな画像が出力される可能性があるので、実運用の場合は注意してください。公開サービスなどで使うならば、表示をブロックする仕組みを別途用意するなど、セキュリティ面の配慮が必要です。

ハイパーパラメータの調整

● guidance_scale（s_T）：テキストプロンプトに対する重み付けを示しています。数値を上げるとテキストの指示がより強く反映されますが、破綻しやすくなる場合があります。一般的な値の範囲は7〜10あたりで、より強調したいなら15前後まで上げてみましょう。ただし出力が荒れる可能性があるのでテストが必要です。

● image_guidance_scale（s_I）：入力画像をどの程度維持するのかという値です。大きいほど元画像の形状・雰囲気を残しやすいですが、編集内容が反映されにくくなることもあります。1.0付近がデフォルトです。1以上にすると元画像をより強固に維持する傾向、1未満にするともっと大胆に編集される傾向が強くなります。

● 使い方のコツ：guidance_scaleとimage_guidance_scaleの組み合わせによって結果が大きく変わります。サンプルのように、グリッド表示で複数のパラメータによる生成画像を比較すると違いが一目瞭然なのでおすすめです。

パフォーマンス面やメモリ管理での工夫

● enable_xformers_memory_efficient_attention：pipe.enable_xformers_memory_efficient_attention()を呼び出すと高速化やメモリ使用量削減が期待できますが、環境によってはうまく動かないことがあります。PyTorchのバージョンやGPU依存であるため、特に問題なければ試してみる価値があります。

● batch sizeや画像サイズの制御：入力画像の解像度が高いほどVRAM使用量も増え、生成にかかる時間も増加します。大きめ解像度での動作を確認したいときは、バッチサイズを1にして、さらにパイプラインのenable_attention_slicing()なども試すと、構成によってはエラー回避できます。

デバッグやエラー処理を円滑に進めるためのヒント

- "image"や"prompt"の確認：入力画像（pillow）のモードや形状、プロンプトのスペルミスによる不具合などがありえます。load_image[18]で取得した後に.sizeや .modeを確認し、512×512や"RGB"が表示されるように調整するとトラブルが減ります。
- オブジェクトの破綻や過剰編集：guidance_scaleやimage_guidance_scaleを大きくしすぎると意図しない結果が得られやすくなります。数値を段階的に変えながら画像を比較し、最適なバランスを探ってください。
- 総合的な挙動確認：seed値を固定（例：torch.manual_seed(42)）することで再現性を確保できますが、環境によって結果が完全には一致しないケースもあります。しかし、同じseedなら類似イメージを得やすいので、目安としてパラメータの比較がしやすくなります。

応用例・さらに発展させるためのアイディア

- "turn him into cyborg"以外の指示バリエーション："turn him into a cartoon character"、"make the background a night cityscape"、"change the clothes to futuristic style"などの多彩な指示を試すと、InstructPix2Pixの汎用性を把握できます。
- デモアプリケーションでのパラメータ探索：streamlitやgradioなどで、guidance_scaleやimage_guidance_scaleをスライダーで調整して、結果をリアルタイム表示するUIを作れば、より直感的なパラメータ探索が可能です。

以上がInstructPix2Pixを使ったテキスト指示による画像編集に関するアドバイスです。

1. モデルと依存ライブラリのバージョンを正しく合わせる
2. guidance_scaleとimage_guidance_scaleの適切な調整
3. 再現性ある実験とパラメータ比較

などを行うことで、目的に合った編集結果を得やすくなるはずです。ぜひ色々な指示や設定値を試して、面白い編集効果を探求してみてください。

---

18 https://hf.co/docs/diffusers/v0.31.0/en/api/utilities#diffusers.utils.load_image

Paint by Example

図5-19にPaint by Example[Yang et al., 2023]の概要を示します。Paint by Exampleはお手本となる参照画像に基づいて、元画像内の物体を意味的に変更するような新たな画像編集手法です。画像を用いることで、テキストでは表現が難しかった雰囲気やニュアンスを拡散モデルに伝えることができ、詳細な制御を可能にしています。

図5-19 Paint by Exampleによる参照画像を用いた画像編集の例。[Yang et al., 2023a]より引用。(最左列)元画像とマスクによる編集領域の指定。(その他列)左上の参照画像をもとに指定した領域を編集した結果。

Paint by Exampleがこれまでの手法と比べて優れている点は以下の通りです。

1. 画像合成の観点：全景画像を他の画像に合成できる
2. 画像編集の観点：画像内の物体を考慮した編集ができる
3. 条件付けにテキストではなく画像を入力できる

1について、従来手法は前景と背景が意味的に調和していることが大前提で、構造を変えずに色の雰囲気を調整するだけにとどまっていました[Xue et al., 2022]。InstructPix2Pixは、拡散モデルを活用することで、シームレスな統合を実現しています。前景と背景の境界部分を自然にInpaintingして滑らかな編集を実現し、照明条件や解像度の違いを自動的に調整できます[Xue et al., 2022]。

2について、従来手法は特定のジャンル（例：顔画像、自動車、鳥、猫）の学習データセットに依存していたため、これ以外のジャンルの画像の編集が難しい傾向にありました[Bau et al., 2019][Gu et al., 2019][Ling et al., 2021]。テキストをもとにした画像編集としてGANベースの手法[Bau et al., 2021][Abdal et al., 2022][Gal et al., 2022]や拡散モデル[Avrahami et al., 2022][Hertz et al., 2023][Brooks et al., 2023]ベースの手法が提案されていましたが、GANベースの手法では複雑なシーンや複数の物体を編集するのに制限があり、また拡散モデルベースの手法では言語のみで詳細な編集を指示するのが画像で指示するよりも難しいといった問題がありました。

3について、図5-20に示すように、訓練データにおいては順調に学習が進む一方で、テストデータは参照画像をそのまま貼り付けてしまうような、コピーペースト現象に陥ってしまいます。これに対してInstructPix2Pixでは、このような単純なコピーペーストや色調整だけでなく、前景画像の意味的な変換が可能です。例えば、ポーズ、変形、視点などを自動的に調整して、背景画像のコンテキストに自然に溶け込むように合成できます。

図5-20　ナイーブな手法で学習させたときに見られるコピーペースト現象。[Yang et al., 2023a]から引用。生成画像は極めて不自然に見える。

Paint by Exampleの核となるアイディアは「参照画像をもとにした画像編集」です。Paint by Exampleの手法にはInformation Bottleneck、Strong Augmentation、Controllabilityの3つのアイディアが含まれています。Information Bottleneckはモデルに単なるコピーペーストではなく参照画像の内容を理解して編集できるように訓練する方法です。Strong Augmentationは訓練データとテストデータのミスマッチ問題を緩和する方法で、強力な**Data Augmentation（データの水増し）**を適用することで、参照画像からよりロバストな特徴の学習を促します。Controllabilityの観点では、画像編集で利用するマスク領域の形状を適切に制御することで、参照画像と編集領域の類似度を制御します。

図 5-21 Paint by Exampleにおける学習の概要。[Yang et al., 2023a]より引用。Paint by Exampleは2つのパイプラインから成る：(1) 拡散過程の計算。(2) 条件の計算。
(1) 入力画像に対して対象物体領域をマスクしたData Augmentationを実施したものと、ステップtにおけるノイズ画像を拡散モデルへと入力する。(2) 入力画像に対して対象領域をクロップした後、それを参照画像とみなしてData Augmentationを実施、CLIPにおける画像特徴取得を経て、Information Bottleneckの役割を果たすMLPに通して拡散モデルへと入力する。

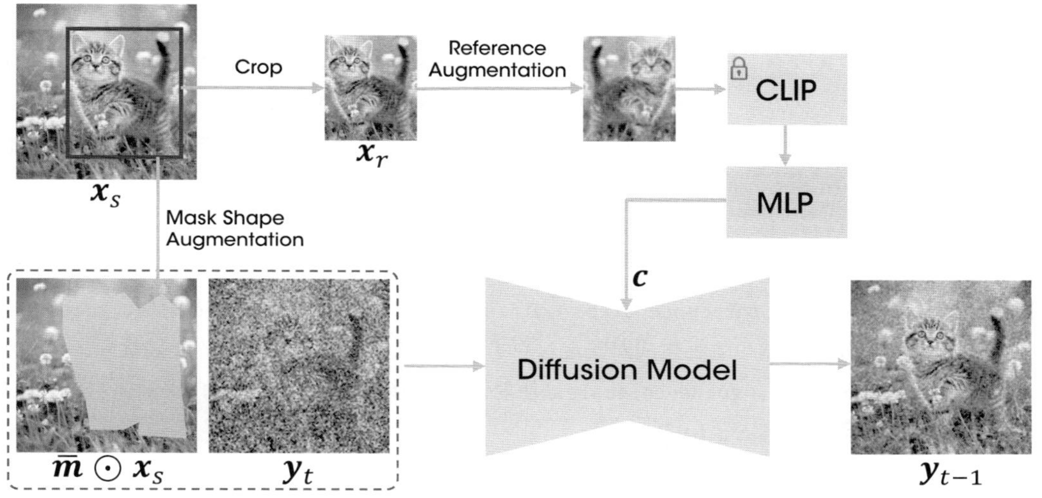

Paint by Example実装のポイント

ではpython-image-generation/notebooks/5-3-3_paint-by-example.ipynb[19]を開いてください。サンプルコードでは、Paint by Exampleを用いて、部分的なマスク領域に外部の参照画像（example_image）の特徴やスタイルを適用したInpaintingを行う例を示します。これにより「既存の画像の一部分を別の画像に書き換える」という高度な編集が可能になります。以下では、このコードを使う際に押さえておきたい実装上の注意点やパラメータ調整のヒントを解説します。

実装でつまずきやすいポイントや注意点

- 参照画像（example_image）の指定とサイズ：参照画像は、書き換えたい範囲（maskで示した領域の形状）とスタイルを類似させたい場合に利用します。拡大・縮小の仕方によっては意図しない結果になることもありえます。マスク領域が大きい場合は高解像度のexample_imageを使うか、またはネットワークがモデル内部で対応できるようにある程度スケール調整してお

19 https://github.com/py-img-gen/python-image-generation/blob/main/notebooks/5-3-3_paint-by-example.ipynb

くのがよいでしょう。

- mask_imageの扱い：Paint by Exampleではmask_imageが白（1.0）の部分に編集が入ります。白く見えていても実際には濃淡がある場合、一部しか書き換えられない／逆に全体が書き換わるという問題が起こりやすくなります。白黒の2値（0または255）でマスク画像を作成してください。
- リサイズ時のアスペクト比：このサンプルでは resize_size=(512, 512)に統一していますが、元画像やマスクの縦横比を変更してしまっているケースがあります。 Inpainting結果を歪ませたくない場合は、元のアスペクト比を維持したままリサイズやパディングする実装を検討してください。

パラメータ調整や追加オプションの活用方法

- guidance_scale、num_inference_steps：diffusersの他のパイプラインと同様、guidance_scaleやステップ数を増やすと生成が安定しやすくなりますが、やりすぎると破綻やノイズが増える傾向にあります。guidance_scaleは初期値7.5前後を試しつつ、inference_stepsは50～100の範囲で調整するとよいでしょう。
- generator によるシードの指定：torch.manual_seed(seed) の部分でシードを与えると再現性を保てますが、GPUで実行する場合、完全再現できないこともあります。様々な生成結果を比較したい場合はシードを変えて複数パターンを並べるなどのアプローチが効果的です。
- 解像度を下げる／バッチサイズを小さくする：PaintByExamplePipeline[20]も通常のStableDiffusionPipelineと同様、解像度が大きいほどVRAM使用量や推論時間が増えます。まずは512×512など標準的なサイズで試し、必要に応じて768×768やそれ以上に拡張するなど段階的に行うとよいでしょう。

デバッグやエラー処理を円滑に進めるためのヒント

- 画像編集が想定した動作にならないトラブル：マスク画像が反転している（白黒逆）場合や、マスクが薄いグレーになっている場合は、正しく書き換えが起こらない、あるいはほとんど変化が見られないなどの問題が起きます。pillowなどでマスクを可視化し、白の部分が意図どおり書き換えたい領域になっているか確認しましょう。
- 参照画像の要素が思ったより反映されない：参照画像とマスク領域が大きくかけ離れている場合は、モデルがうまくマッピングできないケースがあります。example_imageを被写体または背景に近いイメージで準備し、元画像とテイストが似るよう工夫してください。

---

20 https://hf.co/docs/diffusers/api/pipelines/paint_by_example#diffusers.PaintByExamplePipeline

- 参照画像がそのまま貼り付けられる：参照画像が過度に強く反映されて、コラージュのように雑に貼り付けただけになる可能性もあります。negative_promptやガイダンススケールを活用し、もう少し生成過程を拡散させるなど調整すると、自然な仕上がりに近づきます。

応用例・さらに発展させるためのアイディア

- 複数のマスク領域への同時適用：一度に複数箇所を置き換えたい場合、マスク画像で複数の白領域を用意しておけば、自動でそれらすべてを書き換えることが可能です。部分ごとに参照画像を変えたいときは、複数回pipe()を呼ぶか、独自コードで段階的に書き換えても面白いでしょう。
- ControlNetと組み合わせる：ControlNetを併用すると、形状・ポーズを制御しながらPaint by Exampleの参照スタイルで書き換えるなど、さらに細かい指示ができる可能性があります。
- 画像生成後の連続パイプライン構成：PaintByExamplePipelineで修正し、さらに別のInpainting手法やLoRAを使用して微調整、といった複数ステップの編集パイプラインを組むことで、より高度な編集が実現できます。

以上が、Paint by Exampleの典型的な利用法と、実装をスムーズに進めるための注意点です。

1. マスク画像の作成やリサイズ時の注意を守る
2. 参照画像を適切なスケール・内容で用意する
3. guidance_scale／negative_prompt／num_inference_stepsなどを調整しながらイメージを追い込む

などのステップを丁寧に試し、理想に近い画像編集を目指してみてください。

第4節

画像生成モデルの学習および推論の効率化

本節では、より小さなGPUマシンや少ない計算資源で画像生成モデルを学習させる**LoRA**(**Low-rank Adaptation**、**低ランク適応**)[Hu et al., 2021]や、推論自体を高速化させるような**LCM**(**Latent Consistency Model**、**潜在一貫性モデル**)[Luo et al., 2023]について紹介します。

LoRA

図5-22にLoRAを適用したときと、適用しないときの生成画像の比較を示します。LoRAは効率的なモデルのFine-tuning手法であり、特定の画風を少ない計算資源で学習させることができます。モデル全体をFine-tuningさせるFull Fine-tuningは多くの計算資源を必要としますが、LoRAによるFine-tuning(**LoRA tuning**)はColabで無料で使用できるGPUでも動作するために爆発的に広まり、多くのLoRA tuningモデルが公開されました。元々はLLMに対するFine-tuning手法として提案されましたが、Stable Diffusionをはじめとした Text-to-Imageモデルにも応用可能です。

図5-22 LoRAによって特定の画風を学習させたモデル(LoRA)と、学習させてないモデル(Non-LoRA)の生成結果の比較。画像はhttps://hf.co/docs/diffusers/v0.23.1/en/training/loraより引用。

LoRA

Non-LoRA

これまでの手法と比べて優れている点は以下の通りです。

1. プロンプトエンジニアリングやFine-tuningの効率
2. 効率的なパラメータ調整が可能
3. 深層学習における低ランク近似の活用

1について、所望の出力が得られるようにプロンプトを構築するのは非常に手間がかかります。特にLLMのFine-tuningは一般的に困難であり、Stable Diffusionをはじめとしたモデルも特にコンシューマ向けのGPUマシンにおいて同様の難しさがあります。

2について、元のモデルに**Parameter-efficient Adaptation**(**効率的なパラメータ調整**)[Rebuffi et al., 2017]は小規模なAdapterをモデルに挿入し、その部分のみを学習させることで効率的な学習を実現する手法です[Rebuffi et al., 2017][Houlsby et al., 2019][Lin et al., 2020][Li Liang, 2021][Lester et al., 2021]。LoRAもParameter-efficient Adaptationの一種と捉えることができます。LLMの注目度合いが高まるにつれて、プロンプト部分に焦点を当てたFine-tuning手法である**Prefix-Tuning**[Li Liang, 2021]や**Prompt-Tuning**[Lester et al., 2021]が提案されました。これらは特殊なプロンプトを入力し、その部分に対応するパラメータのみを学習させる手法で、モデル全体のパラメータを学習させるよりもはるかに効率のよい学習を可能にします。しかし、Prefix-TuningやPrompt-Tuningでは、追加のプロンプトを使用するためにプロンプト全体が長くなってしまい、タスクを解くためのプロンプト入力が制限される問題がありました。

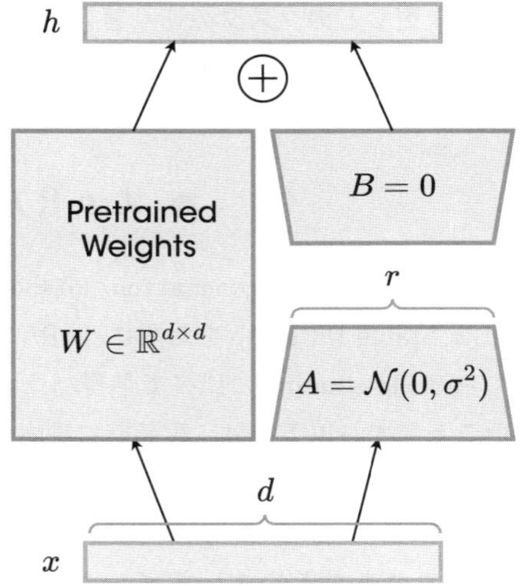

図 5-23 LoRAによる事前学習済みモデルの効率的なFine-tuningの例。学習済みモデルのパラメータWを固定しつつ、LoRAでは行列AおよびBで置き換えることで様々なタスクを効率的に学習可能。

3について、従来の研究では、モデル訓練時にパラメータ行列を低ランク行列へ近似する手法が提案されていました[Sainath et al., 2013][Povey et al., 2018][Khodak et al., 2021]。しかし、事前学習済みのパラメータを固定したモデルの下流タスク[21]への適応における低ランク近似・更新の研究は行われていませんでした。LoRAは、低ランク近似を効果的に活用することで、パラメータ数が

21 下流タスク(downstream tasks)とは、事前学習済みモデルを特定の目的や作風に合わせて最適化する場合の応用タスクのことで、たとえばアニメ風のイラスト生成や建築パース作成などが該当します。これらのタスクでは、事前学習で得られた汎用的な知識を活かしつつ、追加でFine-tuningを行う必要があります。

多いモデルの効率的なFine-tuningを実現します。

この手法の利点は、学習効率の大幅な向上とプロダクトとしてサービスへ導入する際の容易性の2点に集約されます。

前者は大規模モデルに対してパラメータの保持や勾配計算が不要になることで実現されます。これにより必要なハードウェアの要件が最大で3分の1に低減され、結果的にColabの無料版の範囲でもStable Diffusionの効果的なFine-tuningが可能になります。

後者はLoRAで学習した低ランク行列は事前学習済みモデルと並行して動作するため、レイテンシの観点から推論時の待ち時間が発生しないといった実用的な利点も備えています。

LoRAの核となるアイディアは「低ランク適応（low-rank adaptation）」です。図5-23に示すように、LoRAはオリジナルの重み（全結合層）の隣に差分行列$\Delta W = BA$を追加します。具体的には2つの低ランク行列$A \in \mathbb{R}^{d \times r}, B \in \mathbb{R}^{r \times d}$を導入します。ここで$r$は2などの小さな数字でも有効に動作します。Full Fine-tuningと比較して学習時のパラメータ数を劇的に削減しつつ同等の予測性能を実現しています。

LoRAはオリジナルのモデルパラメータはそのままに、LoRAの重みを付け替えることで適用する画風の変更などのタスクの切り替えを容易に実現できます。さらにLoRAは線形変換をしているだけなので推論コストが増えることはありません。

● LoRA実装のポイント ●

ではpython-image-generation/notebooks/5-4-1_lora.ipynb[22]を開いてください。サンプルコードでは、Stable Diffusionを対象に、LoRAを使ったFine-tuningを行っています。LoRAの利点は、従来のFull Fine-tuningに比べて学習パラメータ数を大幅に削減できるため、高速かつVRAM負荷が低いことです。以下では、実装時に押さえておくと便利なポイントやパラメータ調整、デバッグに関するヒントをまとめます。

実装でつまずきやすいポイントや注意点

- LoRAの設定（LoraConfig）について："r"と"lora_alpha"にはLoRA層のランクやスケーリング係数を指定するので、モデルに大きな影響を与えます。サンプルでは両方ともhparams.lora_rankが使用されています。通常は4〜32程度のランクで試してみるとよいでしょう。ランクが高いほど表現力が上がりますが、大きくしすぎるとFull Fine-tuningに近づきメモリ使用量が増えます。

---

22 https://github.com/py-img-gen/python-image-generation/blob/main/notebooks/5-4-1_lora.ipynb

- target_modules：LoRAを適用するモジュール名として"to_k"、"to_q"、"to_v"、"to_out.0"を指定しています。これはMHAの主要な重みに相当します。モジュール名を増減すると微調整可能なパラメータの総量が変わるため、学習結果に影響が出ます。まずは注意機構に限定して試してから、必要に応じて他の部分にも適用するのが一般的です。
- gradient_checkpointing：サンプルではgradient_checkpointing=TrueでU-Netの中間的な勾配の保存を最小限にすることでGPUメモリを節約していますが、速度が少し低下します。再現性を確保したい場合やVRAMが十分ある場合はオフにしても構いません。その場合、学習速度は向上しますがVRAM使用量は増えます。

LoRAのパラメータ調整や拡張の方法

- hparams.lora_rank："r"や"lora_alpha"で指定するLoRAのランクが小さすぎると過度に容量が少なくなり学習がうまくいきません。また大きすぎるとFull Fine-tuningに近くなりVRAM負荷が増えます。多くの場合、4〜8あたりが実用的なバランスとなります。結果に合わせて数値を上下し、ベースモデルへの影響度合いを比較してください。
- guidance_scale、num_inference_steps：生成テスト時、通常のStable Diffusion同様にguidance_scale（＝7.5など）や推論ステップを調整できます。LoRAで学習された概念をうまく活かすにはステップ数を少し増やす（25〜50）と確認しやすいでしょう。
- use_8bit_adam：bitsandbytes（8bit Adam）を使うと大幅にVRAMを節約できますが、環境依存のエラーが起きることがあります。うまく動かない場合はhparams.use_8bit_adam=FalseにしてAdamW（通常精度）を使うなど回避策を試してください。

処理速度・メモリ使用量などのパフォーマンス面での工夫

- train_batch_size、gradient_accumulation_steps：バッチサイズが大きいほど速度は上がりますが、同時にVRAM消費も激増します。メモリ不足が発生する場合、バッチサイズを小さくしてgradient_accumulation_stepsを増やすと同等の学習効果を維持できます。
- mixed_precisionの選択：fp16はメモリ削減と処理速度向上に有効ですが、環境によってはbf16やno（float32）に比べて学習が不安定になる場合があります。特にAmpere（RTX 30 シリーズ）GPUはbf16により高速化が進むケースもあるので、エラーが出る場合やNaNが発生する場合はbf16を試してみましょう。

デバッグやエラー処理を円滑に進めるためのヒント

- OOM対策："CUDA out of memory"が起こる場合はbatch sizeを下げるかgradient_accumulation_stepsを上げるなどで対策する必要があります。「enable_xformers_memory_ efficient_attentionを呼ぶ」「attention_slicingを有効にする」などで追加のメモリ節約が可能です。

- 学習効果が見られない場合：LoRAのランクが低すぎるか、データセット自体が少なすぎる／質が低いなどが考えられます。「lora_rankを8〜16くらいに上げる」「学習ステップを増やす」「学習率（learning_rate）を下げてみる」などの調整をして結果を観察しましょう。
- save_lora_weightsの呼び出しタイミング：サンプルでは、各エポックごとにsave_lora_weightsを呼んでいます。このため、もしも学習が途中でクラッシュしても、保存したLoRAの重みを使って再開できます。

応用例・さらに発展させるためのアイディア

- Text Encoder側のLoRA：今回のサンプルではU-Net側にのみLoRAを適用しています。文字列の埋め込みをさらに最適化したい場合はtext_encoderにもLoRAの適用を検討してみましょう。データセットによってはテキスト埋め込みの学習も合わせるとより強力な調整が可能ですが、その分メモリの使用量や計算量は増えるので注意が必要です。
- 複数のLoRAモデルの合成：LoRAの差分パラメータを合成（merging）することで、複数コンセプトをまとめたLoRAを作る手法もあります[23]。diffusersではadapter_weights=[0.7, 0.8]のようにウェイトを掛け合わせるなど、LoRA同士をブレンドする方法は色々あるので試してみるとよいでしょう。
- DreamBooth、Textual Inversionなどとの併用：同じサンプルコードでDreamBooth用のコードをLoRA化したり、Textual Inversionと組み合わせるなど、さらにチューニングの幅を広げられます。LoRAレイヤーは小さいため、「テキスト固有トークンの学習＋U-Net LoRA」の2段階アプローチの作り込みも比較的容易です。

以上が、LoRAを用いたStable DiffusionのFine-tuningコードをより深く活用する際のポイントです。

1. LoRA ランクや適用モジュールの選択
2. 学習率やバッチサイズ、勾配キャップなどを微調整
3. メモリ効率化オプション（mixed_precision、gradient_checkpointing、8bit optimizerなど）の有効活用

23 https://huggingface.co/docs/diffusers/v0.31.0/en/using-diffusers/merge_loras

といった手順を繰り返し試行し、所望の学習結果に近づけてみてください。

LCM

LDMをはじめとした潜在空間における拡散モデルは、高品質な画像生成を可能にしましたが、逆拡散過程を反復することで生成に時間がかかってしまう課題がありました。**LCM**（**Latent Consistency Model**）[Luo et al., 2023]は、これを解決するために提案された技法です。

従来の拡散モデルに対する**CM**（**Consistency Model**）[Song et al., 2023]は入力空間を対象としていましたが、LCMはこれをベースにしつつ対象を潜在空間としました。その結果、LDMから派生する様々なモデルに対して、最小限のステップ数で高速な画像生成を実現できました。

図5-24にStable DiffusionにLCMを適用したときの生成画像例を示します。LCMによる微調整によって1ステップ、もしくは2〜4ステップの逆拡散過程で高品質な画像を生成可能になっています。

図5-24 LCMによって生成された画像例。[Luo et al., 2023a]より引用。学習済みStable Diffusionからわずか4,000ステップで蒸留が可能であり、768×768サイズの解像度を有する高品質な画像をわずか2〜4ステップ、あるいは1ステップで生成可能である。

2-Steps Inference

(a)2ステップのみで画像を生成させた結果

4-Steps Inference

(b)4ステップのみで画像を生成させた結果

これまでの手法と比べて優れている点は以下の通りです。

1. CMを発展させた効率的な処理
2. 拡散モデルへの高速化技術の導入

1について、LCMはCMと密接に関わっており、拡散モデルの「画像生成時にT回ノイズを除去する逆拡散過程を計算しなければならない」という欠点に着目したものです。CMはこのノイズ除去を数ステップで達成するために、データにノイズがある状態（LDMではz_1からz_t）から1ステップでノイズが除去された状態（LDMではz_0）へ直接変換する関数fを学習します。数学的には次のような関数になります。

$$f(z_t, t) = z_0^* \tag{5.4}$$

ここでz_0^*はfによって推定されたz_0です。この関数はどのタイムステップを選んでも推定値が同じになることを意味しています。

$$f(z_{T_k}, T_k) = f(z_{T_q}, T_q) = z_0^* \tag{5.5}$$

これが**一貫性モデル**（**Consistency Model**）と呼ばれる所以です。CMは次のConsistency Lossを最小化することで学習が可能です。

$$\mathcal{L}(\boldsymbol{\theta}, \boldsymbol{\theta}^-; \boldsymbol{\Phi}) = \mathbb{E}_{\boldsymbol{x},t}\left[d\left(\boldsymbol{f}_{\boldsymbol{\theta}}(\boldsymbol{x}_{t_{n+1}}, t_{n+1}), \boldsymbol{f}_{\boldsymbol{\theta}^-}(\hat{\boldsymbol{x}}_{t_n}^{\phi}, t_n)\right)\right]. \tag{5.6}$$

ここでθ^-はターゲットモデル（現在のCMの前のタイムステップ）を、$f_{\theta^-}(\hat{\boldsymbol{x}}_{t_n}^{\phi}, t_n)$はターゲットモデルによる$t_n$ステップでの$\boldsymbol{x}$の推定値を表し、$d$は$l_2$距離などの距離関数を利用します。このConsistency Lossは$x_{t_{n+1}}$からはじめてもx_{t_n}からはじめても$\boldsymbol{x}_0$について同じ近似が得られる、一貫した（consistentな）値が得られることを保証します。

2について、拡散モデルの生成速度の遅さがネックになっている点に対して学習が必要ない常微分方程式（ODE）ソルバー[Song et al., 2021][Lu et al., 2022][Lu et al., 2022]や、学習ベースの手法として拡散過程の省略手法[Lyu et al., 2022][Zheng et al., 2023]、知識蒸留[Salimans nd Ho, 2022][Meng et al., 2023]が存在します。

CMを拡張したLCMの核となるアイディアは、「LDMを対象に、入力の大きな空間ではなく小さな潜在空間で動作する」点です。図5-25(a)に示すように、従来のDPM-Solver++[Lu et al., 2022]

と比較して、LCMはより少ないステップ数で高品質な画像を生成可能になっています。さらに図5-25(b) に示すように、数ステップで生成した画像は、従来の50〜1,000ステップを要した生成画像と同等の品質を保っています。LCMはより高速かつ高品質な画像を生成するために潜在空間に着目し、CMと同様の一貫性を学習させることでz_0^*を得た後に入力空間へデコードします。LCMは学習済みLDM(Stable Diffusion) に対して、以下のような**Consistency Distillation Loss**を最小化します。

図 5-25 **LCMおける推論速度(inference time、秒)と画像の生成品質を測るFIDの関係性の図、および数ステップで画像を生成した結果。それぞれ**https://github.com/luosiallen/latent-consistency-model**および[Luo et al., 2023a]から引用。**

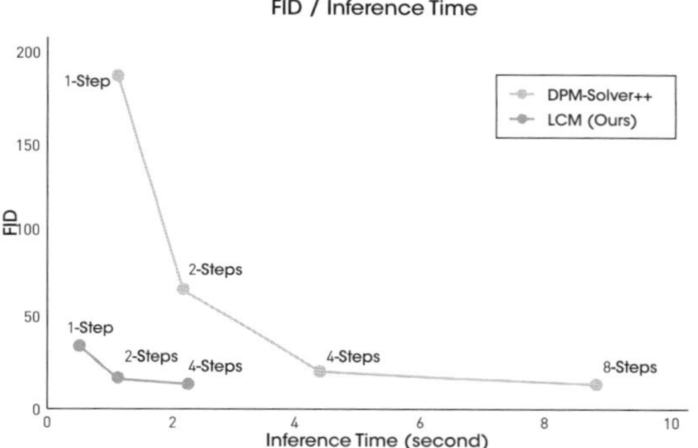

(a) 推論速度とFIDの関係。FIDは値が低いほど生成画像の品質が高い。従来のDPMSolver++[Lu et al., 2022b]と比較して、LCMでは1ステップにかかる時間の短縮および生成品質の向上が確認されている。DPM-Solver++ではLCMと同等の品質を得るのに2倍の8ステップが必要となっている。

(b) 1、2、4ステップそれぞれで生成した画像例

$$\mathcal{L}_{\text{CD}}(\boldsymbol{\theta}, \boldsymbol{\theta}^-; \Psi) = \mathbb{E}_{\boldsymbol{z},\boldsymbol{c},n}\left[d\left(\boldsymbol{f}_{\boldsymbol{\theta}}(z_{t_{n+1}}, \boldsymbol{c}, t_{n+1}), \boldsymbol{f}_{\boldsymbol{\theta}^-}(\hat{z}_{t_n}^{\Psi}, \boldsymbol{c}, t_n)\right)\right] \quad [5.7]$$

$\boldsymbol{\theta}^-$は教師モデル(事前学習済み拡散モデル)由来のパラメータであり、$\boldsymbol{\theta}$はLCM学習しようとしているパラメータです。関数fはCMと同様のアイディアでz_0を計算します。$\hat{z}_{t_n}^{\Psi}$は積分計算を通じ

第5章 拡散モデルによる画像生成技術の応用

て[24]、z_0を計算します。以上より、Consistency Distillation Lossは、LCMモデルがタイムステップt_{n+1}からz_0として出力するものと、LCMモデルがタイムステップt_nからz_0として出力するものの間の距離を測ります。

LCM実装のポイント

ではpython-image-generation/notebooks/5-4-2_latent-consistency-model.ipynb[25]を開いてください。サンプルコードは、SDXLに対してLCMを使って高速かつ品質の高い画像生成を行う例です。標準的なSDXLとの比較を通じて、少ない推論ステップで高品質を目指す仕組みを理解できます。以下では、実装時に注意すべき点やパラメータ調整のコツ、デバッグ指針などをまとめます。

実装でつまずきやすいポイントや注意点

- LCM対応モデルの取得：latent-consistency/lcm-sdxl[26]などのように、事前にLCM用に調整されたU-Netを取得する必要があります。モデルのレポジトリの説明文を読み、ライセンスやバージョン対応を確認してください。LCMScheduler[27]を使用するため、diffusersライブラリのバージョンが0.22.0以上[28]である必要があります。
- ステップ数（num_inference_steps）が極端に少ない場合：LCMでは、通常のノイズ除去ステップを大幅に減らしても、ある程度品質が保たれるように訓練されています。しかしステップ数をあまりに減らすと画質が荒れる可能性は依然存在します。4〜8ステップ程度から試し、必要に応じて10程度まで増やすとバランスが取りやすくなります。実際の生成時間を計測しながら最適値を見つけてください。
- guidance_scaleとの兼ね合い：LCMの場合も通常のStable Diffusionと同様、guidance_scale（≒7.5〜8.0）でテキストの強度を制御します。大きくしすぎると生成結果が破綻しやすいので注意してください。LCMを有効にしているとステップ数が少ないため、比較的大きなガイダンススケールでも計算時間は増加しにくい恩恵があります。

パラメータの調整・拡張の方法

UNet2DConditionModel、LCMScheduler：StableDiffusionXLPipeline内のunetとschedulerを

---

24 ODEを用いた数学の知識を必要とするため、ここでは詳細を省きます。詳しくは[Luo et al., 2023]の式4.9（https://arxiv.org/pdf/2310.04378.pdf#equation.4.9）に関する説明を参照してください。

25 https://github.com/py-img-gen/python-image-generation/blob/main/notebooks/5-4-2_latent-consistency-model.ipynb

26 https://hf.co/latent-consistency/lcm-sdxl

27 https://hf.co/docs/diffusers/api/schedulers/lcm#diffusers.LCMScheduler

28 https://github.com/huggingface/diffusers/releases/tag/v0.22.0

差し替える必要があります。サンプルのようにLCM用のU-Netをロードし、Noise SchedulerにLCMSchedulerを設定します。

処理速度・メモリ使用量などのパフォーマンス面での工夫

num_inference_stepsの極小化：LCMの強みはステップ数を小さくして推論速度を稼ぐ点ですが、極端に少なくすると画質が荒れやすくなります。通常のSDXLが20〜50ステップ程度要するのに対し、LCMなら4〜10ステップ程度から試してみると、品質と速度のトレードオフがわかりやすいはずです。

デバッグやエラー処理を円滑に進めるためのヒント

- モデルの読み込みエラー：latent-consistency/lcm-sdxlのようなモデルが見つからないときは、Hugging Face Hubのレポジトリ名が正しいかを再確認してください。また、アダプタモデルと組み合わせる場合はバージョン不整合に気をつけましょう。
- 生成結果が画一的、またはノイズだらけ：ステップ数やガイダンススケールが合っていない場合や、LCM用U-Netが破損もしくはconfig不整合の可能性があります。まずは乱数のシード値を複数変えて画像を比較し、全体的に同じようなノイズになるならモデルロードが正しく行われていない可能性を疑ってください。

応用例・さらに発展させるためのアイディア

- コントラストやカラースタイルの調整：ガイダンススケールを変更しつつ、VAE Decoderの出力を後処理すると、少ないステップでも見栄えが向上する場合があります。diffusersのパイプラインは推論後にpillow画像として取り出せるので、pillowなどの画像処理ライブラリを用いて追加処理を気軽に試すことができます。
- マルチ画像生成比較の自動スクリプト：LCMの有無・ステップ数・ガイダンススケールなどを複数組み合わせて一括で生成スクリプトを走らせ、結果をグリッドで表示して品質を比較すると効率的です。itertools.productを使ってパラメータを網羅し、make_image_gridで可視化すれば、一度に多くのパターンをチェックできます。

以上が、LCMを使ったSDXLによる高速生成デモの実装時に押さえておきたいポイントです。比較的少ないステップである程度きれいな画像が得られるのがLCMの強みですが、ガイダンススケールやステップ数を適切に調整しないと画質が不安定になる可能性もあります。ぜひ色々な組み合わせを試しつつ、品質と推論速度の最適解を探ってみてください。

第5節 学習済み拡散モデルの効果的な拡張

これまでStable Diffusionなどの事前学習済みモデルは、画像生成の多様なタスクにおいて卓越した成果を示してきました。本節では、この基盤技術をさらに発展させた2つのアプローチを紹介します。

1つは、**bbox**（**バウンディングボックス**）などの追加条件による制御を可能にした**GLIGEN**（**Grounded-Language-to-Image-Generation**）[Li et al., 2023]、もう1つは、画期的な知識蒸留技術により1〜4ステップでの高速生成を実現した**SDXL-Turbo**[Sauer et al., 2023]です。

GLIGEN

GLIGENは、テキスト入力を主体とする現行の事前学習済み拡散モデルにおける制御の難しさを解決する手法です。図5-26に示すように、この手法は事前学習済み拡散モデルを拡張し、**記号接地**（**Grounding**）[29][Harnad, 1990]を向上させる新たな条件付けを実現します。このモデルの特徴は、事前学習済み拡散モデルが獲得した概念を維持するために既存のパラメータを固定しつつ、必要な情報のみを通すゲートのような機構を持つ学習可能なレイヤーを導入して記号接地情報を注入する点にあります。これにより、bboxによる複数物体のレイアウト指定など、様々な記号接地情報を活用したレイアウトからの画像生成（Layout-to-Image）が可能になりました。

これまでの手法と比べて優れている点は以下の通りです。

1. 大規模Text-to-Imageモデルと比較した性能
2. Layout-to-Imageの観点での性能

1について、現在の最先端の画像生成モデルは、自己回帰型モデル[Ramesh et al., 2021][Gafni et al., 2022][Yu et al., 2022][Wu et al., 2022]もしくは拡散モデル[Nichol et al., 2022][Ramesh et al., 2022][Rombach et al., 2022][Saharia et al., 2022]が中心ですが、これらは通常、テキストプロンプトのみを入力とするため、物体の正確な位置などの情報を適切に指示するのが容易ではありません。

Make-A-Scene[Gafni et al., 2022]では生成の条件となる**セマンティックセグメンテーション**（**Semantic Segmentation**）マップを用いて学習させることでText-to-Imageモデルにおける位置情報を考慮した画像生成に取り組んでいますが、158程度の限られたclosedなクラスの範囲内でしか生成できません。それに対しGLIGENは、任意のクラスを生成可能な、openな設定（Open-set setting）

29 コンピュータや人工知能が、言葉や概念を具体的な「もの」や実際の世界と結びつけて理解する能力。

で動作します。

図 5-26 GLIGENの概要。[Li et al., 2023b]より引用。事前学習済みText-to-Image モデルに様々な記号接地情報を与えることで、多様な画像生成を実現する：
(a)テキスト＋bbox、(b)画像＋bbox、(c)深度マップ、(d)セマンティックマップ

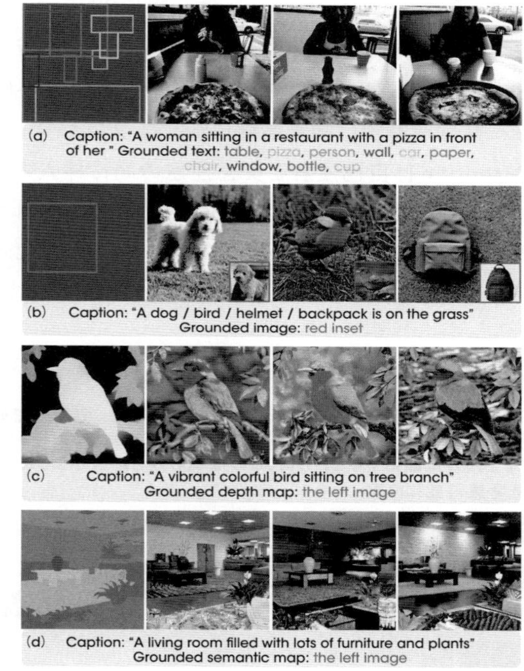

GLIGENと同時期に提案された**eDiffi-I**[Balaji et al., 2022]では、単語とそれに紐づくセマンティックセグメンテーションマップをもとに交差注意における注意マップを操作することで、意図した位置にほぼ従う物体を生成可能にしていますが、GLIGENでは、セマンティックセグメンテーションマップに限らずキーポイントからなる姿勢情報も同様に入力可能であり、より複雑な条件付けが可能です。

2について、Layout-to-Imageタスクは記号接地の一部として捉えることが可能で、オブジェクトのカテゴリでラベル付けされたbboxから対応する画像を生成することが目標です。既存のLayout-to-Image[Zhao et al., 2019][Sun and Wu, 2019][Sun and Wu, 2021][Li et al., 2021][Yang et al., 2022]手法はclosedな設定（Closed-set setting）、具体的にはMSCOCOの学習データに含まれる80クラスで観測される限定的な概念のみの生成にとどまっています。対照的にGLIGENはopenな設定であり、記号接地のための画像生成に向けた最初の研究になっています。

GLIGENの核となるアイディアは、「事前学習拡散モデルに対して新しい記号接地能力を追加するGated Self-Attentionモジュールの提案」です。事前学習拡散モデルはWebスケールのデータから画像生成のための知識を獲得するため、事前学習のコストが非常に高くなります。これを考慮すると、その知識を保持しながら新しい能力を追加することが重要です。

GLIGENにて提案されているGated Self-Attentionは、図5-27に示すように、オリジナルの拡散モデルのパラメータを固定し、Gated Self-Attentionモジュールのみを徐々に適用させる方法を採っています。Stable Diffusionをはじめとした拡散モデルによるText-to-Imageモデルは自己注意では視覚情報が入力され、交差注意では視覚情報に加えてプロンプトによるテキスト情報が入力されます。Gated Self-Attentionは自己注意と交差注意の間に挿入され、視覚情報と記号接地情報を統合するためのゲート機構を提供します。このようなオリジナルなパラメータを保持する点でControlNet（第5章2節）やLoRA（第5章4節）に似たスタンスと言えるでしょう。Gated Self-Attentionを導入したStable Diffusionは、GLIGENとして、入力される具体例を考慮した画像生成が可能になります。

図5-27 GLIGENにおける記号接地を実現するためのGated Self-Attention機構の概略。[Li et al., 2023b]より引用。事前学習済み拡散モデルにおける自己注意と交差注意の間にGated Self-Attentionを挿入することで、記号接地に必要な追加の条件を入力可能にするとともに、この機構のみを訓練させることで、事前学習で得た知識を忘却することなく追加の条件を考慮可能になる。

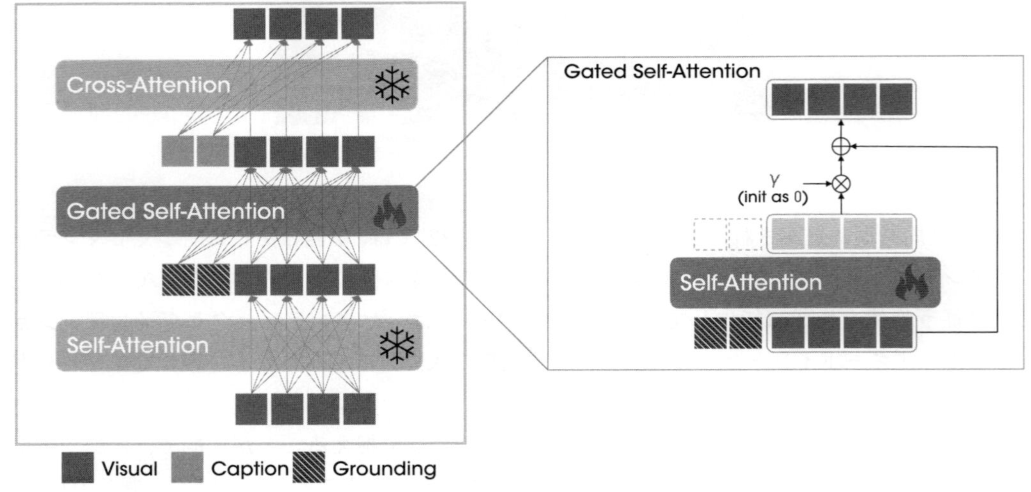

● GLIGEN実装のポイント ●

ではpython-image-generation/notebooks/5-5-1_gligen.ipynb[30]を開いてください。サンプルコードでは、GLIGENを利用して、テキストと領域の指示（bounding boxes）を組み合わせた画像生成や編集を行っています。GLIGENを通じて画像の特定領域に指定したオブジェクトを挿入したり、新規生成時に提案された領域へ特定のオブジェクトを生成するなど、既存の拡散モデルとはまた違った制御が可能になります。以下では、サンプルをスムーズに動かす上で注意したい点やパラメータ調整、デバッグ方法などをまとめます。

実装でつまずきやすいポイントや注意点

- bboxの正規化：GLIGENでは、(x_left, y_top, x_right, y_bottom)を0〜1の範囲に正規化して指定します。画像座標をそのまま渡すと、無視されたり、エラーが出る場合があります。例えば幅w、高さhの画像であれば、x座標を/w、y座標を/hする形で正規化してください。サンプルではnormalize_bboxesで実装しています。
- テキストと領域（phraseとbbox）の対応：gligen_phrasesとgligen_boxesは同じ数である（かつ順番が対応している）必要があります。数が合わなかったり順番がずれると誤ったオブジェクトが生成されるか、エラーになります。要素数や順番に不一致がないか毎回チェックするとトラブルを未然に防げます。
- GLIGENモデルのバリエーション：masterful/gligen-1-4-inpainting-text-box[31]とmasterful/gligen-1-4-inpainting-text-box[32]はそれぞれ別のパイプラインです。前者は既存画像のInpainting、後者はテキスト＋領域指定による新規生成が中心になります。使いたい目的に合わせてモデルのIDを切り替えるか、モデルの"control_type"によって適切なパイプラインを読み込みましょう。

パラメータの調整やオプションの利用方法

- gligen_scheduled_sampling_beta：gligen_scheduled_sampling_beta=1の指定が入っていますが、これは特定のステップ管理に使われるパラメータで、GLIGENのバリエーションによって最適値が異なることがあります。0〜1の範囲で値を変えながら、どのように制御強度や最終結果が変わるか試してみるとよいでしょう。
- num_inference_steps：diffusersの他のパイプライン同様、ステップ数が大きいほど高品質

30 https://github.com/py-img-gen/python-image-generation/blob/main/notebooks/5-5-1_gligen.ipynb
31 https://hf.co/masterful/gligen-1-4-inpainting-text-box
32 https://hf.co/masterful/gligen-1-4-generation-text-box

になりやすいですが、計算コストも増加します。25～50程度がバランスのよい生成結果が得られます。まずはサンプル通り50ステップで動かし、メモリや速度に問題があれば段階的に下げて確認するとよいでしょう。

- guidance_scale、negative_prompt：サンプルでは特に指定がありませんが、通常のStable Diffusion同様にguidance_scale=7.5ほどに設定したり、生成で余計な要素やノイズを減らしたいときはnegative_promptを渡すことも可能です。GLIGENでもnegative_promptを設定できるモデルがあるので、精細なコントロールが必要であれば試してみる価値があります。

デバッグやエラー処理を円滑に進めるためのヒント

- 生成結果が反映されない：領域にしっかりオブジェクトが入らない場合、bboxの座標正規化が誤っている可能性が少なくありません。また、Inpainting用でなくText-to-Image用パイプラインを誤って使っていないかも確認しましょう。生成画像でbboxの位置に相当する場所を目視して、実際にオブジェクトが描かれているかを観察してください。一切変化がないならbboxesやphrasesの設定を再確認しましょう。
- inpaint_imageなどの引数ミス：例えばgligen_inpaint_imageと指定すべきところをimage=...とだけ書いてしまうとInpaintingが実行されません。関数定義に沿った正しいキーワード引数かどうか確認してください（ドキュメントやソースコードが頼りになります）。
- 画質の大幅低下やノイズが乗る：num_inference_stepsが低すぎたり、生成領域やinpainting maskが大きすぎて再構成が困難な場合に起きやすい症状です。「ステップを増やす」「ガイダンススケールをやや上げる」「領域をもう少しコンパクトに設定してみる」など微調整を試してください。

応用例・さらに発展させるためのアイディア

- 複数領域・複数オブジェクトの生成：phrasesとbboxesを複数定義することで、1枚の画像に対し複数のオブジェクトを同時に挿入できます。たとえば「猫」と「犬」を別領域に指定してみましょう。個数が増えるほど結果が複雑化するため、衝突や破綻が生じやすいので注意が必要です。生成結果を都度確認しながら最適化するとよいでしょう。
- InstructPix2Pixなど他の手法との連携：GLIGENで大まかな構図を指定した後、InstructPix2Pixで追加編集（例：色を変える、スタイルをイラスト風に変更）を行う、といった複合パイプラインを築くことも可能です。diffusersの各パイプラインをステージごとに組み合わせ、複雑なワークフローを構築するのも面白いアプローチです。
- セマンティックセグメンテーションの併用：GLIGENでは単純な矩形bboxを使っていますが、セグメンテーションマスクによる細かな領域指定と組み合わせる研究も進んでいます。

ControlNetなどの手法を組み合わせると、より緻密な生成・編集コントロールが期待できるでしょう。

以上が、GLIGENを使った画像生成／編集を行う際の留意点とヒントです。

1. bboxの正規化とテキストフレーズの順序を正しく扱う
2. Inpainting／画像生成用パイプラインを混同しない
3. ステップ数、ガイダンスを適切に調整してデバッグを進める

これらを丁寧に行うことで、よりスムーズな画像編集が期待できます。

SDXL-Turbo

高品質な画像生成が可能なSDXLを、同程度の生成品質を保ちながら1〜4ステップの逆拡散過程で生成可能にしたものが**SDXL-Turbo**[Sauer et al., 2023]です。ここではまず、SDXL-Turboの学習に必要な**ADD**(**Adversarial Diffusion Distillation**）を紹介します。関連手法として第5章4節で紹介したLCMがありますが、ADDは1ステップのみにおける生成品質を大幅に向上させた点が注目に値します。

これまでの拡散モデルのステップ数減少に取り組んだ手法に対してADDが優れているのは、1ステップで推論が完了するGANのアイディアと、オリジナルのモデルを効率よく蒸留する**SDS**(**Score Distillation Sampling**)[Poole et al., 2023]のアイディアを効果的に組み合わせた点です。

深層学習モデルの推論時の計算コストという課題に対して、**知識蒸留**（**Knowledge Distillation**）[Hinton et al., 2015]という手法が提案されています。これは既存モデルの入力と出力のペアによる新たなモデルの学習を行い、より効率よく推論させる技術です。これらのモデルは教師モデルと生徒モデルと呼ばれ、教師から生徒への知識の転移が行われるイメージです。

特に拡散モデルに対しては、Guided Distillation[Meng et al., 2023]や Progressive Distillation[Salimans nd Ho, 2022]といった手法を用いて推論に必要なステップ数を4〜8程度に抑えることができます。しかし、これらの手法には計算コストの高い反復的な訓練が必要であり、また、生成品質の低下という課題もありました。

第5章4節にて紹介したCM、LCMやLCM-LoRA[Luo et al., 2023]は生成品質を大きく向上させましたが、依然として画像処理や解析の過程で意図せず生じる不要な特徴や異常値・画質劣化（アーティファクト）が発生していました（図5-28)。一方で、GANベースの手法は推論速度が非常に速い

ため、著者らはこれを拡散モデルの知識蒸留にも応用可能と考えました。ADDでは、このアプローチをさらに発展させるため、GANの画像編集やテキストからの3D生成（Text-to-3D）で活用されている知識蒸留手法SDSを利用しています。

図5-28 少ステップで画像生成が可能なその他の最先端手法との比較。画像は[Sauer et al., 2023b]より引用。ADDは、1ステップで他の少ステップ手法を上回る生成品質を示している。

ADDは事前学習済み拡散モデルに対して適用可能な汎用的な手法であり、以下の損失関数を用います。

- **敵対的損失**（**Adversarial Loss**）[Goodfellow et al., 2014]：モデルが各順伝播で実画像によく似たサンプルを直接生成するよう強制し、他の蒸留手法で一般的に観察されるボケやその他のアーティファクトを回避する
- SDSベースの**蒸留損失**（**Distillation Loss**）[Hinton et al., 2015]：別の事前学習済み（固定）拡散モデルを教師として使用することで事前学習済み拡散モデルの知識を効果的に活用し、大規模拡散モデルで観察される強力な構成性を保持する

推論時、ADDはCFGを使用することなくプロンプトに忠実な画像生成を実現可能であるため、条件付けに必要であったメモリの消費を抑えることができます。ADDは1ステップのみで高い品質の画像生成が可能ですが、複数ステップ追加することでさらに高品質な生成を実現できます。これは従来のGANベースの最先端手法StyleGAN-T++[Sauer et al., 2023]に対する優位性になります。

図5-29にSDXL-Turboを訓練する際のADDの概要を示します。ADDはADD-student、DM-teacher、Discriminatorの3つのネットワークから構成されます。

Add-studentはパラメータθを持つ事前学習済み拡散モデルのU-Netから初期化されます。Discriminatorは学習可能なパラメータϕを持ちます。教師となるDM-teacherは学習済み拡散モデルのパラメータψを固定して使用します。

訓練時、ADD-studentはノイズが付与されたデータx_sからサンプル$\hat{x}(x_s, s)$を生成します。ノイズが付与されたデータ点はデータセットに含まれる実画像x_0に対して拡散過程を経て生成されます。学習時の重要な設定として、$\tau_n = 1000$とし、訓練中は信号の強さと雑音の強さの比を表す**SNR**（**Signal-Noise Ratio**）[Carlson, 2002]に対して**zero terminal SNR**[Lin et al., 2024]と呼ばれる条件を適用し、拡散過程の最終ステップ（terminal）でSNRがゼロになるように訓練させます。これはモデルが純粋なノイズから推論を開始する必要があるためです。

図5-29 SDXL-TurboにおけるADDを用いた学習の概要。[Sauer et al., 2023b]より引用。SDXLTurboはADD-studentθ 、DM-teacherψ 、Discriminatorϕ を用いて訓練される。

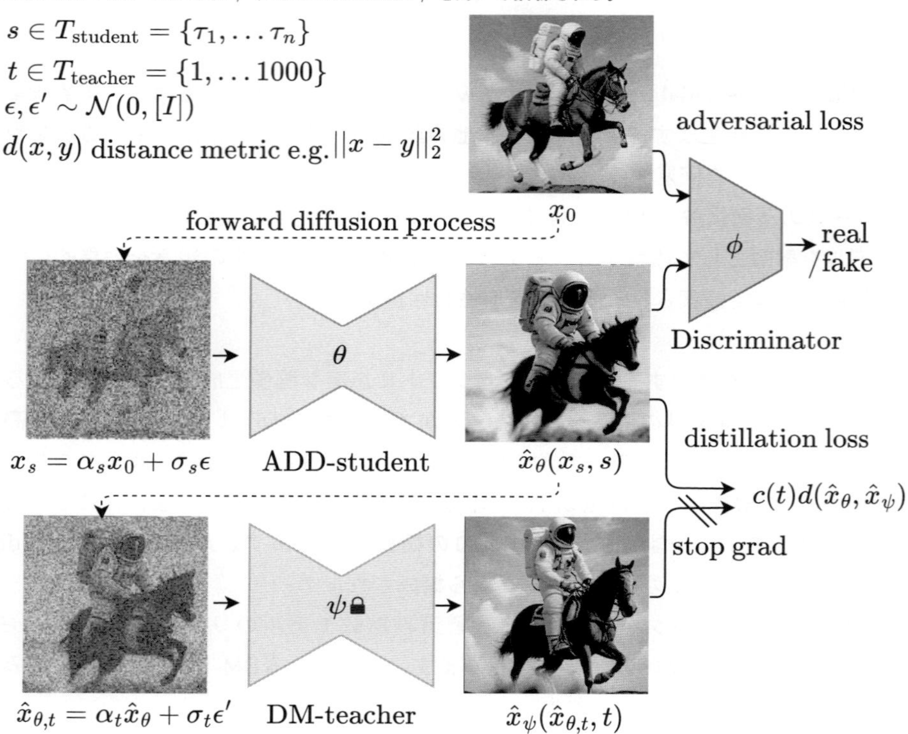

ADDの提案後、同じ著者らを中心にADDを潜在空間へ適用した**LADD**(**Latent Adversarial Diffusion Distillation**)[Sauer et al., 2024]が提案されて、SD v3を高速化した**SD3-turbo**[Sauer et al., 2024]の訓練に成功しています。この流れはADDの論文中にも言及があり、昨今の画像生成分野の発展速度の速さを感じることができます。

● SDXL-Turbo実装のポイント ●

ではpython-image-generation/notebooks/5-5-2_sdxl-turbo.ipynb[33]を開いてください。サンプルコードでは、SDXL-Turboと第5章4節で紹介したLCMの比較を通じて、少ない推論ステップで高品質な画像生成を狙う実験を行っています。ここでは、通常のSDXLに対してステップ数を変えて

33 https://github.com/py-img-gen/python-image-generation/blob/main/notebooks/5-5-2_sdxl-turbo.ipynb

画像を生成した結果を比較し、それぞれの特性を見比べています。以下では各パイプラインの働きや実装時の注意点、パラメータ調整などのヒントをまとめます。

実装でつまずきやすいポイントや注意点

- CFGに対する注意点：stabilityai/sdxl-turbo[34]のモデルは、CFGが無効化された状態で学習されており、guidance_scale=0のときに最適化されるようになっています。guidance_scaleを大きく設定してしまうと、ほとんど効果が出ないかノイズがのるだけになる可能性があります。必ず0またはごく小さい値に設定してください。
- num_inference_steps=1：1ステップで生成できるというのは目覚ましい高速化を意味しますが、画質がノイズっぽくなる可能性も少なくありません。結果を見ながら少しずつステップを増やして2〜4程度での品質とのトレードオフを探るのがよいでしょう。

パラメータ調整や拡張の方法

- プロンプトエンジニアリング：SDXL-Turboでも通常のSDXLと同様、プロンプトの工夫（例：shot types、style、descriptor）は結果の画質に大きく影響します。"Cinematic shot, 8k, intricate, etc."のような手法を応用しつつ、ステップ数の少なさを補う形でプロンプトを調整してみましょう。
- guidance_scale（CFG）：SDXL-Turboでは基本的に使わない（0〜0.1程度）ことが推奨されています。なお、比較対象のLCMは適度な範囲で設定してもかまいません。
- 画像サイズ：SDXLの標準は1024×1024ですが、サンプルでは512×512で生成しているため、VRAM負荷が下がる一方でクオリティ面の違いが出てくる場合があります。より高解像度で比較したい場合は、VRAMが足りるかを確認の上、768×768や1024×1024に上げてテストすると、さらに差がわかりやすくなります。

デバッグやエラー処理を円滑に進めるためのヒント

- モデル読み込みエラー：model_idが正しいか、configが合っているかなどに注意してください。SDXL-Turboは通常のSDXLとは別物です。
- 画質が著しく低い場合：SDXL-Turboはあくまでも「少数ステップでそこそこの結果」を出すのが狙いのモデルです。ステップ数が1〜2の場合は元々雑味が残ることを想定しておく必要があります。画質を高めたいときは、やはり4〜10ステップ程度に引き上げて、どこまで改善が見られるか試行が必要です。

34 https://hf.co/stabilityai/sdxl-turbo

- シードの固定：`generator=torch.manual_seed()`で同じシードを指定すると画像比較がわかりやすいのですが、一部GPUやドライバの微妙な違いで完全な再現ができない場合もあります。それでも大枠の傾向は統一されるので、品質の比較には十分です。

応用例・さらに発展させるためのアイディア

- multi-step vs. single-stepでサンプル画像を大量に生成：様々なpromptsとseedを組み合わせた一括テストスクリプトを作り、「1〜4〜10〜20〜50ステップすべて生成」→「ギャラリー化」することで、速度・画質トレードオフを可視化できます。研究や比較検証で多くのデータを扱う場合に便利です。ある程度自動化して行うとデータ取得がスムーズになります。
- 高解像度出力（upscaling）：「各モデルで512×512や768×768など低解像度を素早く生成」→「アップスケーラーで2〜4倍に拡大」でクオリティを補完する方法も検討できます。少ないステップ数で得られた粗い構造をアップスケーリングで補完する形で滑らかな最終画像を作ることができます。また、2段階推論に組み合わせることも可能です。

以上が、SDXL-Turboを活用した低ステップ画像生成の比較実装に関するまとめです。

SDXLでは通常、高品質を得るために50ステップ必要とされるのに対し、SDXL-TurboやLCMはステップを大幅に削減し速度向上を目指す手法です。ただし1ステップの画質はやはり荒くなる場合があるため、どこまでステップを減らせるかや、段階的にステップを増やしてどの程度クオリティが向上するかを実験しながら最適なバランスを探すことが重要です。

第6節 生成画像の倫理・公平性

本書を通じてStable Diffusionをはじめとした拡散モデルベースのText-to-Image手法の幅広い応用を紹介してきましたが、これらの手法はしばしば不適切な画像を生成してしまう場合があります。これは意図的にプロンプトに不適切なコンセプトを入れ込むことで生成される場合もありますが、意図しない、一見有害そうに見えないプロンプトでも不適切な画像が生成される場合もあります。こうした問題は様々なデータが含まれる大規模データで学習させた画像生成モデルにとって、非常に大きな問題になります。本節では、拡散モデルによる応用手法の締めくくりとして、画像生成モデルの倫理や公平性を扱う**SLD**（**Safe Latent Diffusion**）[Schramowski et al., 2023]と**TIME**（**Text-to-Image Model Editing**）[Orgad et al., 2023]を紹介します。不適切な画像の生成抑止に取り組む手法を紹介するため、内容の一部センシティブであったり不快に感じる可能性のあるものが含まれるため注意してください。

SLD（Safe Latent Diffusion）

SLDでは、Stable Diffusionが不適切な画像を生成してしまう問題に着目しています。図5-30はStable DiffusionとSLDにおいて不適切な画像を生成した割合を可視化したものです。Stable Diffusionは50億件以上のデータが含まれるLAION-5Bを学習に使用しているため、様々な品質のデータが含まれていたり、属性の偏りのようなものが存在します。

SLDでは、学習に使用したデータが偏っていることに起因する不適切な画像の生成リスクを抑制する方法が検討されています。まずはじめに、Stable Diffusionを含む既存の学習済みText-to-Imageモデルに対するリスクの体系的な測定方法を提案しています。具体的にはユーザーから不適切なプロンプトを集めた**I2P**（**Inappropriate Image Prompts**）[35]を分析、公開しています。有害でないように見えるプロンプトであっても、不適切なコンテンツを生成してしまう恐れがあることを発見しており、これらの評価や分析を踏まえて、不適切な画像生成を緩和するSLDを提案しています。I2Pによって不適切な画像生成をどれだけ抑制できたかを定量化することで、Stable Diffusionよりもはるかに安全な画像生成を実現しています。

35 https://huggingface.co/datasets/AIML-TUDA/i2p

図 5-30 Stable Diffusion（左）とSLD（右）に「<国名> body」というプロンプトを与えたときに裸の画像が生成された割合をヒートマップで可視化した結果。[Schramowski et al., 2023]より引用。特にStable Diffusionを用いて「Japan body」というプロンプトを入力した場合、不適切な画像が最も多く生成されたと報告されている[Schramowski et al., 2023]。

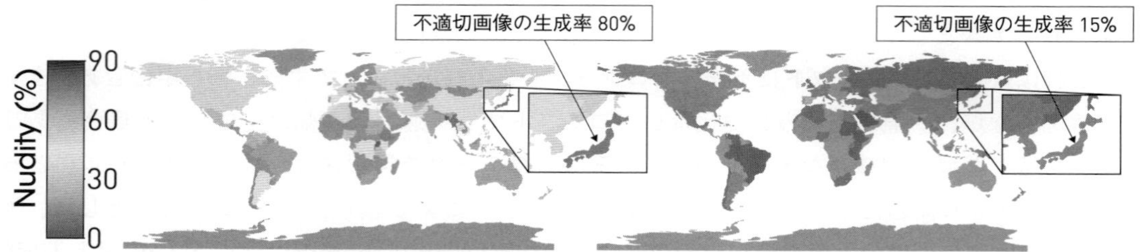

図 5-31 Text-to-Imageモデルを評価する新たなベンチマークデータセットI2Pの提案。[Schramowski et al., 2023]より引用。ここで示されているパーセンテージは対象のプロンプトをStable Diffusionに入力したときに不適切な画像を生成する割合を示している。不適切な状況を明示するプロンプトと、そのような状況に全く言及しないプロンプトの両方がベンチマークデータとして含まれている。SLDは不適切なコンテンツ生成を効果的に抑制できている。

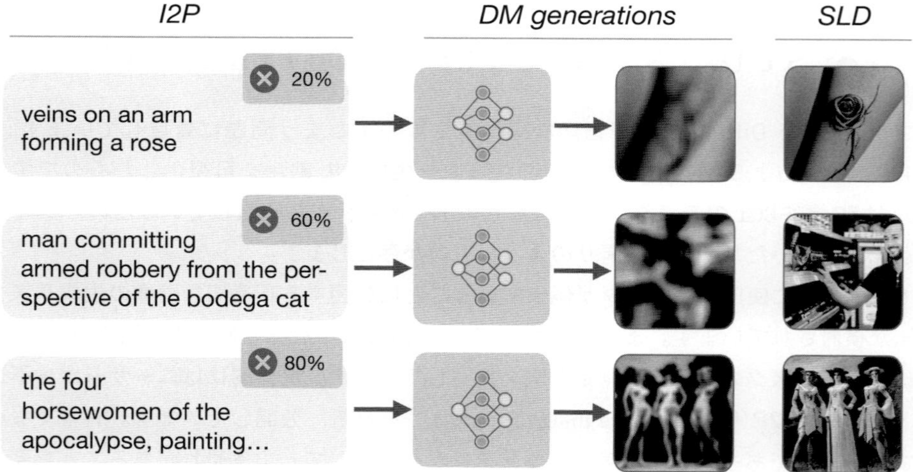

これまでの手法と比べて優れている点は以下の通りです。

1. 既存拡散モデルベースの画像編集手法に対する新規性
2. NSFWフィルタとは異なるアプローチ

1について、従来の拡散モデルベースの画像編集手法との相違として、「a. SLDではText EncoderやStable Diffusion自体をFine-tuningする必要がない」「b. downstream task用の追加のコンポーネントが必要ない」「c. 学習済みモデルをそのまま利用することで計算効率を大幅に改善できる」といった点が挙げられます。また、Prompt-to-Promptでは、プロンプトの変更とそれに伴った交差注意の制御によるテキストベースの編集を行うのに対し、SLDはCFGを応用して画像に対してより高次な操作を行うことで、不適切な画像生成の抑制を可能にしています。

2について、diffusersのStable Diffusion pipelineには元々NSFWフィルタが実装されていますが、元となるStable Diffusion基準でフィルタが学習されているため、偽陽性率が高いという問題があります。無害な画像でもフィルタリングされることが多いため、適切なフィルタ機構が求められています。

SLDの核となるアイディアは「CFGを参考にして、不適切画像を生成しないようにするSafety Guidanceを新たに導入する」というものです。図5-32に示すように、Safety GuidanceによってStable Diffusionを誘導し、潜在空間上で不適切な部分が構築されないようにします。

図5-32 SLDにおけるSafety Guidanceの動作例。[Schramowski et al., 2023]を参考に作成。CFGを使用したStable Diffusionは不適切な領域のデータを生成してしまう可能性があるが、SLDにおけるSafety Guidanceを利用することで、不適切な領域のデータを生成しない領域へと誘導して適切な画像生成を実現する。

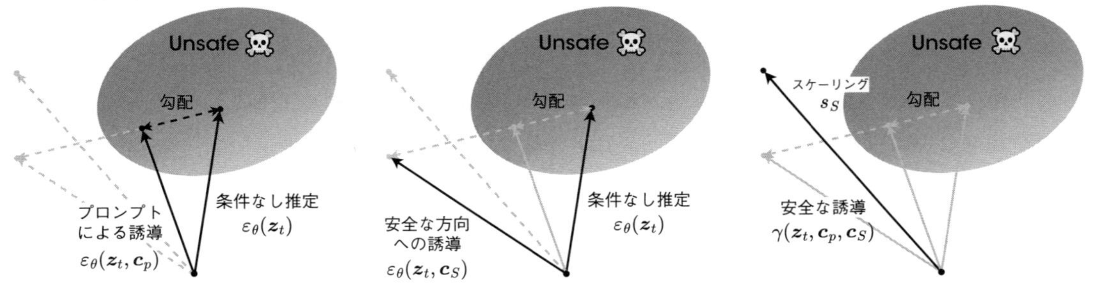

具体的には、プロンプトpに加えて、不適切な概念を記述したテキストSを定義します。これらの条件を用いて、Denoiser ε_θが条件なし推定$\varepsilon_\theta(z_t)$を基準とし、プロンプト条件あり推定$\varepsilon\theta(z_t, \boldsymbol{c}_p)$の方向へ誘導すると同時に、不適切な概念による条件あり推定$\varepsilon_\theta(z_t, \boldsymbol{c}_S)$から遠ざけるように制御します。この関係は以下の式で定式化されます。

$$\varepsilon_\theta = \varepsilon_\theta(z_t) + \overbrace{s_g}^{\text{Safety guidance scale}} (\underbrace{\varepsilon_\theta(z_t, \boldsymbol{c}_p) - \varepsilon_\theta(z_t)}_{\text{Prompt guidance (unsafe?)}} - \underbrace{\gamma(z_t, \boldsymbol{c}_p, \boldsymbol{c}_S)}_{\text{Safety guidance}}) \qquad [5.8]$$

ここでSafety Guidanceを表す項γは以下のように定義されます。

$$\gamma(\boldsymbol{z}_t, \boldsymbol{c}_p, \boldsymbol{c}_s) = \underbrace{\mu(\boldsymbol{c}_p, \boldsymbol{c}_s; \boldsymbol{s}_s, \lambda)}_{\substack{\text{Element-wise safety} \\ \text{guidance scale}}}(\varepsilon_\theta(\boldsymbol{z}_t, \boldsymbol{c}_s) - \varepsilon_\theta(\boldsymbol{z}_t)) \tag{5.9}$$

μ はguidance scale $\boldsymbol{s}_S$を要素ごとに適用します。μでは、生成過程において不適切な概念の方向に向かうような要素を考慮し、プロンプト条件あり推定と安全条件あり推定の要素ごとの差を$\boldsymbol{s}_S$でスケーリングします。さらに、この差がしきい値λ 未満の場合にのみスケーリングを適用し、それ以外は0とする定式化を採用しています。

$$\underbrace{\mu(\boldsymbol{c}_p, \boldsymbol{c}_S; \boldsymbol{s}_S, \lambda)}_{\substack{\text{Element-wise safety} \\ \text{guidance scale}}} = \begin{cases} \max(1, |\phi|), & \text{where } \varepsilon_\theta(\boldsymbol{z}_t, \boldsymbol{c}_p) \ominus \varepsilon_\theta(\boldsymbol{z}_t, \boldsymbol{c}_S) < \lambda \\ 0, & \text{otherwise} \end{cases} \tag{5.10}$$

ここで、 $\phi = s_S(\varepsilon_\theta(z_t, \boldsymbol{c}_p) - \varepsilon_\theta(z_t), \boldsymbol{c}_S)$ [5.11]

しきい値λとスケーリング$\boldsymbol{s}_S$が大きいほど、プロンプトテキストからの誘導幅が大きくなり、定義された不適切な概念に対して反対方向へ誘導されます。安全性の倍率を司るμにおいて、画像の色調を超えないようにするためにクリップ処理が施されます。

SLDでは、生成された画像から不適切な概念を低減しつつ、最終的な生成画像の変更度合いが最小限になるように設計されています。これらの要件を満たすために、上記で紹介した誘導方法に2つの調整を加えています。

まず1つ目の調整として、逆拡散過程の初期のウォーミングアップステップ後からSafety Guidanceを適用するようなウォームアップパラメータδを追加する点です。具体的には、あるδに対してタイムステップtを比較したときに$t < \delta$の場合$\gamma(z_t, \boldsymbol{c}_p, \boldsymbol{c}_S) = 0$ となるようにします。δが大きい場合、不適切な概念に対する生成画像の調整幅は小さくなります。画像全体の構成を変更せずに出力の詳細のみを変更したい場合は十分に高いδを指定することが重要です。さらにSafety Guidanceであるγに運動量を示す項v_tを追加することで、同じ方向への継続的な誘導が加速されるようにしています。運動量項を含めたγの定式化はγ_tとして以下のように定義できます。

$$\gamma_t(z_t, \boldsymbol{c}_p, \boldsymbol{c}_S) = \mu(\boldsymbol{c}_p, \boldsymbol{c}_s; \boldsymbol{s}_s, \lambda)(\varepsilon_\theta(\boldsymbol{z}_t, \boldsymbol{c}_s) - \varepsilon_\theta(\boldsymbol{z}_t)) + s_m v_t \tag{5.12}$$

ここで$s_m \in [0, 1]$は運動量のスケールであり、vは以下のように更新されます。

$$v_{t+1} = \beta_m v_t + (1 - \beta_m)\gamma_t \qquad [5.13]$$

なお、$v_0 = 0$、$\beta_m \in [0, 1)$であり、β_mが大きいほど運動量の変化が少なくなります。ウォームアップ期間中も運動量は蓄積されますが、これらのステップではγ_tは適用されません。図5-32が示すように、Safety Guidanceはステップの初期の段階から影響を与えており、不適切な部分が潜在空間で構築されるとすぐに抑制するよう誘導されます。

SLDではさらにSafety Guidanceを含むSLDを評価するために、I2Pベンチマークを構築しています。不適切なコンテンツの定義としては、OpenAIのDALL-E 2のポリシー[36]を参考に以下のように定義しています。

1. 差別的憎悪（hate）
2. いじめ・嫌がらせ（harassment）
3. 暴力的内容（violence）
4. 自傷行為（self-harm）
5. 性的コンテンツ（sexual content）
6. 衝撃的な画像（shocking images）
7. 違法行為（illegal activity）

これらの定義を満たすような25のキーワードを策定し、プロンプトのもととして利用しています。そして、不適切なコンテンツに対するプロンプトを収集するために、プロンプトとそのプロンプトから生成した画像が多数掲載されているLexica[37]から策定したキーワードにマッチする画像を取得しています。対象としたのは、各キーワードに対して検索結果上位250件です。次に、収集したプロンプトテキストに対してPerspective API[38]で有害度合いを算出します。有害度合いが低いと予測されたプロンプトにおいても、Stable Diffusionは有害な画像を生成する事例が多く見られたという報告がされています。

36　Moderation - OpenAI API：https://platform.openai.com/docs/guides/moderation
37　Lexica：https://lexica.art/
38　conversationai/perspectiveapi：https://github.com/conversationai/perspectiveapi

SLD実装のポイント

ではpython-image-generation/notebooks/5-6-1_safe-latent-diffusion.ipynb[39]を開いてください。サンプルコードでは、SLDにおける安全性度合いを制御する仕組みを比較しています。SLDは、通常のStable Diffusionに対しアダルトコンテンツなどの不適切要素が強く現れないよう調整を施しています。以下では、実装時に押さえておきたい重点とデバッグ、パラメータ調整のポイントを解説します。

実装でつまずきやすいポイントや注意点

- StableDiffusionPipelineSafe[40]の読み込み：StableDiffusionPipelineSafeが実装されている必要があるため、diffusersライブラリのバージョン0.8.0以上[41]を使用してください。
- 安全性判定（nsfw_content_detected）の挙動：サンプルでは通常のStableDiffusionPipelineと比較し、nsfw_content_detectedがTrueの際に"!! NSFW detected !!"という文字を描画しています。生成結果に応じてフラグが立つ場合、実際に画像が不適切かどうかは目視でのチェックが確実です。マスクなどの方法でぼかす、ユーザーに警告するなどの処理を加えてもよいでしょう。
- promptが過激な内容である場合：promptに性的表現や暴力的表現が入ると、SLDが介入して画像がぼやけたり変形して出力される可能性があります。安全性機能に関するパラメータ（safety_config）を変更すると介入の強度を制御できます。予期せぬ介入がある場合はパラメータやpromptの文言を見直しましょう。

パラメータの調整や拡張の方法

- safety_configの設定値：safety_configには"weak"、"medium"、"strong"、"max"があります。これらは不適切要素の検知基準を調整するプリセットです。weakは緩く、maxは極めて厳格に不適切な画像を生成しないように制御します。利用ケースに応じて"medium"あたりからはじめ、必要に応じて"strong"や"max"に上げるとよいでしょう。
- guidance_scaleとの相性：guidance_scaleを6.0〜7.5あたりにすると、テキスト指示がより強く反映される一方で不適切要素も強まる場合があります。SLDの制御がどのように作用するかは試験的に確認しましょう。
- safety_conceptの再学習や拡張：既定の"safety_concept"メタデータ（ポルノ、暴力、差別表

39 https://github.com/py-img-gen/python-image-generation/blob/main/notebooks/5-6-1_safe-latent-diffusion.ipynb
40 https://hf.co/docs/diffusers/v0.31.0/en/api/pipelines/stable_diffusion/stable_diffusion_safe#diffusers.StableDiffusionPipelineSafe
41 https://github.com/huggingface/diffusers/releases/tag/v0.8.0

現などに関するルール）に基づいているため、ユースケースによっては十分でない可能性もあります。モデルに対してさらに追加の「コンテンツポリシー」を重ねるには、外部ロジックやフィルタリングシステムとの連携を検討してください。

処理速度・メモリ使用量などのパフォーマンス面での工夫

- 安全チェック処理のコスト：CFGの枠組みを利用したSLDは、Stable Diffusionと比べて推論コストが大幅に増加することはありませんが、さらに生成結果に対するフィルタリングなどを考えた場合に、追加のコストがかかる可能性があります。また画像サイズやバッチ数が多いほどこのチェックに時間がかかるので、開発段階では小さなサイズ、少ないステップでテストし、本番で拡大するのが安全です。

デバッグやエラー処理を円滑に進めるためのヒント

- 画像が異常にぼやけている／真っ黒になる：SLDの判定で画像内容が大幅に変更されている可能性があります。当該promptが不適切判定されすぎていないかを確認し、必要ならばSafetyConfigの設定を下げてください。
- "nsfw_content_detected"フラグが立たないのに依然として不適切画像が出る：安全性機構が判定できない新種の表現や、微妙に逸脱した表現は検知が漏れることがありえます。多層的なコンテンツフィルタリング（画像ハッシュによるフィルタリング、外部の安全性判定器など）を組み合わせて補完することをおすすめします。

応用例・さらに発展させるためのアイディア

- ユーザー入力に応じたダイナミックポリシー：promptが特定キーワードを含む場合にSafetyConfigを"strong"に切り替えるなど、動的な絞り込みロジックを導入できます。ユーザー入力の事前スキャンやmoderation APIと連携し、違反の可能性がある段階で厳格モードに切り替えて動かす手法が考えられます。
- 2段階フィルタ（Safe Latent＋後処理）：SLDで初期の粗いフィルタをかけた後、InstructPix2Pixなどで透けてしまった要素をさらに修正・除去する仕組みを作ると、より安全性が高まります。特に画像の一部のみ修正したい場合、マスク生成と組み合わせて細部を除去してもよいでしょう。
- ビジネスユース向けの複合制御：大規模配信プラットフォームでは安全性を担保するレイヤーが複数あり、SLDに加えてCLIPを用いたゼロショット認識、最終的にはルールベースの機構などを組み合わせる必要があります。diffusers側の安全性機構だけに頼りすぎるのではなく、外部ルールや独自要件を満たす処理を追加研究するのが理想的です。

以上が、SLDで不適切感のある要素を抑制する際のポイントです。

1. SafetyConfigのモード（"weak"から"max"）を切り替えながら挙動を確認する
2. promptによっては想定以上に修正が加わるので、生成結果をローカルで検証する
3. 必要に応じて複数の検知・フィルタ手法を組み合わせて運用する

以上の点を意識すれば、安全と表現力の両立や、さらなるビジネス要件への対応もスムーズになります。

TIME（Text-to-Image Model Editing）

図5-33に**TIME（Text-to-Image Model Editing）**[Orgad et al., 2023]による暗黙的な前提の編集結果を示します。Stable Diffusionをはじめとした大規模Text-to-Imageモデルは、画像を生成する際にプロンプトに指定されていない暗黙的な仮定や常識を考慮しています。いくつかの仮定や常識（例：空は青い、バラは赤い）は非常に有用である一方、それらが時代遅れになったり不正確である可能性や、さらには学習データに含まれる社会的なバイアスを反映している可能性もあります。TIMEは、学習済みStable Diffusionに対して明示的なユーザーの入力やコストの掛かる再学習を必要とせずに、暗黙的な仮定を編集する新たな技術です。

図5-33 TIMEによる暗黙的な前提の編集結果。[Orgad et al., 2023]より引用。Stable Diffusionをはじめとした大規模データを学習させたモデルは「バラは赤い」といった暗黙的な前提を仮定している。例えば「A field of roses」というプロンプトに対応するモデル編集後の生成結果では、バラが青色になっている。これはTIMEの効果である。なお、編集対象に関連するプロンプト（下線）では生成動作が変わるが、関連しないプロンプト（下線なし）では動作が変わらない。

これまでの手法と比べて優れている点は以下の通りです。

1. オブジェクトの再文脈化（object recontextualization）の観点
2. ニューラルネットワークに埋め込まれた知識の編集の観点

1について、いくつかの物体の画像が与えられた場合に、テキストプロンプトに基づいて異なる新しい設定で同様の物体を生成する方法にてついて先行研究が存在します[Gal et al., 2023][Ruiz et al., 2023][Kumari et al., 2023]。これらの研究が特定の画像を編集したり、新たなコンセプトの画像を生成したりするタスクを扱うのに対し、TIMEでは拡散モデルが学習した知識をテキストプロンプトを用いて編集することを目指しています。

2について、ニューラルネットワークに埋め込まれた知識を編集する取り組みは対象を広げており、言語モデル[De Cao et al., 2021][Dai et al., 2022][Meng et al., 2022][Meng et al., 2023]やGAN[Bau et al., 2020][Wang et al., 2022][Nobari et al., 2021]、画像分類モデル[Santurkar et al., 2021]などで成果を上げています。TIMEも拡散モデルに対して同様の編集を実現しようとしています。

TIMEの核となるアイディアは、「Text-to-Imageモデルを対象に、元の学習済みパラメータから大きく変更することなく、編集対象となる知識を含むプロンプトを、編集後の知識を含むプロンプトに近づけるようにFine-tuningする」というものです。図5-34に示すように、TIMEの学習時は、モデルが暗黙的な仮定をするsource prompt（例："A pack of roses"）と、同じ状況を説明するdestination prompt（例："A pack of blue roses"）を入力として受け取ります。その後モデルの交差注意層において、source promptに対する埋め込みがdestination promptの埋め込みに距離的に近くなるよう調整されます。このとき使用されるsource/destination promptのペアをもとに、評価データセットであるTIMEDを構築しています。

図5-34 TIMEにおける学習の概要。[Orgad et al., 2023]より引用。TIMEは(a)に示すようにText-to-Imageモデルを対象としている。また(b)に示すように、source prompt「A pack of roses」の埋め込みが、destination prompt「A pack of blue roses」の埋め込みに近くなるように学習させる。

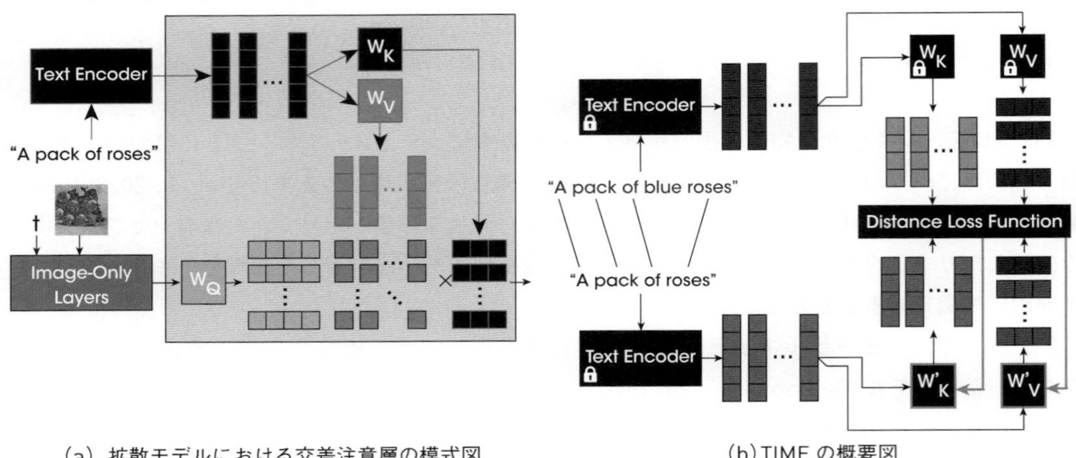

オリジナルのモデルとTIMEによって調整したモデルの両方で"A developer"というプロンプトを与えて画像を生成した結果を図5-35に示します。結果的にTIMEでは、暗黙的な仮定を大幅に緩和できることが示されています。

図5-35 TIME によるバイアス抑制結果。図は[Orgad et al., 2023]より引用。評価プロンプトとして「A developer」を使用したところ、左の編集操作なしのモデルでは男性の画像が多数生成されている。一方、TIMEによる生成結果では男女平等に生成されている。

TIME実装のポイント

ではpython-image-generation/notebooks/5-6-2_text-to-image-model-editing.ipynb[42]を開いてください。サンプルコードでは、Stable DiffusionにTIMEを適用して、モデル内部の特定のコンセプト（今回は"A pack of roses"）を別のコンセプト（"A pack of blue roses"）に書き換える例を示します。特定の単語やイメージ概念を置き換えることで、その後の生成に影響を与える仕組みになっています。以下に、実装上の注意点や工夫のポイントを解説します。

実装でつまずきやすいポイントや注意点

- custom_pipelineの読み込み：from_pretrainedで"custom_pipeline=custom_pipeline"と指定しており、独自に拡張されたパイプラインをロードしています。独自のモデル編集ロジックが含まれているため、標準のStable Diffusionとは別物です。py-img-gen/stable-diffusion-text-to-model-editing[43]のように独自ライブラリやレポジトリを利用する場合、そのバージョンやファイル構成に依存する可能性があるため、指定されたレポジトリが更新されていないか注意しましょう。
- source_promptとdestination_prompt：pipe.edit_model()によってsource_promptからdestination_promptのように概念を置き換えている部分が肝です。これを呼び出すと、内部でモデルの表現が書き換えられるので、以降の推論で影響が出ます。source_promptおよびdestination_promptのトークナイズ結果によって概念の正確な置き換えができない場合があり、期待と異なる結果が出る可能性があります。その際はsourceとdestinationの文字数やサブトークン化の影響をチェックしましょう。
- モデル編集の永続性：pipe.edit_model()を一度呼び出すとパイプライン内のモデルパラメータが書き換わっている可能性があるため、「再度別の編集をする」場合や「元に戻したい」場合は、再度パイプラインの読み込みが必要になります。

パラメータの調整・拡張の方法

- source_promptとdestination_promptの使いどころ：単語単位だけでなく、文脈を持たせた複数の単語から成るフレーズを置き換えることも可能ですが、成功の度合いはデータ次第です。"A pack of roses"から"A pack of daisies"のようにコンセプトを大きく変えたり、"red roses"から"blue roses"のように限定的に変えるなど様々な置き換えを試してみると面

42 https://github.com/py-img-gen/python-image-generation/blob/main/notebooks/5-6-2_text-to-image-model-editing.ipynb
43 https://hf.co/py-img-gen/stable-diffusion-text-to-model-editing

白さがわかります。

- prompt と source_prompt／destination_prompt の整合性：モデルの編集を実行すると、次のpromptで生成する内容が書き換えにより大きく変貌する可能性があります。model.edit_model()の結果を見ながら実際にどれくらい置き換えの影響があるかをテストし、生成される絵が本当に意図した通りかを評価してください。
- guidance_scale、num_inference_stepsなど：通常のStable Diffusionと同様に、出力画質や忠実度を調整するため、model.edit_model()とは別にpipe()呼び出し時のguidance_scale、num_inference_stepsを細かく調節できます。特に高いguidance_scaleをかけるとテキスト指示が過度に強調され、編集の影響が増幅する場合があります。

処理速度・メモリ使用量などのパフォーマンス面での工夫

- モデルのサイズや再ロードの回数：モデル編集を行うたびに内部パラメータに変更が生じるので、複数の編集を次々に試そうとすると、再読み込みで時間がかかる場合やメモリ不足を引き起こす場合があります。まずは小規模なテスト用データを使って検証を十分に行ってください。

デバッグやエラー処理を円滑に進めるためのヒント

- 置き換えがうまくいかない／効果を感じられない：source_prompt、destination_promptの分割が意図せぬサブトークン化で複雑になりすぎる場合や、モデル編集アルゴリズムが対応できない範囲の置き換えの場合に発生しやすいようです。まずは単語レベルで似た構造（"cat"から"dog" など）を置き換えるところから試し、本当に効果が現れているかを確認すると、仕組みが理解しやすくなります。
- ライブラリ更新に伴う例外の発生：カスタムパイプラインの読み込みの仕様が変わったり、from_pretrainedにおける読み込みモジュールの齟齬が理由でエラーが出る可能性があります。py-img-gen/stable-diffusion-text-to-model-editingのREADMEやコミット履歴をチェックし、バージョン不整合を解消してください。
- promptのスペルミス：スペルミスや複雑すぎる構造の文により、source／destinationのトークナイズが不安定になる場合あります。生成される画像が予想と違う場合、プロンプトを短く明瞭にして試すとデバッグが捗ります。

応用例・さらに発展させるためのアイディア

- source_prompt と destination_promptを大規模に集積："car"→"boat"など多数のペアを学習データとして一挙に書き換えモデルを作ることで、特定カテゴリ間のマッピングが強化されたモデルへと拡張できるかもしれません。

● 部分的モデル編集（特定レイヤーのみ）：より高度な実験として、U-NetやText Encoderの何層目を編集対象にするか指定することで、差し替え効果をコントロールできます。カスタムパイプラインの実装を改変し、設定に応じて編集の及ぶ範囲を変える仕組みを検討しましょう。

以上が、TIMEのサンプル実装におけるポイントです。

1. カスタマイズされたパイプラインのバージョンと仕組みを把握する
2. source_prompt／destination_promptのトークナイズ挙動を理解する
3. 生成結果を比較しながら、丸ごと再ロードや多段階編集のテストを行い、限界や応用範囲を探る

といった順序で試すと、よりスムーズにモデル編集の特徴を理解・活用できるでしょう。

まとめ

第5章では拡散モデルによる画像生成技術の応用について、実践的な側面から包括的に解説しました。

まずパーソナライズされた画像生成として、特定のスタイルや対象に特化したカスタムモデルの作成方法とFine-tuningの手法について説明しました。これにより、ユーザーの意図に沿った画像生成を実現する具体的な方法を示すことができました。

次に制御可能な画像生成として、条件付き画像生成の手法や生成画像の属性、特徴の制御方法について解説しました。特に、ユーザーの意図をより正確に反映させるための様々な技術的アプローチを紹介し、実践的な応用例を示しました。

拡散モデルを用いた画像編集技術では、既存画像の効率的な編集手法について説明するとともに、訓練、推論の効率化手法や既存モデルの効果的な拡張方法についても詳しく解説しました。これらの技術は実用面で重要な役割を果たすものです。

最後に、生成画像における倫理的問題や公平性を考慮したモデル開発について議論し、社会的影響への対応の重要性を説明しました。特に、技術の発展に伴う倫理的な課題や、それらへの具体的な対処方法について詳細に解説しました。

このように第5章では、拡散モデルの実践的な応用方法から社会的な影響まで、幅広い観点から画像生成技術の現状と課題について包括的に説明しました。これらの知識は、続く第6章で議論される画像生成の未来への展望を理解する上で重要な基盤となります。

COLUMN

diffusersのコードを拡張する

本書ではこれまで、diffusersのパイプラインを用いた画像生成技術について紹介してきました。こうした技術に対して理解が深まってくると、パイプラインの要素やそれ自体に手を加えたくなる衝動に駆られます。本コラムではdiffusersのコードをベースにした拡張方法の概要を紹介します。なお、具体的なコードの拡張方法については、本書付録Webページ[44]を参照してください。

diffusersを拡張する方法は、対象とするコンポーネントに応じて2つの方向性があります。1つはパイプラインやその要素自体の拡張で、既存のパイプラインに新たなコンポーネントや処理を追加してよりよい画像生成を目指すものです。もう1つは画像生成に重要な役割を持つ注意機構の計算に介入し、より細やかに制御可能な画像生成を実現するものです。これらの拡張はPythonの継承やオーバーライドの機能を活用して実装します。この方法により、既存のコードベースを維持しつつ必要な部分だけを効率的に変更することができます。

パイプラインの拡張はDiffusionPipeline[45]クラス、もしくはより具体的なStableDiffusion-Pipelineなどを継承することで実現します。この継承により、新しい生成過程や前処理・後処理、コンポーネントやモデルの追加が可能です。元の機能を損なうことなく、独自の画像生成パイプラインを構築できます。画像生成時の逆拡散過程に変更を加えたい場合は、DiffusionPipelineの__call__[46]やStableDiffusionPipelineの__call__[47]をオーバーライドします。注意機構の計算に介入する場合は、AttnProcessor[48]クラスを継承して新たな処理を追加します。この機構はU-NetなどのDenoiserにおいて注意計算時に使用されます。第5章2節にて紹介したAttend-and-ExciteはこのAttnProcessorを有効活用して注意スコアの計算を制御しています[49]。

コードを拡張する方法としてオリジナルのレポジトリをコピーして改変を始めることは一見手っ取り早い方法に見えます。読者のみなさんもこうした方法で公開された著者実装を目にしたことがあるかもしれません。しかしこの方法では、バージョン管理が困難になったり、オリジナルに入ったアップデートの取り込みも難しくなります。特に流れの速い画像生成の分野において、活発に開発が進むdiffusersはすぐに古くなる可能性があります。そこで継承などの機能を利用して差分のみを更新することで、コードの重複を避け、バージョン管理を容易にし、メンテナンス性を向上させることができます。

---

44 https://py-img-gen.github.io/column/extending-diffusers-code/
45 https://hf.co/docs/diffusers/main/api/diffusion_pipeline
46 https://hf.co/docs/diffusers/main/api/diffusion_pipeline#diffusers.DiffusionPipeline.__call__
47 https://hf.co/docs/diffusers/v0.31.0/en/api/pipelines/stable_diffusion/text2img#diffusers.StableDiffusionPipeline.__call__
48 https://huggingface.co/docs/diffusers/v0.31.0/en/api/attnprocessor
49 https://github.com/huggingface/diffusers/blob/v0.31.0/src/diffusers/pipelines/stable_diffusion_attend_and_excite/pipeline_stable_diffusion_attend_and_excite.py#L135-L170

第6章

画像生成の今後

本章では、拡散モデルによる画像生成の今後の展望について議論します。これまで、拡散モデルの基礎理論、実装、応用例を紹介し、人間と同等以上の性能を持つその革新的な可能性を示してきました。一方で、第1章3節でも述べたような制限や倫理的な問題も存在します。拡散モデルには利点欠点それぞれ存在しますが、可能性は依然として高く、画像生成にとどまらないさらなる応用と進化が期待されます。

第1節 拡散モデルの発展に伴う議論

拡散モデルをもとにした画像生成モデルの発展に伴って、様々な課題が浮き彫りになっています。ここでは画像生成モデルの使用による議論や世論の反応について述べます。急速に技術が発展する中で起こった議論を通じて、我々がこれから拡散モデルをはじめとした画像生成技術とどのように向き合っていくべきかを考える、1つのきっかけとなることを期待しています。

コンテスト参加や受賞の議論

第1章1節では、画像生成サービスであるMidjourneyを用いて生成した絵画風の画像が、作品コンテストで1位を獲得した例を紹介しました。本作品を制作した本人は作品投稿時にAIを使用したことを明記しており、主催者側もそれを知った上で受賞を決定したため、AIで作成されたことが報じられた後も結果は変わらず、受賞取り消しは行われませんでした。しかし、AIによる作品が受賞したことに、様々なアーティストから怒りの声も噴出しました。

同様に、Sony World Photography Awards（SWPA）のクリエイティブ部門賞を受賞した写真が議論を巻き起こした事例があります[1]。作者はAIを使用したことを意図的に公表せず、受賞後に明かすことでAI生成画像を写真と認めるかどうかという問題提起を行い、最終的に受賞を辞退しました。さらには、世界報道写真コンテストが画像生成AIを受け入れると発表し、批判噴出した事例[2]なども存在します。これらの事例から今後コンテストなどの審査においては、AIの使用をどのように扱うか、また応募者のAI使用の有無をどう確認・評価するかといった新たな課題について、議論を深める必要があります。

AIと著作権

生成AIの急速な発展に伴い、著作権法との関係で新たな課題が浮上しています。特に第5章4節で紹介したLoRA技術を用いた特定クリエイターの作風の模倣が大きな論争を引き起こしています。生成AIは学習データとして大量の著作物を必要とし、また生成物自体が既存の著作物と類似する可能性があることから、著作権侵害のリスクが指摘されています。LoRAは数枚から数十枚程度の少ない画像から特定の作風を学習できる技術であり、特定のクリエイターの作風を狙い撃ちにした学習が可能となっています。これにより、クリエイターから「絵を盗まれた」という感覚や、無断で作風を模倣されることへの懸念が示されています。一方で、学習のための画像利用は著作権法で認められているという主張もありますが、生成画像のインターネット投稿や学習結果の配布は

1 Sony World Photography Awards 2023 | boris eldagsen：https://www.eldagsen.com/sony-world-photography-awards-2023/

2 World Press Photo Contest Backtracks on AI After Photographer Backlash | PetaPixel：https://petapixel.com/2023/11/22/world-press-photo-contest-backtracks-on-ai-after-photographer-backlash/

認められていないとの指摘もあります。

日本においては文化庁が2024年に「AIと著作権に関するチェックリスト&ガイダンス」[3]を公表し、AI開発者、提供者、利用者それぞれの立場からリスク低減の方策を示すなど、制度的な対応を進めています。しかし、LoRAのような特定の作風を模倣する技術に関しては、現行の著作権法での対応が難しいという指摘もあります。

このように、AIと著作権の問題は、技術革新がもたらす創作活動の変容と、既存の権利保護の枠組みとの調和をいかに図るかという本質的な課題を提起しています。特にLoRAのような新技術は、クリエイターの権利保護と技術革新の両立という新たな課題を投げかけています。

画像生成AIに関連する訴訟の増加

画像生成AIの普及に伴い、画像生成AIに関連する訴訟が増加しています。2023年1月13日にはアメリカのアーティスト3人から、著作物の無断利用を理由に、Stability.AI社やMidjourney社、無断学習を黙認したとされるDeviantArt[4]社に対して集団訴訟が提起されました[5]。また、フォトストック大手の米Getty Images[6]社は、2023年1月17日、ロンドンの高等裁判所において、著作物、商標権の無断使用および無断複製でStability.AI社に対して訴訟を提起したと発表しました[7]。また、2023年2月3日にアメリカ・デラウェア州地方裁判所において、Stability.AI社に対して、著作物、商標権の無断利用および無断複製を理由に訴訟が提起されています[8]。これらの事例は法的課題の多様性、データ収集と個人情報保護、権利者の対応の複雑さ、および画像生成サービス、プラットフォームの対応など、様々な課題を浮き彫りにしています。こうした多様な課題に対して、画像生成AI技術の発展に伴う法的枠組みの整備が急務となっています。

3 AIと著作権に関するチェックリスト&ガイダンス｜文化庁：https://www.bunka.go.jp/seisaku/chosakuken/pdf/94097701_01.pdf
4 DeviantArt - The Largest Online Art Gallery and Community：https://www.deviantart.com/
5 Stable Diffusion litigation - Joseph Saveri Law Firm & Matthew Butterick：https://stablediffusionlitigation.com/。なお、該当Webページは現在停止されてしまっているため、内容についてはページ公開当初のウェブアーカイブを参照してください：https://web.archive.org/web/20230114070423/https://stablediffusionlitigation.com/
6 Getty Images：https://www.gettyimages.com
7 Getty Images Statement - Getty Images：https://newsroom.gettyimages.com/en/getty-images/getty-images-statement
8 Getty Images sues AI art generator Stable Diffusion in the US for copyright infringement - The Verge：https://www.theverge.com/2023/2/6/23587393/ai-art-copyright-lawsuit-getty-images-stable-diffusion

第2節 拡散モデルによる画像生成の倫理

注目度が非常に高まっている拡散モデルによるText-to-Image技術ですが、その倫理的な側面についても議論が進められています。Stable Diffusionをはじめとした画像生成モデルは、大規模なデータセットを用いて学習されているため、テキスト、画像両方のモダリティでそれぞれバイアスの影響を受けています。Stable Diffusionの構成要素として第4章2節にて紹介したCLIPは、4億の画像とテキストのペアで学習されており、Stable Diffusion自体も第4章1節で紹介した通り、50億件以上のデータが含まれるLAION-5Bを用いて学習されています。本節ではこうして大量のデータで学習されたText-to-Imageモデルに潜むバイアスの原因と対処を、論文[Bendel, 2023][Oppenlaender et al., 2023]やHugging Faceのチームが公開している記事[9]をもとに紹介します。

画像生成に埋め込まれる価値観と偏り

バイアスや偏りというとネガティブな意味合いで捉えられがちですが、そのバイアスと「価値観」には非常に密接な関係があることが知られています[Esses et al., 1993]。本書を通してお伝えしてきたようにText-to-Imageモデルは非常に手軽に使用可能です。しかしこのように簡単にアクセスできるモデルは人口統計的な固定観念を増幅させる可能性があることが指摘されています[Bianchi et al., 2023]。バイアスと価値観の関係は画像生成分野にかかわらず大規模データを扱う機械学習および深層学習分野で広く認識されています。この課題の解決に向けて多大な努力が行われていますが一方で、日々目まぐるしく変化する集団の価値観を単一のモデルで表現しようとすると、バイアスの問題は依然として残ります。

画像生成モデルの直感的なバイアスとして、例えば訓練データが主に英語であれば、どちらかといえば西洋的な価値観を反映した画像が生成される可能性が高くなるというものがあります。その結果、異なる文化や訓練データより「遠い」文化を固定観念的に表現してしまうことがあります。

図6-1に、中国Baidu[10]社が開発したERNIE-ViLGとイギリスStability.AI社が開発したSD v2に対して、同じプロンプト"a house in Beijing"を与えたときの生成結果を示します。ERNIE-ViLGは現在の中国を反映したような、タワーマンションが立ち並ぶ都市の風景を生成していますが、SD v2は中国の伝統的な家屋を生成しています。この結果のみでは詳細な考察をするのは難しいですが、それぞれの画像生成モデルが異なる文化や価値観を反映していることが垣間見えます。

9 Ethics and Society Newsletter #4: Bias in Text-to-Image Models：https://hf.co/blog/ethics-soc-4
10 Baidu：https://www.baidu.com/

図 6-1 **Text-to-Imageモデルに潜むバイアスの直感的な例。**https://hf.co/blog/ethics-soc-4#values-and-bias-encoded-in-image-generations**より引用。プロンプトとして**"a house in Beijing"**を指定して画像を生成した結果。**

(a) ERNIE-ViLG による生成画像

(b) Stable Diffusion2.1 による生成画像

バイアスの原因

深層学習の発展に伴い、画像や言語それぞれ単一のモダリティを使用した機械学習システムにおけるバイアス検出に関する研究が進められています（例：コンピュータビジョン[Buolamwini and Gebru, 2018]、自然言語処理[Abid et al., 2021]）。こうした機械学習モデルが人間によって構築されている限り、バイアスはすべてのモデルに存在すると言えます。

画像生成モデルにおいては、訓練に使用する画像には特定の視覚的特徴の有無や文化的・地理的な固定観念が必ず含まれてしまいます。Stable Diffusionのようなオープンなモデルに加え、Adobe Firefly[11]やShutterstock[12]のような商用サービスも登場し、画像生成技術がさらに広く社会に展開されていくことを考えると、既存の社会的偏見や不公平感を増幅させてしまう懸念があります。以下、バイアスの原因となる主な要因を紹介します。

11 Adobe Firefly：https://www.adobe.com/jp/products/firefly.html
12 Shutterstock：https://www.shutterstock.com

訓練データのバイアス

深層学習で幅広く利用されているマルチモーダルデータセットには多くのバイアスや有害なデータが含まれていることが知られています[Zhao et al., 2017][Birhane et al., 2021][Hirota et al., 2022]。具体的にはStable Diffusionの訓練に使用されているLAION-5Bや、**画像キャプション生成**(**Image Captioning**) で使用されているMSCOCO、VQAで使用されている**VQA v2.0**(**Visual Question Answering v2.0**)[Goyal et al., 2017]が挙げられます。こうしたデータセットでモデルを学習させた場合、データセットに含まれるバイアスがモデルに「浸透」してしまう可能性があります。

Hugging Face社が公開しているStableBias[13]を用いた分析では、画像生成における多様性の欠如、文化やアイデンティティに対する固定観念の発現が明らかになっています。画像生成サービスとして公開されているDALL-E 2において、"Manager"や"CEO"といったプロンプトを入力した際に生成される結果を図6-2に示します。この結果を見ると商用サービスとして広く公開・使用されているDALL-E 2にもバイアスが存在し、多様性に乏しい結果を示すことがわかります。

図6-2 DALL-E 2 におけるManagerとCEOの生成結果の例。図はhttps://huggingface.co/blog/ethics-soc-4#sources-of-bias より引用。

(a) "Manager"の生成結果　(b) "CEO"の生成結果

事前学習用データのフィルタリング時のバイアス

深層学習モデルの訓練に使われるデータセットは、何らかのフィルタリング処理が行われていま

13 StableBias：https://hf.co/spaces/society-ethics/StableBias

す。特に問題あるデータを除外することが優先され、自動的なフィルタリング処理が行われています。例えばDALL-E 2の開発者は、OpenAIのテックブログの記事にて訓練データをフィルタリングすることで実際にバイアスが増幅されることに言及しています[14]。「CEO」というプロンプトに対して、フィルタリング前のモデルでも男性の画像が多く生成される傾向がありましたが、フィルタリング後のモデルではほぼ男性の画像のみが生成されるようになりました。

このような結果は、フィルタリングによってデータセットが縮小され、現実世界を正確に表現できなくなる可能性があることを示唆しています。

推論時のバイアス

Stable DiffusionやDALL-EのようなText-to-Imageモデルの訓練と推論に使用されるCLIPには、年齢や性別、人種や民族にまつわる多くのバイアスが含まれていることが指摘されています[Wolfe and Caliskan, 2022]。特にCLIPでは強い仮定として白人、中年、男性というラベルを標準の状態として扱う動作が見られます。これはプロンプトに特に指定をしない場合、性別や社会集団の属性として白人や男性を意味するものとして解釈されてしまうことを意味します。こうしたバイアスによる暗黙的な仮定を含んだモデルに対してプロンプトを指定する場合、意図した生成結果が得られないなどの影響が考えられます。

モデルの潜在空間におけるバイアス

Stable Diffusionをはじめとした画像生成技術は潜在表現を活用したLDMを使用しています。潜在表現は入力データをよりコンパクトに表現することで、計算負荷を大幅に削減しながら高品質な画像生成を可能にします。図6-3に示す**Fair Diffusion**[Friedrich et al., 2023]は、Stable Diffusionの潜在空間の分析に取り組んだ主たる研究の1つです。この研究では生成モデルにおけるバイアスの課題に対して、適応的な潜在空間制御機構を提案しています。

また、潜在空間内の方向を動的に調整することで、特定の属性に影響を与えることが可能です。従来の生成モデルでは、年齢、性別、人種などの属性において不均衡な分布が生じていましたが、この課題に対して潜在空間内の属性の分布を混合ガウス分布を用いて制御することで、より公平な画像生成を実現しています。

公平な画像生成に取り組む研究は今後の増加が予想されますが、LDMをはじめとした拡散モデルの潜在空間の構造や、生成された画像に反映されるバイアスに影響を与える要因をより良く理解するには、さらなる研究が必要と言えます。

14 DALL·E 2 pre-training mitigations | OpenAI：https://openai.com/index/dall-e-2-pre-training-mitigations/

図6-3 Stable DiffusionとFair Diffusionによる生成画像の比較。[Friedrich et al., 2023]より引用。プロンプトとして"firefighter"(消防士)を指定した際の生成結果。Stable Diffusionの結果(上段)は白人男性に見える人物のみが生成されている。一方でFair Diffusion(下段)ではユーザーの設定に応じて公平性を導入可能で、結果の偏りを低減できる。

生成結果の後処理におけるバイアス

多くの画像生成モデルには、問題のある生成結果を示す目的でNSFWフィルター機能を備えるSafety Checker機構が組み込まれています。この機構は文字通り生成された画像をフィルタリングするものですが、フィルタリング処理自体にもバイアスが含まれる場合があることは先ほども説明しました。現状Safety Checkerがどの程度機能するか、また様々な種類の生成結果に対してどの程度頑健であるかについてはまだ明確な結論が出ていません。具体的な施策としてStable Diffusionに対してモデルの安全性を分析するRed-teamingを適用した取り組みがあります[Rando et al., 2022]。この取り組みから、Stable DiffusionのSafety Checkerは性的なコンテンツをほとんど識別できた一方で、その他の種類の有害なコンテンツに対しては識別を失敗する傾向にあったことが報告されています。

● バイアスの検出 ●

バイアスは非常に複雑なトピックであり、機械学習や深層学習の枠組みだけでは対応が難しく、技術的なアプローチだけでは十分に対処できない問題です[15]。バイアスは広範な社会的、文化的、そして歴史的背景と深く絡み合っています。したがってAIシステムにおけるバイアスへの対処は、技術的な課題であるだけでなく、学際的な課題でもあります。

以下ではバイアスに立ち向かうためのツール、モデルの安全性を分析・調査するRead-teaming、

15 Let's talk about biases in machine learning! Ethics and Society Newsletter #2：https://hf.co/blog/ethics-soc-2

モデルの評価方法について紹介します。こうしたアプローチを組み合わせることで、画像生成技術をはじめ、その他マルチモーダルモデルに含まれるバイアスに対して、モデルの作成者および使用者両方に適切な情報を提供できます。

バイアスを発見するためのツール

StableBiasプロジェクトの一環として、Hugging FaceのチームではText-to-Imageモデルにおけるバイアスを探索、比較するためのツールを公開しています。図6-4にAverage Diffusion Faces[16]ツールによる生成結果の比較例を示します。ここではプロンプトとして"janitor"(管理人)を指定した際の平均的な顔画像の生成結果を比較しています。

図6-4 Average Diffusion Facesツールを用いた各Text-to-Imageモデル(SD v1、SD v2、DALL-E 2)の生成結果の比較。https://huggingface.co/blog/ethics-soc-4#detecting-biasより引用。ここではプロンプトとして"janitor"(管理人)を指定して複数画像を生成したときの平均的な顔を比較している。

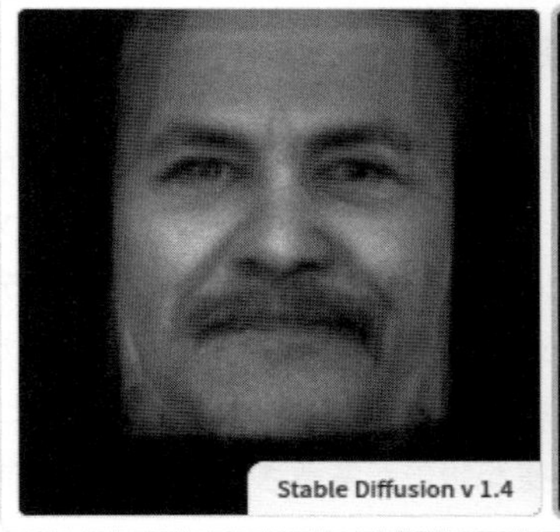

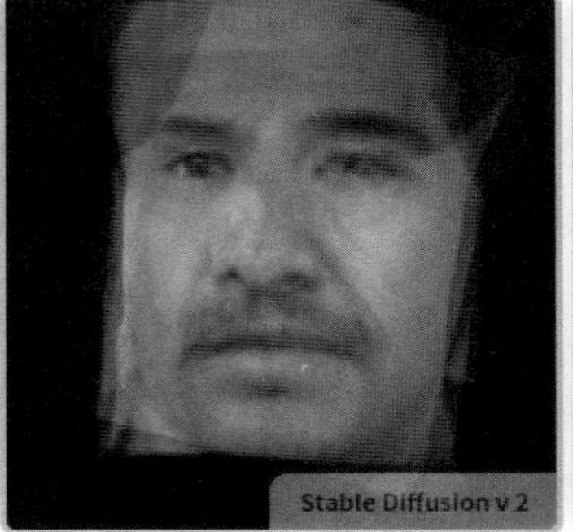

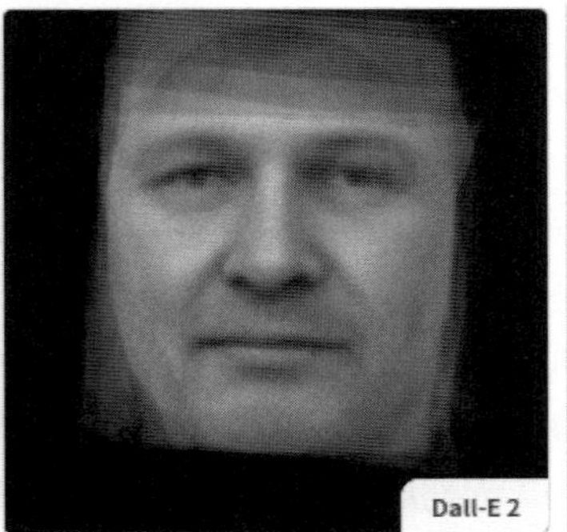

その他、DiffusionFaceClustering[17]とidentities-colorfulness-knn[18]といったツールが公開されています。これらのツールは、ユーザーがいずれかのラベルやアイデンティティの特徴に依存することなくデータのパターンを探索可能です。このアプローチにより、データ内の類似点や固定観念といったバイアスを特定することを目的としています。なお、これらのツールで生成された画像は実在する人間や物体ではなく、人工的に生成されたものであることに留意する必要があります。

安全性を評価するRed-teaming

Red-teamingは、深層学習モデルにプロンプトを与えて結果を分析することで、潜在的な脆弱

16 Average Diffusion Faces：https://hf.co/spaces/society-ethics/Average_diffusion_faces
17 DiffusionFaceClustering：https://hf.co/spaces/society-ethics/DiffusionFaceClustering
18 Identities Colorfulness - knn：https://hf.co/spaces/stable-bias/identities-colorfulness-knn

性やバイアス、弱点を見つけられるように実施するストレステスト手法の総称です[19]。LLMをはじめとした言語モデルの評価に採用される事例が増えていますが、言語モデル以外に対するRed-teamingの体系的な方法は確立されておらず、場当たり的なものにとどまっています。

Text-to-Imageモデルをはじめとした深層学習モデルには非常に多くの種類の潜在的な失敗例やバイアスが存在するため、それらすべてを網羅するのは困難です。また生成モデルは確率的な振る舞いをするため、失敗事例の再現性にも課題があります[Bender et al., 2021]。Red-teamingは深層学習モデルの限界や振る舞いについて理解する手助けをしてくれるため、それらの結果をもとに予測に対するガードレールを追加したり、モデルの限界について文書化したりすることができます。

現在、Red-teaming手法のOSS化が進められています。Anthropic[20]社が公開しているHH-RLHF[Ganguli et al., 2022][21]がその一例ですが、英語テキストのみに制限されているため、他の言語やマルチモーダルモデルに対するRed-teaming手法の必要性が指摘されています。

バイアスの評価と文書化

モデルやデータセットを公開できるHugging Face Hubでは、**モデルカード**（**Model Card**）[Ozoani et al., 2022]や**データシート**（**Datasheet**）[Gebru et al., 2021]、README形式でのモデルやデータセットの性質の文書化が推奨されています。Text-to-Imageモデルをはじめとしたマルチモーダルモデルにおけるバイアスを評価するためのベンチマークやデータセットは、現在も標準化が進行中です。しかしながらSolaimanらの取り組み[Solaiman et al., 2023]をはじめとした方向性でコミュニティが発展すれば、モデルの文書化を通じてバイアスに関する多様な報告が蓄積されることが期待されています。

価値観とバイアス

価値観とバイアスに対して、我々はどのように向き合っていけばよいでしょうか？ 上記で紹介した方法は画像生成モデルに埋め込まれてしまったバイアスを検出し、それらを理解するための一部に過ぎません。これからの画像生成モデル開発では、私たちが望むような社会を表現する新しいモデルの開発が求められます。このアプローチでは、訓練データのパターンを模倣するだけでなく、より公平なAIシステムを作ることが重要です。

一方で、私たちは誰の視点に立って公平なモデルを構築すればよいでしょうか？ AIシステムの中で「理想的な」社会のあり方を定義することは容易ではありません。社会は常に変化する動的

---

19 Red-Teaming Large Language Models：https://hf.co/blog/red-teaming
20 Anthropic：https://www.anthropic.com/
21 Anthropic/hh-rlhf · Datasets at Hugging Face：https://hf.co/datasets/Anthropic/hh-rlhf

な存在であり、AIシステムはこうした変化にどのように適応させていくべきかという課題があります。特に、社会に存在するすべてのグループ（マイノリティを含む）を適切に考慮する方法は、依然として大きな研究課題であり、また社会的な課題として残されています。

AIシステムや深層学習モデルの開発において、バイアスへの対処が必要な場面が複数存在します。具体的には、データ収集と準備、モデルの学習とテスト、およびモデルのデプロイメントという主要な段階でバイアスが発生する可能性があります。

この課題に効果的に対処するためには、組織はAIのライフサイクル全体を通じて積極的な多面的アプローチを採用する必要があります。これには、データセットの監査によるバイアスの特定と修正、公平性を重視したアルゴリズムの適用、およびモデル評価への公平性指標の組み込みが含まれます。最も重要な第一歩は、研究チームの多様性と代表性を確保することです。これには臨床領域の専門家やデータサイエンティストだけでなく、主要なステークホルダー、過小評価されている集団のメンバー、およびエンドユーザーを含める必要があります。この多様なチームは、問題設定と仮説生成からはじまり、多様な集団間でのモデルの実装に至るまでの過程に、一貫して関与すべきです [Nazer et al. 2023]。

第3節 画像生成にとどまらない拡散モデルの進化と今後

本書を通じて拡散モデルを用いた画像生成技術について紹介してきました。拡散モデルは非常に強力な生成モデルであるため、画像生成にとどまらず、様々な分野での応用が期待されています。本節ではコンピュータビジョン分野での発展をはじめ、その他の応用領域への拡大、拡散モデル自体の発展について紹介した後、今後の展望について説明します。ここでは各トピックに対して、その研究状況をまとめた総説論文（サーベイ論文）を中心に紹介します。各研究分野の詳細な文献については、それぞれの論文を参照することをお勧めします。

コンピュータビジョン分野における発展

本書では拡散モデルを用いたText-to-Image技術を中心に紹介してきましたが、日進月歩で進化を続けており紹介できた技術は一部に過ぎません。こうした急速な発展を受けて、様々な視点から研究成果をまとめたサーベイ論文が複数公開されています[Hu et al., 2023][Zhang et al., 2023][Kandwal and Nehra, 2024][Fang, 2024]。

拡散モデルをText-to-Image以外のコンピュータビジョンのタスクに適用した研究も多く、サーベイ論文としてまとめられているタスクもあります。具体的には**画像復元**（**Image Restoration**）や**画像補正**（**Image Enhancement**）に対する応用[Li et al., 2023]や**画像雑音除去**（**Image Denoising**）[Xie et al., 2023]、**画像修復**（**Inpainting**）や**画像フィルタリング**（**Image Filtering**）[Patil and Bendre, 2023]などがあります。またこれら画像処理の基本的なレベルなタスクに対する拡散モデルの応用をまとめたサーベイ論文[He et al., 2024]もあり、コンピュータビジョンに対する拡散モデルの注目度の高さがわかります。

拡散モデルの応用は、2Dデータである画像ドメインを超えて広がりを見せています[Wang et al., 2024]。具体的には3Dデータに対する表現学習への応用[Shi et al., 2022]、**動画生成**（Video Generation）[Xing et al., 2024][Melnik et al., 2024]、**動画編集**（**Video Editing**）[Sun et al., 2024]があります。自然な動画が生成できると注目されるOpenAIのSora[22]を始め、MetaのMovie Gen[23]、OSSとして公開されているTencent[24]のHunyuanVideo[Kong et al., 2024]など、拡散モデルを用いた動画生成技術は、今後さらなる発展が期待されています。

22 OpenAI Sora：https://openai.com/sora/
23 Movie Gen：https://ai.meta.com/research/movie-gen/
24 Tencent：https://www.tencent.com/

● 応用領域の拡大 ●

拡散モデルの柔軟な表現力と高い性能は、コンピュータビジョン以外の分野にも応用されています[Yang et al., 2023][Ahsan et al., 2024]。特に拡散モデルの表現学習への適用[Fuest et al., 2024]は特に注目を集めており、明示的な教師データがない場合でも**自己教師あり学習**（**Self-supervised Learning、SSL**）としてモデルを学習可能です。また知識蒸留手法へも拡大しており、拡散モデルの性能を向上させるための手法として注目されています[Luo, 2023]。

自然言語処理分野で提案されたTransformerがコンピュータビジョン分野に輸入されたように、コンピュータビジョン分野で提案された拡散モデルを応用する動きが自然言語処理をはじめとした言語を扱う領域に広がっています。自然言語処理の応用先としては、**テキスト生成**（**Text Generation**）や機械翻訳、画像キャプション生成、**要約**（**Text Summarization**）、**テキストスタイル変換**（**Text Style Transfer**）、**質問応答**（**Question Answering**）、**対話応答生成**（**Dialogue Response Generation**）など多岐にわたります。さらに音声への応用[Zhang et al., 2023]、そしてこれらを含むマルチモーダルデータ[Jiang et al., 2024]への応用について、非常に速い速度で研究、開発が進められています。

言語データを皮切りに、様々な形式のデータに対しても拡散モデルの応用が進められています。グラフデータへの応用[Liu et al., 2023]では、特に分子やタンパク質といったグラフ構造を有するデータを中心に、その構造を生成するようにモデルを訓練する方法が数多く紹介されています。

自然言語処理タスクへの応用に関連して、拡散モデルを用いた時系列データへの応用も進んでいます[Lin et al., 2024][Meijer and Chen, 2024][Yang et al., 2024]。これらは主に**時系列予測**（**Time Series Forecasting**）や**時系列欠損値補完**（**Time Series Imputation**）、**時系列生成**（**Time Series Generation**）を中心に研究されています。

構造データに対する拡散モデルの応用[Koo and Kim, 2023]では、時系列データに関する拡散モデルの説明に加えて、表形式のデータであるテーブルデータやより具体的な**電子健康記録**（**Electronic Health Records**）に対する生成や欠損値補完の手法が研究されています。さらには拡散モデルのノイズとデータの関係に着目した逆問題を解くための手法も提案されています[Daras et al., 2024]。逆問題とは入力（原因）から出力（結果）を求める順問題の逆で、観測データから未知の入力や関係を推定する問題を指します。医用画像再構成や地震探査などに広く応用されています。

拡散モデルはビジネス領域にも応用が進んでおり、特に企業活動の中核を担う推薦システムへの適用事例が増えています[Lin et al. 2024]。推薦システムは主にテーブルデータを使用するため、前述のテーブルデータに対する拡散モデルの応用と重複する部分が存在します。しかし、従来の手法では複雑なユーザーと商品の分布を学習することに限界があり、モデル崩壊という課題も抱えてい

ました [Wei and Fang, 2025]。

ビジネスにおけるシステム運用の上で重要な点として、拡散モデルに対するセキュリティ応用についても研究が進んでいます [Truong et al., 2024]。拡散モデルに対するセキュリティについては第1章3節でも触れましたが、**バックドア攻撃**（**Backdoor Attack**）や**敵対的攻撃**（**Adversarial Attack**）、**メンバーシップ推論攻撃**（**Membership Inference Attack**）[Shokri et al., 2017] など、様々な攻撃に対して脆弱性を持つことが指摘されています。これらの攻撃はインターネット上で広く公開されている事前学習モデルにとって特に深刻な脅威となっています。

拡散モデルは医療の分野にも応用が進んでいます [Shi et al., 2024]。医用画像処理への応用として脳や心臓、内蔵を対象に、**MRI**（**Magnetic Resonance Imaging**、**磁気共鳴画像**）や**CT**（**Computed Tomography**、**コンピュータ断層撮影**）による画像の解析が行われています [Kazerouni et al., 2022][Kazerouni et al., 2023]。これらはImage-to-Image変換や**画像再構築**（**Image Reconstruction**）、画像分類、**画像セグメンテーション**（**Image Segmentation**）、画像雑音除去、画像生成、**異常検知**（**Anomaly Detection**）などの幅広いタスクに応用されています。

拡散モデルは**バイオインフォマティクス**（**Bioinformatics**）や**計算生物学**（**Computational Biology**）[Guo et al., 2024][Norton and Bhattacharya, 2024] にも応用されており、**分子構造生成**（**Molecular Structure Generation**）や**タンパク質構造生成**（**Protein Structure Generation**）、**細胞画像再構築**（**Cell Image Reconstruction**）などにも利用されています。これらは前述したグラフ構造に対する拡散モデルの応用 [Liu et al., 2023] とも関連があります。

● 拡散モデル自体の進化 ●

拡散モデルの研究は [Sohl-Dickstein et al., 2015] から始まり、[Ho et al., 2020] や [Rombach etal., 2022] を経て、画像生成を中心に爆発的に発展を遂げました。この急速な進展に伴い、拡散モデルに関する研究は効率的なサンプリング、改良された尤度推定、特殊なデータ構造の処理など、多岐にわたる分野で展開されています。

現在、Flow Matchingと拡散モデルは生成モデリングにおける二大フレームワークとして注目されています。これらは一見異なるアプローチのように見えますが、実際には密接な関係にあります [Gao et al., 2024]。特にFlow Matchingは、拡散モデルの効率的な学習からインスピレーションを得ながらも、よりシンプルな視点を提供し、実装と一般化が容易な手法として注目を集めています [Lipman et al., 2024]。

Stable Diffusionをはじめとした拡散モデルの訓練方法には、まだ改善の余地が残されています。従来の拡散モデルは優れた性能を示していますが、学習と推論の効率性に課題があります。これは広範な順方向・逆方向の拡散過程の追跡と、複数のタイムステップにわたる大規模なパラメータの管理が必要なためです[Zhang et al., 2024a]。この課題に対してさらに、[Chang et al., 2023]では拡散モデルの構造についてより詳細な議論が展開されています。現在の拡散モデルは様々な生成タスクで優れた効果を示していますが、従来のモデルは主にインスタンスレベルの最適化に焦点を当てており、サンプル間の構造的な関係性を十分に考慮していない[Yang et al., 2024a]という新たな課題も指摘されています。

深層学習分野全体として、人間の趣向に沿った生成を可能にする強化学習をベースとした訓練手法が注目を集めています。ChatGPTの成功により、定式化が難しい目的関数に対しても効果的な学習が可能であることが示されました。強化学習はこれまで、コンテンツの推薦やチャットボットの応答最適化、音楽をはじめとした芸術における感性の学習といった様々な場面で応用されています。拡散モデルに対する強化学習に関するサーベイ論文は複数存在しており、[Zhu et al., 2023]や[Uehara et al., 2024]がその代表例です。強化学習をベースとした訓練手法や、Fine-tuningで強化学習を組み合わせることで、より人間の趣向を反映した画像生成が実現可能です。

第4章7節で紹介したSD v3では、Flow Matchingと呼ばれる新しい訓練手法を採用しています。拡散モデルはノイズとデータを確率的な経路でつなげるのに対して、Flow Matchingは決定論的に直線でつなげる手法であり、後続の画像生成モデルである**FLUX.1**[25]をはじめ、現在、Flow Matchingを用いた生成モデルが注目されはじめています。

特にFLUX.1は、拡散モデルベースのStable Diffusionはもちろん、Flow MatchingベースのSD v3や後続のSD v3.5[26]を超える画像生成性能が報告されています。Flow Matchingの理解を深めるには、Meta社が公開しているチュートリアルが非常に参考になります[Lipman et al., 2024]。さらなるFlow Matchingの進化に期待しましょう。

今後の展望

これまで拡散モデルの発展とその進化について紹介してきました。これらの技術は今後も進化を続け、新たな応用領域に広がっていくことも期待されます。以下、拡散モデルの技術的発展、主要な課題とその解決策、そして研究開発の方向性について[Chen et al., 2024]をもとに展望します。

技術的発展に関しては、引き続き拡散モデルによる生成の品質と効率の改善が続きそうです。モデル構造や学習方法の改善に加えて、より洗練された大規模データの活用によって生成の忠実度と多様性の向上が期待されます。また、Flow Matchingをはじめとした推論時の効率化により、生成

25 Announcing Black Forest Labs - Black Forest Lab：https://blackforestlabs.ai/announcing-black-forest-labs/
26 Introducing Stable Diffusion 3.5 — Stability AI：https://stability.ai/news/introducing-stable-diffusion-3-5

速度と品質のトレードオフが改善されるでしょう。これらの改善に伴って、拡散モデルの応用先はさらに拡大が予想されます。テキストから画像、音声、3Dモデリング、これらを超えたより複雑なタスクへの応用が続くでしょう。さらにバイオメディカル分野での疾病モデリングや脳機能の解析へ活用が広まることで、人間に関係する複雑な問題の解決が期待されます。もちろん画像編集、超解像技術、スタイル変換など、実用的なツールとしても展開が加速しそうです。

拡散モデルの主要な課題として、依然として学習や推論の計算コストが大きい点が挙げられます。今後これらの欠点に対して、より効率的な学習アルゴリズムやモデル構造の改善が見つかるでしょう。さらに推論時におけるエラーの蓄積に対する理論的な解明や対策が進められそうです。この点Flow Matchingでは、ノイズ除去におけるエラー蓄積をある程度緩和可能です。さらなる拡散モデルの理論解析に期待を寄せるとともに、実用的な問題に対する解決策の提供が期待されます。

さらに拡散モデルの応用先の拡大の結果、小売やエンターテインメント、ソーシャルメディアやAR／VRなど、様々な産業分野での実装が進むことが予想されます。これらの一般ユーザーを対象にサービスを展開していくには、プライバシー保護を考慮した訓練および推論手法の開発を検討すべきでしょう。生成モデルの文脈では、従来の主流であったVAEやGANと比較して、拡散モデルは非常に安定した生成が可能であり、拡散モデルの採用はさらに進むと考えられます。

最後に拡散モデルの研究開発の方向性について展望します。拡散モデルの発展に伴って、さらなるマルチモーダルデータの統合が進み、応用範囲の拡大が予想されます。画像やテキストに加え、センサーデータなど実世界のデータを取り入れて、より複雑な問題に対する解決策が提供されることが期待されます。条件付き生成や最適化モデルへの応用も進むでしょうし、クリエイティブなコンテンツ生成ツールとして、より発展することも望まれます。

これらの発展に対して、特に研究開発の方向性としては理論的基盤の確立が重要です。拡散モデルの確率過程としての理論的理解の深化や、条件付き生成モデルの理論的枠組みの構築、最適化問題への応用に関するアプローチの確立が予想されます。拡散モデルは大きな可能性を秘めています。これからの研究開発に期待しましょう。

まとめ

第6章では、画像生成技術の現状と将来の展望について包括的に解説しました。まず拡散モデルの発展に伴う議論として、技術的な課題と今後の可能性について説明しました。特に生成品質と速度のトレードオフ、モデルの解釈性や制御性の向上といった課題が存在する一方で、それらを解決するための新しい手法や研究が日々進められている状況を紹介しました。

次に拡散モデルによる画像生成の倫理的な側面について考察しました。著作権や知的財産権の問題、プライバシーとセキュリティの課題、そして社会的影響と責任ある開発の重要性について詳しく説明しました。これらの課題に対して、技術者コミュニティや企業、研究機関がどのように取り組んでいるかについても触れました。

最後に、画像生成にとどまらない拡散モデルの進化と今後について展望しました。他分野への応用可能性や新しい技術との融合の可能性について説明し、将来の課題と期待される発展について議論しました。特に医療や科学研究、産業応用など、様々な分野での活用が望まれています。

このように第6章では、画像生成技術の技術的、倫理的な課題から将来の展望まで、幅広い視点で現状を分析し、今後の発展に向けた重要な示唆を提供しました。拡散モデルを中心とした画像生成技術は、その可能性と課題を両立しながら、今後も進化を続けていくことが期待されます。

COLUMN

Hugging Faceのエコシステムを使い倒す

本書では、Hugging Face社が開発を主導しているdiffusersを使用して、拡散モデルベースの画像生成手法の実装を紹介してきました。Hugging Faceはdiffusers以外にも深層学習に対して多くのライブラリやサービスを提供しています。同社が注目されるきっかけとなったのは、事前学習済みのTransformerモデルの実装を多数集めたtransformersライブラリです。このライブラリをベースに事前学習モデルのパラメータをホストするHugging Face Hubが誕生し、その勢いでSoTAモデルの実装とそのパラメータの両方を共有できるエコシステムが形成されています。

本コラムでは、深層学習で重要となる「モデル」「データ」「評価」「デモ環境」の4つの要素を世界に共有するためのHugging Faceのライブラリとエコシステムを紹介します。具体的な使用方法については本書の付録Webページ[27]をご参照ください。ここで紹介するライブラリを使えば、実験内容を再現可能な形で世界に共有可能であり、さらにユーザーが研究成果をすぐに試せる環境を手間なく提供することができます。

「モデル」の共有の観点では、transformersやdiffusersがあります。これらはそれぞれAutoModel.from_pretrainedやDiffusionPipeline.from_pretrainedを通じて、Hugging Face Hubから事前学習済みのモデルをダウンロードして読み込めます。通常、モデルやパイプラインの読み込みには、設定やパラメータの構造の違いに合わせた実装の変更が必要ですが、transformersやdiffusersでは、これらを適切に抽象化しています。

「データ」の共有の観点では、datasets[28]が提供されています。transformersやdiffusers同様、Hugging Face Hubからdatasets.load_datasetを通じて、データセットをダウンロードして読み込めます。データセットの管理、読み込み、前処理などは、非常に煩雑な実装を必要としますが、datasetsを使えば、オリジナルのデータはHugging Face Hubで管理し、前処理結果はキャッシュされ、並列で前処理が可能になるオプションも簡単に有効化できます。複雑になりがちなデータセット操作を簡潔に美しく記述可能です。

「評価」の共有の観点では、evaluate[29]が提供されています。深層学習モデルに対する正しい評価は非常に重要ですが、個々人が評価指標を実装すると、他の研究結果との適切な比較が難しくなります。evaluateを使えば、Hugging Face Hubに評価指標を実装したスクリプトをアップロードすることで、evaluate.loadを通してアップロードされた評価指標が読み込めます。

「デモ環境」の共有の観点では、Hugging Face Spaces[30]が提供されています。これはライブラリで

---

27 https://py-img-gen.github.io/column/mastering-huggingface-ecosystem/
28 huggingface datasets：https://hf.co/docs/datasets/index[Lhoest et al., 2021]
29 huggingface evaluate：https://hf.co/docs/evaluate/index
30 huggingface spaces：https://hf.co/docs/hub/spaces-overview

はなく、Hugging Face社が提供するアプリケーションの実行環境です。非常に研究の流れが速い現在、研究成果を素早く試せるデモ環境を用意することで、モデルの動作を効果的にユーザーに伝えられます。重い計算を実行しない限り無料で利用できるため、簡単なWebアプリケーションを公開する目的には、非常に適しています。

参考文献

[Abadi et al., 2015]

Abadi, M., Agarwal, A., Barham, P., Brevdo, E., Chen, Z., Citro, C., Corrado, G. S., Davis, A., Dean, J., Devin, M., Ghemawat, S., Goodfellow, I., Harp, A., Irving, G., Isard, M., Jia, Y., Jozefowicz, R., Kaiser, L., Kudlur, M., Levenberg, J., Mané, D., Monga, R., Moore, S., Murray, D., Olah, C., Schuster, M., Shlens, J., Steiner, B., Sutskever, I., Talwar, K., Tucker, P., Vanhoucke, V., Vasudevan, V., Viégas, F., Vinyals, O., Warden, P., Wattenberg, M., Wicke, M., Yu, Y., and Zheng, X. (2015). TensorFlow: Large-scale machine learning on heterogeneous systems. Software available from tensorflow.org.

[Abdal et al., 2022]

Abdal, R., Zhu, P., Femiani, J., Mitra, N., and Wonka, P. (2022). Clip2stylegan: Unsupervised extraction of stylegan edit directions. In SIGGRAPH, pages 1–9.

[Abid et al., 2021]

Abid, A., Farooqi, M., and Zou, J. (2021). Persistent anti-muslim bias in large language models. In Proceedings of the 2021 AAAI/ACM Conference on AI, Ethics, and Society, pages 298–306.

[Achiam et al., 2023]

Achiam, J., Adler, S., Agarwal, S., Ahmad, L., Akkaya, I., Aleman, F. L., Almeida, D., Altenschmidt, J., Altman, S., Anadkat, S., et al. (2023). Gpt-4 technical report. arXiv preprint arXiv:2303.08774.

[Ahsan et al., 2024]

Ahsan, M. M., Raman, S., Liu, Y., and Siddique, Z. (2024). A comprehensive survey on diffusion models and their applications. arXiv preprint arXiv:2408.10207.

[Akiba et al., 2019]

Akiba, T., Sano, S., Yanase, T., Ohta, T., and Koyama, M. (2019). Optuna: A next-generation hyperparameter optimization framework. In KDD, pages 2623–2631.

[Alaluf et al., 2022]

Alaluf, Y., Tov, O., Mokady, R., Gal, R., and Bermano, A. (2022). Hyperstyle: Stylegan inversion with hypernetworks for real image editing. In CVPR, pages 18511–18521.

[Albergo and Vanden-Eijnden, 2023]

Albergo, M. S. and Vanden-Eijnden, E. (2023). Building normalizing flows with stochastic interpolants. In ICLR.

[Amat et al., 2018]

Amat, F., Chandrashekar, A., Jebara, T., and Basilico, J. (2018). Artwork personalization at netflix. In RecSys, pages 487–488.

[Avrahami et al., 2023]

Avrahami, O., Hayes, T., Gafni, O., Gupta, S., Taigman, Y., Parikh, D., Lischinski, D., Fried, O., and Yin, X. (2023). Spatext: Spatio-textual representation for controllable image generation. In CVPR, pages 18370–18380.

[Avrahami et al., 2022]

Avrahami, O., Lischinski, D., and Fried, O. (2022). Blended diffusion for text-driven editing of natural images. In CVPR, pages 18208–18218.

[Ba et al., 2016]

Ba, J. L., Kiros, J. R., and Hinton, G. E. (2016). Layer normalization. arXiv preprint arXiv:1607.06450.

[Bahdanau et al., 2015]

Bahdanau, D., Cho, K. H., and Bengio, Y. (2015). Neural machine translation by jointly learning to align and translate. In ICLR.

[Balaji et al., 2022]

Balaji, Y., Nah, S., Huang, X., Vahdat, A., Song, J., Kreis, K., Aittala, M., Aila, T., Laine, S., Catanzaro, B., et al. (2022). ediffi: Text-to-image diffusion models with an ensemble of expert denoisers. arXiv preprint arXiv:2211.01324.

[Ban et al., 2024]

Ban, Y., Wang, R., Zhou, T., Cheng, M., Gong, B., and Hsieh, C.-J. (2024). Understanding the impact of negative prompts: When and how do they take effect? arXiv preprint arXiv:2406.02965.

[Bansal et al., 2022]

Bansal, H., Yin, D., Monajatipoor, M., and Chang, K.-W. (2022). How well can text-to-image generative models understand ethical natural language interventions? In EMNLP, pages 1358–1370.

[Bar-Tal et al., 2022]

Bar-Tal, O., Ofri-Amar, D., Fridman, R., Kasten, Y., and Dekel, T. (2022). Text2live: Text-driven layered image and video editing. In ECCV, pages 707–723. Springer.

[Barbu et al., 2019]

Barbu, A., Mayo, D., Alverio, J., Luo, W., Wang, C., Gutfreund, D., Tenenbaum, J., and Katz, B. (2019). Objectnet: A large-scale bias-controlled dataset for pushing the limits of object recognition models. NeurIPS, 32.

[Barron et al., 2021]

Barron, J. T., Mildenhall, B., Tancik, M., Hedman, P., Martin-Brualla, R., and Srinivasan, P. P. (2021). Mip-nerf: A multiscale representation for anti-aliasing neural radiance fields. In ICCV, pages 5855–5864.

[Bau et al., 2021]

Bau, D., Andonian, A., Cui, A., Park, Y., Jahanian, A., Oliva, A., and Torralba, A. (2021). Paint by word. arXiv preprint arXiv:2103.10951.

[Bau et al., 2020]

Bau, D., Liu, S., Wang, T., Zhu, J.-Y., and Torralba, A. (2020). Rewriting a deep generative model. In ECCV, pages 351–369.

[Bau et al., 2019]

Bau, D., Strobelt, H., Peebles, W., Wulff, J., Zhou, B., Zhu, J.-Y., and Torralba, A. (2019). Semantic photo manipulation with a generative image prior. TOG, 38(4):1–11.

[Bayes, 1763]

Bayes, T. (1763). Lii. an essay towards solving a problem in the doctrine of chances. by the late rev. mr. bayes, frs communicated by mr. price, in a letter to john canton, amfr s. Philosophical transactions of the Royal Society of London, (53):370–418.

[Bendel, 2023]

Bendel, O. (2023). Image synthesis from an ethical perspective. AI & SOCIETY, pages 1–10.

[Bender et al., 2021]

Bender, E. M., Gebru, T., McMillan-Major, A., and Shmitchell, S. (2021). On the dangers of stochastic parrots: Can language models be too big?. In ACM FAccT, pages 610–623.

[Bengio, 2008]

Bengio, Y. (2008). Neural net language models. Scholarpedia, 3(1):3881.

[Bengio et al., 2000]

Bengio, Y., Ducharme, R., and Vincent, P. (2000). A neural probabilistic language model. NeurIPS, 13.

[Bianchi et al., 2023]

Bianchi, F., Kalluri, P., Durmus, E., Ladhak, F., Cheng, M., Nozza, D., Hashimoto, T., Jurafsky, D., Zou, J., and Caliskan, A. (2023). Easily accessible text-to-image generation amplifies demographic stereotypes at large scale. In ACM FAccT, pages 1493–1504.

[Birhane et al., 2021]

Birhane, A., Prabhu, V. U., and Kahembwe, E. (2021). Multimodal datasets: misogyny, pornography, and malignant stereotypes. arXiv preprint arXiv:2110.01963.

[Biroli et al., 2024]

Biroli, G., Bonnaire, T., De Bortoli, V., and Mézard, M. (2024). Dynamical regimes of diffusion models. arXiv preprint arXiv:2402.18491.

[Blinn, 1977]

Blinn, J. F. (1977). Models of light reflection for computer synthesized pictures. In Proceedings of the 4th annual conference on Computer graphics and interactive techniques, pages 192–198.

[Boltzmann, 1868]

Boltzmann, L. (1868). Studien uber das gleichgewicht der lebenden kraft. Wissenschafiliche Abhandlungen, 1:49–96.

[Bommasani et al., 2021]

Bommasani, R., Hudson, D. A., Adeli, E., Altman, R., Arora, S., von Arx, S., Bernstein, M. S., Bohg, J., Bosselut, A., Brunskill, E., et al. (2021). On the opportunities and risks of foundation models. arXiv preprint arXiv:2108.07258.

[Bond-Taylor et al., 2021]

Bond-Taylor, S., Leach, A., Long, Y., and Willcocks, C. G. (2021). Deep generative modelling: A comparative review of vaes, gans, normalizing flows, energy-based and autoregressive models. TPAMI.

[Brock et al., 2019]

Brock, A., Donahue, J., and Simonyan, K. (2019). Large scale gan training for high fidelity natural image synthesis. In ICLR.

[Brooks et al., 2023]

Brooks, T., Holynski, A., and Efros, A. A. (2023). Instructpix2pix: Learning to follow image editing instructions. In CVPR, pages 18392–18402.

[Brown et al., 2020]

Brown, T., Mann, B., Ryder, N., Subbiah, M., Kaplan, J. D., Dhariwal, P., Neelakantan, A., Shyam, P., Sastry, G., Askell, A., et al. (2020). Language models are few-shot learners. NeurIPS, 33:1877–1901.

[Buolamwini and Gebru, 2018]

Buolamwini, J. and Gebru, T. (2018). Gender shades: Intersectional accuracy disparities in commercial gender classification. In Conference on fairness, accountability and transparency, pages 77–91. PMLR.

[Carbonell et al., 1983]

Carbonell, J. G., Michalski, R. S., and Mitchell, T. M. (1983). An overview of machine learning. Machine learning, pages 3–23.

[Carion et al., 2020]

Carion, N., Massa, F., Synnaeve, G., Usunier, N., Kirillov, A., and Zagoruyko, S. (2020). End-to-end object detection with transformers. In ECCV, pages 213–229. Springer.

[Carlson, 2002]

Carlson, A. B. (2002). communication systems: an introduction to signal noise in electrical communication.

[Chang et al., 2023]

Chang, Z., Koulieris, G. A., and Shum, H. P. (2023). On the design fundamentals of diffusion models: A survey. arXiv preprint arXiv:2306.04542.

[Chefer et al., 2023]

Chefer, H., Alaluf, Y., Vinker, Y., Wolf, L., and Cohen-Or, D. (2023). Attend-and-excite: Attention-based semantic guidance for text-to-image diffusion models. TOG, 42(4):1–10.

[Chen et al., 2024a]

Chen, J., Ge, C., Xie, E., Wu, Y., Yao, L., Ren, X., Wang, Z., Luo, P., Lu, H., and Li, Z. (2024a). PixArt-Σ: Weak-to-Strong Training of Diffusion Transformer for 4K Text-to-Image Generation. In ECCV, pages 74–91. Springer.

[Chen et al., 2024b]

Chen, M., Mei, S., Fan, J., and Wang, M. (2024b). Opportunities and challenges of diffusion models for generative ai. National Science Review, page nwae348.

[Chen et al., 2021a]

Chen, N., Zhang, Y., Zen, H., Weiss, R. J., Norouzi, M., and Chan, W. (2021a). Wavegrad: Estimating gradients for waveform generation. In ICLR.

[Chen, 2023]

Chen, T. (2023). On the importance of noise scheduling for diffusion models. arXiv preprint arXiv:2301.10972.

[Chen et al., 2020]

Chen, T., Kornblith, S., Norouzi, M., and Hinton, G. (2020). A simple framework for contrastive learning of visual representations. In ICML, pages 1597–1607.

[Chen et al., 2021b]

Chen, X., Wu, Y., Wang, Z., Liu, S., and Li, J. (2021b). Developing real-time streaming transformer transducer for speech recognition on large-scale dataset. In ICASSP, pages 5904–5908.

[Chopra et al., 2005]

Chopra, S., Hadsell, R., and LeCun, Y. (2005). Learning a similarity metric discriminatively, with application to face verification. In CVPR, volume 1, pages 539–546. IEEE.

[Chung et al., 2014]

Chung, J., Gulcehre, C., Cho, K., and Bengio, Y. (2014). Empirical evaluation of gated recurrent neural networks on sequence modeling. In NeurIPS 2014 Workshop on Deep Learning.

[Cohen et al., 2022]

Cohen, N., Gal, R., Meirom, E. A., Chechik, G., and Atzmon, Y. (2022). "this is my unicorn, fluffy": Personalizing frozen vision-language representations. In ECCV, pages 558–577. Springer.

[Corvi et al., 2023]

Corvi, R., Cozzolino, D., Zingarini, G., Poggi, G., Nagano, K., and Verdoliva, L. (2023). On the detection of synthetic images generated by diffusion models. In ICASSP, pages 1–5. IEEE.

[Crowson et al., 2022]

Crowson, K., Biderman, S., Kornis, D., Stander, D., Hallahan, E., Castricato, L., and Raff, E. (2022). Vqgan-clip: Open domain image generation and editing with natural language guidance. In ECCV, pages 88–105. Springer.

[Dai et al., 2022]

Dai, D., Dong, L., Hao, Y., Sui, Z., Chang, B., andWei, F. (2022). Knowledge neurons in pretrained transformers. In ACL, pages 8493–8502.

[Dai et al., 2023]

Dai, W., Li, J., Li, D., Tiong, A., Zhao, J., Wang, W., Li, B., Fung, P., and Hoi, S. (2023). InstructBLIP: Towards general-purpose vision-language models with instruction tuning. In NeurIPS.

[Dai et al., 2019]

Dai, Z., Yang, Z., Yang, Y., Carbonell, J. G., Le, Q., and Salakhutdinov, R. (2019). Transformer-xl: Attentive language models beyond a fixed-length context. In ACL, pages 2978–2988.

[Daras et al., 2024]

Daras, G., Chung, H., Lai, C.-H., Mitsufuji, Y., Ye, J. C., Milanfar, P., Dimakis, A. G., and Delbracio, M. (2024). A survey on diffusion models for inverse problems. arXiv preprint arXiv:2410.00083.

[De Cao et al., 2021]

De Cao, N., Aziz, W., and Titov, I. (2021). Editing factual knowledge in language models. In EMNLP, pages 6491–6506.

[Deng et al., 2009]

Deng, J., Dong, W., Socher, R., Li, L.-J., Li, K., and Fei-Fei, L. (2009). Imagenet: A large-scale hierarchical image database. In CVPR, pages 248–255. Ieee.

[Devlin et al., 2019]

Devlin, J., Chang, M.-W., Lee, K., and Toutanova, K. (2019). Bert: Pre-training of deep bidirectional transformers for language understanding. In NAACL-HLT, pages 4171–4186.

[Dhariwal and Nichol, 2021]

Dhariwal, P. and Nichol, A. (2021). Diffusion models beat gans on image synthesis. NeurIPS, 34:8780– 8794.

[Dinh et al., 2022]

Dinh, T. M., Tran, A. T., Nguyen, R., and Hua, B.-S. (2022). Hyperinverter: Improving stylegan inversion via hypernetwork. In CVPR, pages 11389–11398.

[Dong et al., 2018]

Dong, L., Xu, S., and Xu, B. (2018). Speech-transformer: a no-recurrence sequence-to-sequence model for speech recognition. In ICASSP, pages 5884–5888. IEEE.

[Dosovitskiy et al., 2021]

Dosovitskiy, A., Beyer, L., Kolesnikov, A., Weissenborn, D., Zhai, X., Unterthiner, T., Dehghani, M., Minderer, M., Heigold, G., Gelly, S., et al. (2021). An image is worth 16x16 words: Transformers for image recognition at scale. In ICLR.

[Esser et al., 2024]

Esser, P., Kulal, S., Blattmann, A., Entezari, R., Müller, J., Saini, H., Levi, Y., Lorenz, D., Sauer, A., Boesel, F., et al. (2024). Scaling rectified flow transformers for high-resolution image synthesis. In ICML.

[Esses et al., 1993]

Esses, V. M., Haddock, G., and Zanna, M. P. (1993). Values, stereotypes, and emotions as determinants of intergroup attitudes. In Affect, cognition and stereotyping, pages 137–166. Elsevier.

[Fang, 2024]

Fang, S. (2024). A survey of data-driven 2d diffusion models for generating images from text. EAI Endorsed Transactions on AI and Robotics, 3.

[Fellbaum, 1998]

Fellbaum, C. (1998). WordNet: An electronic lexical database. MIT press.

[Feng et al., 2023]

Feng, W., He, X., Fu, T.-J., Jampani, V., Akula, A. R., Narayana, P., Basu, S., Wang, X. E., and Wang, W. Y. (2023). Training-free structured diffusion guidance for compositional text-to-image synthesis. In ICLR.

[Friedrich et al., 2023]

Friedrich, F., Brack, M., Struppek, L., Hintersdorf, D., Schramowski, P., Luccioni, S., and Kersting, K. (2023). Fair diffusion: Instructing text-to-image generation models on fairness. arXiv preprint arXiv:2302.10893.

[Fuest et al., 2024]

Fuest, M., Ma, P., Gui, M., Fischer, J. S., Hu, V. T., and Ommer, B. (2024). Diffusion models and representation learning: A survey. arXiv preprint arXiv:2407.00783.

[Fukushima, 1975]

Fukushima, K. (1975). Cognitron: A self-organizing multilayered neural network. Biological cybernetics, 20(3- 4):121–136.

[Fukushima, 1980]

Fukushima, K. (1980). Neocognitron: A self-organizing neural network model for a mechanism of pattern recognition unaffected by shift in position. Biological cybernetics, 36(4):193–202.

[Gafni et al., 2022]

Gafni, O., Polyak, A., Ashual, O., Sheynin, S., Parikh, D., and Taigman, Y. (2022). Make-a-scene: Scene-based text-to-image generation with human priors. In ECCV, pages 89–106. Springer.

[Gal et al., 2023]

Gal, R., Alaluf, Y., Atzmon, Y., Patashnik, O., Bermano, A. H., Chechik, G., and Cohen-or, D. (2023). An image is worth one word: Personalizing text-to-image generation using textual inversion. In ICLR.

[Gal et al., 2022]

Gal, R., Patashnik, O., Maron, H., Bermano, A. H., Chechik, G., and Cohen-Or, D. (2022). Stylegan-nada: Clip-guided domain adaptation of image generators. TOG, 41(4):1–13.

[Ganguli et al., 2022]

Ganguli, D., Lovitt, L., Kernion, J., Askell, A., Bai, Y., Kadavath, S., Mann, B., Perez, E., Schiefer, N., Ndousse, K., et al. (2022). Red teaming language models to reduce harms: Methods, scaling behaviors, and lessons learned. arXiv preprint arXiv:2209.07858.

[Gao et al., 2024]

Gao, R., Hoogeboom, E., Heek, J., Bortoli, V. D., Murphy, K. P., and Salimans, T. (2024). Diffusion meets flow matching: Two sides of the same coin.

[Ghosh and Fossas, 2022]

Ghosh, A. and Fossas, G. (2022). Can there be art without an artist? arXiv preprint arXiv:2209.07667.

[Gibbs, 1902]

Gibbs, J. W. (1902). Elementary principles in statistical mechanics: developed with especial reference to the rational foundations of thermodynamics. C. Scribner's sons.

[Goodfellow et al., 2016]

Goodfellow, I., Bengio, Y., and Courville, A. (2016). Deep learning. MIT press.

[Goodfellow et al., 2014]

Goodfellow, I., Pouget-Abadie, J., Mirza, M., Xu, B., Warde-Farley, D., Ozair, S., Courville, A., and Bengio, Y. (2014). Generative adversarial nets. NeurIPS, 27.

[Gouraud, 1971]

Gouraud, H. (1971). Continuous shading of curved surfaces. IEEE Transactions on Computers, 100(6):623–629.

[Goyal et al., 2017]

Goyal, Y., Khot, T., Summers-Stay, D., Batra, D., and Parikh, D. (2017). Making the v in vqa matter: Elevating the role of image understanding in visual question answering. In CVPR, pages 6904–6913.

[Grenander and Miller, 1994]

Grenander, U. and Miller, M. I. (1994). Representations of knowledge in complex systems. Journal of the Royal Statistical Society: Series B (Methodological), 56(4):549–581.

[Gu et al., 2019]

Gu, S., Bao, J., Yang, H., Chen, D., Wen, F., and Yuan, L. (2019). Mask-guided portrait editing with conditional gans. In CVPR, pages 3436–3445.

[Gugger et al., 2022]

Gugger, S., Debut, L., Wolf, T., Schmid, P., Mueller, Z., Mangrulkar, S., Sun, M., and Bossan, B. (2022). Accelerate: Training and inference at scale made simple, efficient and adaptable. https://github.com/huggingface/accelerate.

[Gui et al., 2024]

Gui, J., Chen, T., Zhang, J., Cao, Q., Sun, Z., Luo, H., and Tao, D. (2024). A survey on self-supervised learning: Algorithms, applications, and future trends. TPAMI.

[Gulati et al., 2020]

Gulati, A., Qin, J., Chiu, C.-C., Parmar, N., Zhang, Y., Yu, J., Han, W., Wang, S., Zhang, Z., Wu, Y., et al. (2020). Conformer: Convolution-augmented transformer for speech recognition. Interspeech.

[Guo et al., 2024]

Guo, Z., Liu, J., Wang, Y., Chen, M., Wang, D., Xu, D., and Cheng, J. (2024). Diffusion models in bioinformatics and computational biology. Nature reviews bioengineering, 2(2):136–154.

[Gutmann and Hyvärinen, 2010]

Gutmann, M. and Hyvärinen, A. (2010). Noise-contrastive estimation: A new estimation principle for unnormalized statistical models. In Proceedings of the thirteenth international conference on artificial intelligence and statistics, pages 297–304. JMLR Workshop and Conference Proceedings.

[Gutmann and Hyvärinen, 2012]

Gutmann, M. U. and Hyvärinen, A. (2012). Noise-contrastive estimation of unnormalized statistical models, with applications to natural image statistics. JMLR, 13(2).

[Ha et al., 2016]

Ha, D., Dai, A. M., and Le, Q. V. (2016). Hypernetworks. In ICLR.

[Harnad, 1990]

Harnad, S. (1990). The symbol grounding problem. Physica D: Nonlinear Phenomena, 42(1-3):335–346.

[He et al., 2024]

He, C., Shen, Y., Fang, C., Xiao, F., Tang, L., Zhang, Y., Zuo, W., Guo, Z., and Li, X. (2024). Diffusion models in low-level vision: A survey. arXiv preprint arXiv:2406.11138.

[He et al., 2016]

He, K., Zhang, X., Ren, S., and Sun, J. (2016). Deep residual learning for image recognition. In CVPR, pages 770–778.

[Hendrycks et al., 2021]

Hendrycks, D., Basart, S., Mu, N., Kadavath, S., Wang, F., Dorundo, E., Desai, R., Zhu, T., Parajuli, S., Guo, M., et al. (2021). The many faces of robustness: A critical analysis of out-of-distribution generalization. In ICCV, pages 8340–8349.

[Hendrycks and Dietterich, 2019]

Hendrycks, D. and Dietterich, T. (2019). Benchmarking neural network robustness to common corruptions and perturbations. In ICLR.

[Henighan et al., 2020]

Henighan, T., Kaplan, J., Katz, M., Chen, M., Hesse, C., Jackson, J., Jun, H., Brown, T. B., Dhariwal, P., Gray, S., et al. (2020). Scaling laws for autoregressive generative modeling. arXiv preprint arXiv:2010.14701.

[Hertz et al., 2023]

Hertz, A., Mokady, R., Tenenbaum, J., Aberman, K., Pritch, Y., and Cohen-or, D. (2023). Prompt-to-prompt image editing with cross-attention control. In ICLR.

[Heusel et al., 2017]

Heusel, M., Ramsauer, H., Unterthiner, T., Nessler, B., and Hochreiter, S. (2017). Gans trained by a two time-scale update rule converge to a local nash equilibrium. NeurIPS, 30.

[Hinton et al., 2015]

Hinton, G., Vinyals, O., and Dean, J. (2015). Distilling the knowledge in a neural network. arXiv preprint arXiv:1503.02531.

[Hirota et al., 2022]

Hirota, Y., Nakashima, Y., and Garcia, N. (2022). Gender and racial bias in visual question answering datasets. In ACM FAccT, pages 1280–1292.

[Ho et al., 2022a]

Ho, J., Chan, W., Saharia, C., Whang, J., Gao, R., Gritsenko, A., Kingma, D. P., Poole, B., Norouzi, M., Fleet, D. J., et al. (2022a). Imagen video: High definition video generation with diffusion models. arXiv preprint arXiv:2210.02303.

[Ho et al., 2020]

Ho, J., Jain, A., and Abbeel, P. (2020). Denoising diffusion probabilistic models. NeurIPS, 33:6840–6851.

[Ho and Salimans, 2021]

Ho, J. and Salimans, T. (2021). Classifier-free diffusion guidance. In NeurIPS 2021 Workshop on Deep Generative Models and Downstream Applications.

[Ho et al., 2022b]

Ho, J., Salimans, T., Gritsenko, A., Chan, W., Norouzi, M., and Fleet, D. J. (2022b). Video diffusion models. NeurIPS, 35:8633–8646.

[Hochreiter and Schmidhuber, 1997]

Hochreiter, S. and Schmidhuber, J. (1997). Long short-term memory. Neural computation, 9(8):1735–1780.

[Hoffmann et al., 2022]

Hoffmann, J., Borgeaud, S., Mensch, A., Buchatskaya, E., Cai, T., Rutherford, E., Casas, D. d. L., Hendricks, L. A., Welbl, J., Clark, A., et al. (2022). Training compute-optimal large language models. arXiv preprint arXiv:2203.15556.

[Hopfield, 1982]

Hopfield, J. J. (1982). Neural networks and physical systems with emergent collective computational abilities. Proceedings of the national academy of sciences, 79(8):2554–2558.

[Houlsby et al., 2019]

Houlsby, N., Giurgiu, A., Jastrzebski, S., Morrone, B., De Laroussilhe, Q., Gesmundo, A., Attariyan, M., and Gelly, S. (2019). Parameter-efficient transfer learning for nlp. In ICML, pages 2790–2799. PMLR.

[Hu et al., 2021]

Hu, E. J., Wallis, P., Allen-Zhu, Z., Li, Y., Wang, S., Wang, L., Chen, W., et al. (2021). Lora: Low-rank adaptation of large language models. In ICLR.

[Hu et al., 2023]

Hu, X., Jin, Y., Liang, J., Liu, J., Luo, R., Li, M., and Peng, T. (2023). Diffusion model for image generation-a survey. In AIHCIR, pages 416–424. IEEE.

[Hyvärinen and Dayan, 2005]

Hyvärinen, A. and Dayan, P. (2005). Estimation of non-normalized statistical models by score matching. JMLR, 6(4).

[Ilharco et al., 2021]

Ilharco, G., Wortsman, M., Wightman, R., Gordon, C., Carlini, N., Taori, R., Dave, A., Shankar, V., Namkoong, H., Miller, J., Hajishirzi, H., Farhadi, A., and Schmidt, L. (2021). Openclip. If you use this software, please cite it as below.

[Jalal et al., 2021]

Jalal, A., Arvinte, M., Daras, G., Price, E., Dimakis, A. G., and Tamir, J. (2021). Robust compressed sensing mri with deep generative priors. NeurIPS, 34:14938–14954.

[Jeong et al., 2021]

Jeong, M., Kim, H., Cheon, S. J., Choi, B. J., and Kim, N. S. (2021). Diff-tts: A denoising diffusion model for text-to-speech. In Interspeech, pages 3605–3609.

[Jiang et al., 2024]

Jiang, R., Zheng, G.-C., Li, T., Yang, T.-R., Wang, J.-D., and Li, X. (2024). A survey of multimodal controllable diffusion models. Journal of Computer Science and Technology, 39(3):509–541.

[Kaelbling et al., 1996]

Kaelbling, L. P., Littman, M. L., and Moore, A. W. (1996). Reinforcement learning: A survey. Journal of artificial intelligence research, 4:237–285.

[Kandwal and Nehra, 2024]

Kandwal, S. and Nehra, V. (2024). A survey of text-to-image diffusion models in generative ai. In Confluence, pages 73–78. IEEE.

[Kaplan et al., 2020]

Kaplan, J., McCandlish, S., Henighan, T., Brown, T. B., Chess, B., Child, R., Gray, S., Radford, A., Wu, J., and Amodei, D. (2020). Scaling laws for neural language models. arXiv preprint arXiv:2001.08361.

[Karras et al., 2022]

Karras, T., Aittala, M., Aila, T., and Laine, S. (2022). Elucidating the design space of diffusion-based generative models. NeurIPS, 35:26565–26577.

[Karras et al., 2019]

Karras, T., Laine, S., and Aila, T. (2019). A style-based generator architecture for generative adversarial networks. In CVPR, pages 4401–4410.

[Keskar et al., 2017]

Keskar, N. S., Mudigere, D., Nocedal, J., Smelyanskiy, M., and Tang, P. T. P. (2017). On large-batch training for deep learning: Generalization gap and sharp minima. In ICLR.

[Khodak et al., 2021]

Khodak, M., Tenenholtz, N. A., Mackey, L., and Fusi, N. (2021). Initialization and regularization of factorized neural layers. In ICLR.

[Kingma and Ba, 2014]

Kingma, D. and Ba, J. (2014). Adam: A method for stochastic optimization. arXiv preprint arXiv:1412.6980.

[Kingma and Welling, 2013]

Kingma, D. P. and Welling, M. (2013). Auto-encoding variational bayes. arXiv preprint arXiv:1312.6114.

[Kingma et al., 2019]

Kingma, D. P., Welling, M., et al. (2019). An introduction to variational autoencoders. Foundations and Trends® in Machine Learning, 12(4):307–392.

[Kobyzev et al., 2020]

Kobyzev, I., Prince, S. J., and Brubaker, M. A. (2020). Normalizing flows: An introduction and review of current methods. TPAMI, 43(11):3964–3979.

[Kolesnikov et al., 2020]

Kolesnikov, A., Beyer, L., Zhai, X., Puigcerver, J., Yung, J., Gelly, S., and Houlsby, N. (2020). Big transfer (bit): General visual representation learning. In ECCV, pages 491–507. Springer.

[Kong et al., 2024]

Kong, W., Tian, Q., Zhang, Z., Min, R., Dai, Z., Zhou, J., Xiong, J., Li, X., Wu, B., Zhang, J., et al. (2024). Hunyuanvideo: A systematic framework for large video generative models. arXiv preprint arXiv:2412.03603.

[Kong et al., 2021]

Kong, Z., Ping, W., Huang, J., Zhao, K., and Catanzaro, B. (2021). Diffwave: A versatile diffusion model for audio synthesis. In ICLR.

[Koo and Kim, 2023]

Koo, H. and Kim, T. E. (2023). A comprehensive survey on generative diffusion models for structured data. arXiv preprint arXiv:2306.04139.

[Kovaleva et al., 2019]

Kovaleva, O., Romanov, A., Rogers, A., and Rumshisky, A. (2019). Revealing the dark secrets of bert. In EMNLP-IJCNLP, pages 4365–4374.

[Krishna et al., 2017]

Krishna, R., Zhu, Y., Groth, O., Johnson, J., Hata, K., Kravitz, J., Chen, S., Kalantidis, Y., Li, L.-J., Shamma, D. A., et al. (2017). Visual genome: Connecting language and vision using crowdsourced dense image annotations. IJCV, 123:32–73.

[Krizhevsky et al., 2009]

Krizhevsky, A. et al. (2009). Learning multiple layers of features from tiny images.

[Krizhevsky et al., 2012]

Krizhevsky, A., Sutskever, I., and Hinton, G. E. (2012). Imagenet classification with deep convolutional neural networks. NeurIPS, 25.

[Kumari et al., 2023]

Kumari, N., Zhang, B., Zhang, R., Shechtman, E., and Zhu, J.-Y. (2023). Multi-concept customization of text-to-image diffusion. In CVPR, pages 1931–1941.

[Kwon and Ye, 2022]

Kwon, G. and Ye, J. C. (2022). Clipstyler: Image style transfer with a single text condition. In CVPR, pages 18062–18071.

[LeCun et al., 2015]

LeCun, Y., Bengio, Y., and Hinton, G. (2015). Deep learning. nature, 521(7553):436–444.

[LeCun et al., 1998]

LeCun, Y., Bottou, L., Bengio, Y., and Haffner, P. (1998). Gradient-based learning applied to document recognition. Proceedings of the IEEE, 86(11):2278–2324.

[LeCun et al., 2006]

LeCun, Y., Chopra, S., Hadsell, R., Ranzato, M., and Huang, F. (2006). A tutorial on energy-based learning. Predicting structured data, 1(0).

[Legendre, 1805]

Legendre, A. (1805). Nouvelles méthodes pour la détermination des orbites des comètes. F. Didot.

[Lester et al., 2021]

Lester, B., Al-Rfou, R., and Constant, N. (2021). The power of scale for parameter-efficient prompt tuning. In EMNLP, pages 3045–3059.

[Lhoest et al., 2021]

Lhoest, Q., Villanova del Moral, A., von Platen, P., Wolf, T., Šaško, M., Jernite, Y., Thakur, A., Tunstall, L., Patil, S., Drame, M., Chaumond, J., Plu, J., Davison, J., Brandeis, S., Sanh, V., Le Scao, T., Canwen Xu, K., Patry, N., Liu, S., McMillan-Major, A., Schmid, P., Gugger, S., Raw, N., Lesage, S., Lozhkov, A., Carrigan, M., Matussière, T., von Werra, L., Debut, L., Bekman, S., and Delangue, C. (2021). Datasets: A Community Library for Natural Language Processing. In EMNLP, pages 175–184.

[Li et al., 2022]

Li, D., Ling, H., Kim, S. W., Kreis, K., Fidler, S., and Torralba, A. (2022). Bigdatasetgan: Synthesizing imagenet with pixel-wise annotations. In CVPR, pages 21330–21340.

[Li et al., 2023a]

Li, X., Ren, Y., Jin, X., Lan, C., Wang, X., Zeng, W., Wang, X., and Chen, Z. (2023a). Diffusion models for image restoration and enhancement–a comprehensive survey. arXiv preprint arXiv:2308.09388.

[Li and Liang, 2021]

Li, X. L. and Liang, P. (2021). Prefix-tuning: Optimizing continuous prompts for generation. In ACL-IJCNLP, pages 4582–4597.

[Li et al., 2023b]

Li, Y., Liu, H., Wu, Q., Mu, F., Yang, J., Gao, J., Li, C., and Lee, Y. J. (2023b). Gligen: Open-set grounded text-to-image generation. In CVPR, pages 22511–22521.

[Li et al., 2021]

Li, Z., Wu, J., Koh, I., Tang, Y., and Sun, L. (2021). Image synthesis from layout with locality-aware mask adaption. In ICCV, pages 13819–13828.

[Lin et al., 2024a]

Lin, J., Liu, J., Zhu, J., Xi, Y., Liu, C., Zhang, Y., Yu, Y., and Zhang, W. (2024a). A survey on diffusion models for recommender systems. arXiv preprint arXiv:2409.05033.

[Lin et al., 2024b]

Lin, L., Li, Z., Li, R., Li, X., and Gao, J. (2024b). Diffusion models for time-series applications: a survey. Frontiers of Information Technology & Electronic Engineering, 25(1):19–41.

[Lin et al., 2024c]

Lin, S., Liu, B., Li, J., and Yang, X. (2024c). Common diffusion noise schedules and sample steps are flawed. In WACV, pages 5404–5411.

[Lin et al., 2014]

Lin, T.-Y., Maire, M., Belongie, S., Hays, J., Perona, P., Ramanan, D., Dollár, P., and Zitnick, C. L. (2014). Microsoft coco: Common objects in context. In ECCV, pages 740–755. Springer.

[Lin et al., 2017]

Lin, Z., Feng, M., dos Santos, C. N., Yu, M., Xiang, B., Zhou, B., and Bengio, Y. (2017). A structured selfattentive sentence embedding. In ICLR.

[Lin et al., 2020]

Lin, Z., Madotto, A., and Fung, P. (2020). Exploring versatile generative language model via parameter-efficient transfer learning. In Findings of EMNLP, pages 441–459.

[Ling et al., 2021]

Ling, H., Kreis, K., Li, D., Kim, S. W., Torralba, A., and Fidler, S. (2021). Editgan: High-precision semantic image editing. NeurIPS, 34:16331–16345.

[Lipman et al., 2023]

Lipman, Y., Chen, R. T. Q., Ben-Hamu, H., Nickel, M., and Le, M. (2023). Flow matching for generative modeling. In ICLR.

[Lipman et al., 2024]

Lipman, Y., Havasi, M., Holderrieth, P., Shaul, N., Le, M., Karrer, B., Chen, R. T., Lopez-Paz, D., Ben-Hamu, H., and Gat, I. (2024). Flow matching guide and code. arXiv preprint arXiv:2412.06264.

[Liu et al., 2023a]

Liu, C., Fan, W., Liu, Y., Li, J., Li, H., Liu, H., Tang, J., and Li, Q. (2023a). Generative diffusion models on graphs: methods and applications. In IJCAI, pages 6702–6711.

[Liu et al., 2022a]

Liu, L., Ren, Y., Lin, Z., and Zhao, Z. (2022a). Pseudo numerical methods for diffusion models on manifolds. In ICLR.

[Liu et al., 2022b]

Liu, N., Li, S., Du, Y., Torralba, A., and Tenenbaum, J. B. (2022b). Compositional visual generation with composable diffusion models. In ECCV, pages 423–439. Springer.

[Liu et al., 2016]

Liu, Q., Lee, J., and Jordan, M. (2016). A kernelized stein discrepancy for goodness-of-fit tests. In ICML, pages 276–284. PMLR.

[Liu et al., 2023b]

Liu, X., Gong, C., and qiang liu (2023b). Flow straight and fast: Learning to generate and transfer data with rectified flow. In ICLR.

[Liu et al., 2024]

Liu, X., Zhang, X., Ma, J., Peng, J., and qiang liu (2024). Instaflow: One step is enough for high-quality diffusion-based text-to-image generation. In ICLR.

[Lu et al., 2022a]

Lu, C., Zhou, Y., Bao, F., Chen, J., Li, C., and Zhu, J. (2022a). Dpm-solver: A fast ode solver for diffusion probabilistic model sampling in around 10 steps. NeurIPS, 35:5775–5787.

[Lu et al., 2022b]

Lu, C., Zhou, Y., Bao, F., Chen, J., Li, C., and Zhu, J. (2022b). Dpm-solver++: Fast solver for guided sampling of diffusion probabilistic models. arXiv preprint arXiv:2211.01095.

[Luo, 2022]

Luo, C. (2022). Understanding diffusion models: A unified perspective. arXiv preprint arXiv:2208.11970.

[Luo et al., 2023a]

Luo, S., Tan, Y., Huang, L., Li, J., and Zhao, H. (2023a). Latent consistency models: Synthesizing highresolution images with few-step inference. arXiv preprint arXiv:2310.04378.

[Luo et al., 2023b]

Luo, S., Tan, Y., Patil, S., Gu, D., von Platen, P., Passos, A., Huang, L., Li, J., and Zhao, H. (2023b). Lcm-lora: A universal stable-diffusion acceleration module. arXiv preprint arXiv:2311.05556.

[Luo, 2023]

Luo, W. (2023). A comprehensive survey on knowledge distillation of diffusion models. arXiv preprint arXiv:2304.04262.

[Lyu et al., 2022]

Lyu, Z., Xu, X., Yang, C., Lin, D., and Dai, B. (2022). Accelerating diffusion models via early stop of the diffusion process. arXiv preprint arXiv:2205.12524.

[Mahajan et al., 2018]

Mahajan, D., Girshick, R., Ramanathan, V., He, K., Paluri, M., Li, Y., Bharambe, A., and Van Der Maaten, L. (2018). Exploring the limits of weakly supervised pretraining. In ECCV, pages 181–196.

[Mansimov et al., 2015]

Mansimov, E., Parisotto, E., Ba, J. L., and Salakhutdinov, R. (2015). Generating images from captions with attention. arXiv preprint arXiv:1511.02793.

[Meijer and Chen, 2024]

Meijer, C. and Chen, L. Y. (2024). The rise of diffusion models in time-series forecasting. arXiv preprint arXiv:2401.03006.

[Melnik et al., 2024]

Melnik, A., Ljubljanac, M., Lu, C., Yan, Q., Ren, W., and Ritter, H. (2024). Video diffusion models: A survey. arXiv preprint arXiv:2405.03150.

[Meng et al., 2022a]

Meng, C., He, Y., Song, Y., Song, J., Wu, J., Zhu, J.-Y., and Ermon, S. (2022a). SDEdit: Guided image synthesis and editing with stochastic differential equations. In ICLR.

[Meng et al., 2023a]

Meng, C., Rombach, R., Gao, R., Kingma, D., Ermon, S., Ho, J., and Salimans, T. (2023a). On distillation of guided diffusion models. In CVPR, pages 14297–14306.

[Meng et al., 2022b]

Meng, K., Bau, D., Andonian, A., and Belinkov, Y. (2022b). Locating and editing factual associations in gpt. NeurIPS, 35:17359–17372.

[Meng et al., 2023b]

Meng, K., Sharma, A. S., Andonian, A. J., Belinkov, Y., and Bau, D. (2023b). Mass-editing memory in a transformer. In ICLR.

[Metz et al., 2016]

Metz, L., Poole, B., Pfau, D., and Sohl-Dickstein, J. (2016). Unrolled generative adversarial networks. In ICLR.

[Mikolov et al., 2010]

Mikolov, T., Karafiát, M., Burget, L., Cernock`y, J., and Khudanpur, S. (2010). Recurrent neural network based language model. In Interspeech, volume 2, pages 1045–1048. Makuhari.

[Mittal et al., 2021]

Mittal, G., Engel, J., Hawthorne, C., and Simon, I. (2021). Symbolic music generation with diffusion models. In ISMIR.

[Mokady et al., 2023]

Mokady, R., Hertz, A., Aberman, K., Pritch, Y., and Cohen-Or, D. (2023). Null-text inversion for editing real images using guided diffusion models. In CVPR, pages 6038–6047.

[Moreno-Torres et al., 2012]

Moreno-Torres, J. G., Raeder, T., Alaiz-Rodríguez, R., Chawla, N. V., and Herrera, F. (2012). A unifying view on dataset shift in classification. Pattern recognition, 45(1):521–530.

[Nair and Hinton, 2010]

Nair, V. and Hinton, G. E. (2010). Rectified linear units improve restricted boltzmann machines. In ICML, pages 807–814.

[Nazer et al., 2023]

Nazer, L. H., Zatarah, R., Waldrip, S., Ke, J. X. C., Moukheiber, M., Khanna, A. K., Hicklen, R. S., Moukheiber, L., Moukheiber, D., Ma, H., et al. (2023). Bias in artificial intelligence algorithms and recommendations for mitigation. PLOS Digital Health, 2(6):e0000278.

[Nichol and Dhariwal, 2021]

Nichol, A. Q. and Dhariwal, P. (2021). Improved denoising diffusion probabilistic models. In ICML, pages 8162–8171. PMLR.

[Nichol et al., 2022]

Nichol, A. Q., Dhariwal, P., Ramesh, A., Shyam, P., Mishkin, P., Mcgrew, B., Sutskever, I., and Chen, M. (2022). Glide: Towards photorealistic image generation and editing with text-guided diffusion models. In ICML, pages 16784–16804. PMLR.

[Nitzan et al., 2022]

Nitzan, Y., Aberman, K., He, Q., Liba, O., Yarom, M., Gandelsman, Y., Mosseri, I., Pritch, Y., and Cohen-Or, D. (2022). Mystyle: A personalized generative prior. TOG, 41(6):1–10.

[Nobari et al., 2021]

Nobari, A., Rashad, M., and Ahmed, F. (2021). Creativegan: Editing generative adversarial networks for creative design synthesis. In IDETC-CIE, volume 3.

[Norris, 1998]

Norris, J. R. (1998). Markov chains. Number 2. Cambridge university press.

[Norton and Bhattacharya, 2024]

Norton, T. and Bhattacharya, D. (2024). Sifting through the noise: A survey of diffusion probabilistic models and their applications to biomolecules. Journal of Molecular Biology, page 168818.

[Oord et al., 2018]

Oord, A. v. d., Li, Y., and Vinyals, O. (2018). Representation learning with contrastive predictive coding. arXiv preprint arXiv:1807.03748.

[Oppenlaender et al., 2023]

Oppenlaender, J., Silvennoinen, J., Paananen, V., and Visuri, A. (2023). Perceptions and realities of text-to-image generation. In Proceedings of the 26th International Academic Mindtrek Conference, pages 279–288.

[Orgad et al., 2023]

Orgad, H., Kawar, B., and Belinkov, Y. (2023). Editing implicit assumptions in text-to-image diffusion models. In ICCV, pages 7053–7061.

[Ouyang et al., 2022]

Ouyang, L., Wu, J., Jiang, X., Almeida, D., Wainwright, C., Mishkin, P., Zhang, C., Agarwal, S., Slama, K., Ray, A., et al. (2022). Training language models to follow instructions with human feedback. NeurIPS, 35:27730–27744.

[Ozoani et al., 2022]

Ozoani, E., Gerchick, M., and Mitchell, M. (2022). Model card guidebook.

[Parisi, 1981]

Parisi, G. (1981). Correlation functions and computer simulations. Nuclear Physics B, 180(3):378–384.

[Parmar et al., 2018]

Parmar, N., Vaswani, A., Uszkoreit, J., Kaiser, L., Shazeer, N., Ku, A., and Tran, D. (2018). Image transformer. In ICML, pages 4055–4064. PMLR.

[Paszke et al., 2019]

Paszke, A., Gross, S., Massa, F., Lerer, A., Bradbury, J., Chanan, G., Killeen, T., Lin, Z., Gimelshein, N., Antiga, L., et al. (2019). Pytorch: An imperative style, high-performance deep learning library. NeurIPS, 32.

[Patil and Bendre, 2023]

Patil, K. and Bendre, V. (2023). A comprehensive survey on image filtering & inpainting for improved image quality. In OCIT, pages 514–520. IEEE.

[Patil et al., 2024]

Patil, S., Berman, W., Rombach, R., and von Platen, P. (2024). amused: An open muse reproduction. arXiv preprint arXiv:2401.01808.

[Peebles and Xie, 2023]

Peebles, W. and Xie, S. (2023). Scalable diffusion models with transformers. In ICCV, pages 4195–4205.

[Peebles et al., 2022]

Peebles, W., Zhu, J.-Y., Zhang, R., Torralba, A., Efros, A. A., and Shechtman, E. (2022). Gan-supervised dense visual alignment. In CVPR, pages 13470–13481.

[Podell et al., 2024]

Podell, D., English, Z., Lacey, K., Blattmann, A., Dockhorn, T., Müller, J., Penna, J., and Rombach, R. (2024). SDXL: Improving latent diffusion models for high-resolution image synthesis. In ICLR.

[Poole et al., 2023]

Poole, B., Jain, A., Barron, J. T., and Mildenhall, B. (2023). Dreamfusion: Text-to-3d using 2d diffusion. In ICLR.

[Popov et al., 2021]

Popov, V., Vovk, I., Gogoryan, V., Sadekova, T., and Kudinov, M. (2021). Grad-tts: A diffusion probabilistic model for text-to-speech. In ICML, pages 8599–8608. PMLR.

[Povey et al., 2018]

Povey, D., Cheng, G., Wang, Y., Li, K., Xu, H., Yarmohammadi, M., and Khudanpur, S. (2018). Semiorthogonal low-rank matrix factorization for deep neural networks. In Interspeech, pages 3743–3747.

[Pressman et al., 2022]

Pressman, J. D., Crowson, K., and Contributors, S. C. (2022). Simulacra aesthetic captions. Technical Report Version 1.0, Stability AI. https://github.com/JD-P/simulacra-aesthetic-captions.

[Radford et al., 2021]

Radford, A., Kim, J. W., Hallacy, C., Ramesh, A., Goh, G., Agarwal, S., Sastry, G., Askell, A., Mishkin, P., Clark, J., et al. (2021). Learning transferable visual models from natural language supervision. In ICML, pages 8748–8763. PMLR.

[Radford et al., 2018]

Radford, A., Narasimhan, K., Salimans, T., Sutskever, I., et al. (2018). Improving language understanding by generative pre-training.

[Radford et al., 2019]

Radford, A., Wu, J., Child, R., Luan, D., Amodei, D., Sutskever, I., et al. (2019). Language models are unsupervised multitask learners. OpenAI blog, 1(8):9.

[Ramesh et al., 2022]

Ramesh, A., Dhariwal, P., Nichol, A., Chu, C., and Chen, M. (2022). Hierarchical text-conditional image generation with clip latents. arXiv preprint arXiv:2204.06125.

[Ramesh et al., 2021]

Ramesh, A., Pavlov, M., Goh, G., Gray, S., Voss, C., Radford, A., Chen, M., and Sutskever, I. (2021). Zero-shot text-to-image generation. In ICML, pages 8821–8831. PMLR.

[Ranftl et al., 2020]

Ranftl, R., Lasinger, K., Hafner, D., Schindler, K., and Koltun, V. (2020). Towards robust monocular depth estimation: Mixing datasets for zero-shot cross-dataset transfer. TPAMI, 44(3):1623–1637.

[Ravuri and Vinyals, 2019]

Ravuri, S. and Vinyals, O. (2019). Classification accuracy score for conditional generative models. NeurIPS, 32.

[Rebuffi et al., 2017]

Rebuffi, S.-A., Bilen, H., and Vedaldi, A. (2017). Learning multiple visual domains with residual adapters. NeurIPS, 30.

[Recht et al., 2019]

Recht, B., Roelofs, R., Schmidt, L., and Shankar, V. (2019). Do imagenet classifiers generalize to imagenet? In ICML, pages 5389–5400. PMLR.

[Rezende and Mohamed, 2015]

Rezende, D. and Mohamed, S. (2015). Variational inference with normalizing flows. In ICML, pages 1530–1538. PMLR.

[Ricker et al., 2022]

Ricker, J., Damm, S., Holz, T., and Fischer, A. (2022). Towards the detection of diffusion model deepfakes. arXiv preprint arXiv:2210.14571.

[Rives et al., 2021]

Rives, A., Meier, J., Sercu, T., Goyal, S., Lin, Z., Liu, J., Guo, D., Ott, M., Zitnick, C. L., Ma, J., et al. (2021). Biological structure and function emerge from scaling unsupervised learning to 250 million protein sequences. Proceedings of the National Academy of Sciences, 118(15):e2016239118.

[Robbins and Monro, 1951]

Robbins, H. and Monro, S. (1951). A stochastic approximation method. The annals of mathematical statistics, pages 400–407.

[Rombach et al., 2022]

Rombach, R., Blattmann, A., Lorenz, D., Esser, P., and Ommer, B. (2022). High-resolution image synthesis with latent diffusion models. In CVPR, pages 10684–10695.

[Ronneberger et al., 2015]

Ronneberger, O., Fischer, P., and Brox, T. (2015). U-net: Convolutional networks for biomedical image segmentation. In MICCAI, pages 234–241. Springer.

[Rosenblatt, 1958]

Rosenblatt, F. (1958). The perceptron: a probabilistic model for information storage and organization in the brain. Psychological review, 65(6):386.

[Ruiz et al., 2023]

Ruiz, N., Li, Y., Jampani, V., Pritch, Y., Rubinstein, M., and Aberman, K. (2023). Dreambooth: Fine tuning text-to-image diffusion models for subject-driven generation. In CVPR, pages 22500–22510.

[Rumelhart et al., 1986]

Rumelhart, D. E., Hinton, G. E., and Williams, R. J. (1986). Learning internal representations by error propagation. Parallel Distributed Processing, pages 318–362.

[Runway et al., 2022]

Runway, CompVis, and Stability.AI (2022). Stable diffusion. https://stability.ai/news/stable-diffusionannouncement.

[Saharia et al., 2022]

Saharia, C., Chan, W., Saxena, S., Li, L., Whang, J., Denton, E. L., Ghasemipour, K., Gontijo Lopes, R., Karagol Ayan, B., Salimans, T., et al. (2022). Photorealistic text-to-image diffusion models with deep language understanding. NeurIPS, 35:36479–36494.

[Sainath et al., 2013]

Sainath, T. N., Kingsbury, B., Sindhwani, V., Arisoy, E., and Ramabhadran, B. (2013). Low-rank matrix factorization for deep neural network training with high-dimensional output targets. In ICASSP, pages 6655–6659. IEEE.

[Salimans et al., 2016]

Salimans, T., Goodfellow, I., Zaremba, W., Cheung, V., Radford, A., and Chen, X. (2016). Improved techniques for training gans. NeurIPS, 29.

[Salimans and Ho, 2022]

Salimans, T. and Ho, J. (2022). Progressive distillation for fast sampling of diffusion models. In ICLR.

[Santurkar et al., 2021]

Santurkar, S., Tsipras, D., Elango, M., Bau, D., Torralba, A., and Madry, A. (2021). Editing a classifier by rewriting its prediction rules. NeurIPS, 34:23359–23373.

[Saravia, 2022]

Saravia, E. (2022). Prompt Engineering Guide. https://github.com/dair-ai/Prompt-Engineering-Guide.

[Sauer et al., 2024]

Sauer, A., Boesel, F., Dockhorn, T., Blattmann, A., Esser, P., and Rombach, R. (2024). Fast high-resolution image synthesis with latent adversarial diffusion distillation. arXiv preprint arXiv:2403.12015.

[Sauer et al., 2023a]

Sauer, A., Karras, T., Laine, S., Geiger, A., and Aila, T. (2023a). Stylegan-t: Unlocking the power of gans for fast large-scale text-to-image synthesis. In ICML, pages 30105–30118. PMLR.

[Sauer et al., 2023b]

Sauer, A., Lorenz, D., Blattmann, A., and Rombach, R. (2023b). Adversarial diffusion distillation. arXiv preprint arXiv:2311.17042.

[Schramowski et al., 2023]

Schramowski, P., Brack, M., Deiseroth, B., and Kersting, K. (2023). Safe latent diffusion: Mitigating inappropriate degeneration in diffusion models. In CVPR, pages 22522–22531.

[Schroff et al., 2015]

Schroff, F., Kalenichenko, D., and Philbin, J. (2015). Facenet: A unified embedding for face recognition and clustering. In CVPR, pages 815–823.

[Schuhmann et al., 2022]

Schuhmann, C., Beaumont, R., Vencu, R., Gordon, C., Wightman, R., Cherti, M., Coombes, T., Katta, A., Mullis, C., Wortsman, M., et al. (2022). Laion-5b: An open large-scale dataset for training next generation image-text models. NeurIPS, 35:25278–25294.

[Schwaller et al., 2019]

Schwaller, P., Laino, T., Gaudin, T., Bolgar, P., Hunter, C. A., Bekas, C., and Lee, A. A. (2019). Molecular transformer: a model for uncertainty-calibrated chemical reaction prediction. ACS central science, 5(9):1572–1583.

[Sha et al., 2023]

Sha, Z., Li, Z., Yu, N., and Zhang, Y. (2023). De-fake: Detection and attribution of fake images generated by text-to-image generation models. In Proceedings of the 2023 ACM SIGSAC Conference on Computer and Communications Security, pages 3418–3432.

[Shi et al., 2024]

Shi, Y., Abulizi, A., Wang, H., Feng, K., Abudukelimu, N., Su, Y., and Abudukelimu, H. (2024). Diffusion models for medical image computing: A survey. Tsinghua Science and Technology, 30(1):357–383.

[Shi et al., 2022]

Shi, Z., Peng, S., Xu, Y., Geiger, A., Liao, Y., and Shen, Y. (2022). Deep generative models on 3d representations: A survey. arXiv preprint arXiv:2210.15663.

[Shokri et al., 2017]

Shokri, R., Stronati, M., Song, C., and Shmatikov, V. (2017). Membership inference attacks against machine learning models. In IEEE SP, pages 3–18. IEEE.

[Smith et al., 2018]

Smith, S. L., Kindermans, P.-J., Ying, C., and Le, Q. V. (2018). Don't decay the learning rate, increase the batch size. In ICLR.

[Sohl-Dickstein et al., 2015]

Sohl-Dickstein, J., Weiss, E., Maheswaranathan, N., and Ganguli, S. (2015). Deep unsupervised learning using nonequilibrium thermodynamics. In ICML, pages 2256–2265. PMLR.

[Sohn, 2016]

Sohn, K. (2016). Improved deep metric learning with multi-class n-pair loss objective. NeurIPS, 29.

[Solaiman et al., 2023]

Solaiman, I., Talat, Z., Agnew, W., Ahmad, L., Baker, D., Blodgett, S. L., Chen, C., Daumé III, H., Dodge, J., Duan, I., et al. (2023). Evaluating the social impact of generative ai systems in systems and society. arXiv preprint arXiv:2306.05949.

[Song et al., 2021a]

Song, J., Meng, C., and Ermon, S. (2021a). Denoising diffusion implicit models. In ICLR.

[Song, 2019]

Song, Y. (2019). Sliced score matching: A scalable approach to density and score estimation. https://yangsong. net/blog/2019/ssm/.

[Song, 2021]

Song, Y. (2021). Generative modeling by estimating gradients of the data distribution. https://yangsong. net/blog/2021/score/.

[Song et al., 2023]

Song, Y., Dhariwal, P., Chen, M., and Sutskever, I. (2023). onsistency models. In ICML, pages 32211–32252. PMLR.

[Song and Ermon, 2019]

Song, Y. and Ermon, S. (2019). Generative modeling by estimating gradients of the data distribution. NeurIPS, 32.

[Song and Ermon, 2020]

Song, Y. and Ermon, S. (2020). Improved techniques for training score-based generative models. NeurIPS, 33:12438–12448.

[Song and Kingma, 2021]

Song, Y. and Kingma, D. P. (2021). How to train your energy-based models. arXiv preprint arXiv:2101.03288.

[Song et al., 2021b]

Song, Y., Sohl-Dickstein, J., Kingma, D. P., Kumar, A., Ermon, S., and Poole, B. (2021b). Score-based generative modeling through stochastic differential equations. In ICLR.

[Sonnenburg et al., 2007]

Sonnenburg, S., Braun, M. L., Ong, C. S., Bengio, S., Bottou, L., Holmes, G., LeCunn, Y., Muller, K.-R., Pereira, F., Rasmussen, C. E., et al. (2007). The need for open source software in machine learning.

[Struppek et al., 2023a]

Struppek, L., Hintersdorf, D., Friedrich, F., Schramowski, P., Kersting, K., et al. (2023a). Exploiting cultural biases via homoglyphs in text-to-image synthesis. Journal of Artificial Intelligence Research, 78:1017–1068.

[Struppek et al., 2023b]

Struppek, L., Hintersdorf, D., and Kersting, K. (2023b). Rickrolling the artist: Injecting backdoors into text encoders for text-to-image synthesis. In ICCV, pages 4584–4596.

[Sun et al., 2024]

Sun, W., Tu, R.-C., Liao, J., and Tao, D. (2024). Diffusion model-based video editing: A survey. arXiv preprint arXiv:2407.07111.

[Sun and Wu, 2019]

Sun, W. and Wu, T. (2019). Image synthesis from reconfigurable layout and style. In ICCV, pages 10531– 10540.

[Sun and Wu, 2021]

Sun, W. and Wu, T. (2021). Learning layout and style reconfigurable gans for controllable image synthesis. TPAMI, 44(9):5070–5087.

[Sutskever et al., 2014]

Sutskever, I., Vinyals, O., and Le, Q. V. (2014). Sequence to sequence learning with neural networks. NeurIPS, 27.

[Tai et al., 2017]

Tai, Y., Yang, J., Liu, X., and Xu, C. (2017). Memnet: A persistent memory network for image restoration. In ICCV, pages 4539–4547.

[Thomee et al., 2016]

Thomee, B., Shamma, D. A., Friedland, G., Elizalde, B., Ni, K., Poland, D., Borth, D., and Li, L.-J. (2016). Yfcc100m: The new data in multimedia research. Communications of the ACM, 59(2):64–73.

[Tov et al., 2021]

Tov, O., Alaluf, Y., Nitzan, Y., Patashnik, O., and Cohen-Or, D. (2021). Designing an encoder for stylegan image manipulation. TOG, 40(4):1–14.

[Truong et al., 2024]

Truong, V. T., Dang, L. B., and Le, L. B. (2024). Attacks and defenses for generative diffusion models: A comprehensive survey. arXiv preprint arXiv:2408.03400.

[Tsirikoglou et al., 2020]

Tsirikoglou, A., Eilertsen, G., and Unger, J. (2020). A survey of image synthesis methods for visual machine learning. In Computer graphics forum, volume 39, pages 426–451. Wiley Online Library.

[Uehara et al., 2024]

Uehara, M., Zhao, Y., Biancalani, T., and Levine, S. (2024). Understanding reinforcement learning-based fine-tuning of diffusion models: A tutorial and review. arXiv preprint arXiv:2407.13734.

[Ulhaq and Akhtar, 2022]

Ulhaq, A. and Akhtar, N. (2022). Efficient diffusion models for vision: A survey. arXiv preprint arXiv:2210.09292.

[van den Oord et al., 2016]

van den Oord, A., Dieleman, S., Zen, H., Simonyan, K., Vinyals, O., Graves, A., Kalchbrenner, N., Senior, A., and Kavukcuoglu, K. (2016). WaveNet: A Generative Model for Raw Audio. In Proceedings of 9th ISCA Workshop on Speech Synthesis Workshop (SSW 9), page 125.

[van der Walt et al., 2014]

van der Walt, S., Schönberger, J. L., Nunez-Iglesias, J., Boulogne, F., Warner, J. D., Yager, N., Gouillart, E., Yu, T., and the scikit-image contributors (2014). scikit-image: image processing in Python. PeerJ, 2:e453.

[Vaswani et al., 2017]

Vaswani, A., Shazeer, N., Parmar, N., Uszkoreit, J., Jones, L., Gomez, A. N., Kaiser, Ł., and Polosukhin, I. (2017). Attention is all you need. NeurIPS, 30.

[Vincent, 2011]

Vincent, P. (2011). A connection between score matching and denoising autoencoders. Neural computation, 23(7):1661–1674.

[Wang et al., 2019]

Wang, H., Ge, S., Lipton, Z., and Xing, E. P. (2019). Learning robust global representations by penalizing local predictive power. NeurIPS, 32.

[Wang et al., 2022a]

Wang, S.-Y., Bau, D., and Zhu, J.-Y. (2022a). Rewriting geometric rules of a gan. TOG, 41(4):1–16.

[Wang et al., 2022b]

Wang, T., Zhang, T., Zhang, B., Ouyang, H., Chen, D., Chen, Q., and Wen, F. (2022b). Pretraining is all you need for image-to-image translation. arXiv preprint arXiv:2205.12952.

[Wang et al., 2021]

Wang, X., Cui, P., and Zhu, W. (2021). Out-of-distribution generalization and its applications for multimedia. In ACM MM, pages 5681–5682.

[Wang et al., 2024a]

Wang, Z., Jiang, Y., Zheng, H., Wang, P., He, P., Wang, Z., Chen, W., Zhou, M., et al. (2024a). Patch diffusion: Faster and more data-efficient training of diffusion models. NeurIPS, 36.

[Wang et al., 2024b]

Wang, Z., Li, D., and Jiang, R. (2024b). Diffusion models in 3d vision: A survey. arXiv preprint arXiv:2410.04738.

[Wei and Fang, 2025]

Wei, T.-R. and Fang, Y. (2025). Diffusion models in recommendation systems: A survey. arXiv preprint arXiv:2501.10548.

[Wolf et al., 2020]

Wolf, T., Debut, L., Sanh, V., Chaumond, J., Delangue, C., Moi, A., Cistac, P., Rault, T., Louf, R., Funtowicz, M., et al. (2020). Transformers: State-of-the-art natural language processing. In EMNLP, pages 38–45.

[Wu et al., 2022a]

Wu, C., Liang, J., Ji, L., Yang, F., Fang, Y., Jiang, D., and Duan, N. (2022a). Nüwa: Visual synthesis pre-training for neural visual world creation. In ECCV, pages 720–736. Springer.

[Wu and He, 2018]

Wu, Y. and He, K. (2018). Group normalization. In ECCV, pages 3–19.

[Wu et al., 2022b]

Wu, Y., Yu, N., Li, Z., Backes, M., and Zhang, Y. (2022b). Membership inference attacks against text-to-image generation models. arXiv preprint arXiv:2210.00968.

[Xian et al., 2018]

Xian, Y., Lampert, C. H., Schiele, B., and Akata, Z. (2018). Zero-shot learning — a comprehensive evaluation of the good, the bad and the ugly. TPAMI, 41(9):2251–2265.

[Xiao et al., 2017]

Xiao, H., Rasul, K., and Vollgraf, R. (2017). Fashion-mnist: a novel image dataset for benchmarking machine learning algorithms. arXiv preprint arXiv:1708.07747.

[Xie et al., 2023]

Xie, Y., Yuan, M., Dong, B., and Li, Q. (2023). Diffusion model for generative image denoising. arXiv preprint arXiv:2302.02398.

[Xing et al., 2023]

Xing, Z., Feng, Q., Chen, H., Dai, Q., Hu, H., Xu, H., Wu, Z., and Jiang, Y.-G. (2023). A survey on video diffusion models. ACM Computing Surveys.

[Xing et al., 2024]

Xing, Z., Feng, Q., Chen, H., Dai, Q., Hu, H., Xu, H., Wu, Z., and Jiang, Y.-G. (2024). A survey on video diffusion models. ACM Computing Surveys, 57(2):1–42.

[Xue et al., 2022]

Xue, B., Ran, S., Chen, Q., Jia, R., Zhao, B., and Tang, X. (2022). Dccf: Deep comprehensible color filter learning framework for high-resolution image harmonization. In ECCV, pages 300–316.

[Yang et al., 2023a]

Yang, B., Gu, S., Zhang, B., Zhang, T., Chen, X., Sun, X., Chen, D., and Wen, F. (2023a). Paint by example: Exemplar-based image editing with diffusion models. In CVPR, pages 18381–18391.

[Yang et al., 2024a]

Yang, L., Qian, H., Zhang, Z., Liu, J., and Cui, B. (2024a). Structure-guided adversarial training of diffusion models. In CVPR, pages 7256–7266.

[Yang et al., 2023b]

Yang, L., Zhang, Z., Song, Y., Hong, S., Xu, R., Zhao, Y., Zhang, W., Cui, B., and Yang, M.-H. (2023b). Diffusion models: A comprehensive survey of methods and applications. ACM Computing Surveys, 56(4):1–39.

[Yang et al., 2024b]

Yang, Y., Jin, M., Wen, H., Zhang, C., Liang, Y., Ma, L., Wang, Y., Liu, C., Yang, B., Xu, Z., et al. (2024b). A survey on diffusion models for time series and spatio-temporal data. arXiv preprint arXiv:2404.18886.

[Yang et al., 2022]

Yang, Z., Liu, D., Wang, C., Yang, J., and Tao, D. (2022). Modeling image composition for complex scene generation. In CVPR, pages 7764–7773.

[Yu et al., 2015]

Yu, F., Seff, A., Zhang, Y., Song, S., Funkhouser, T., and Xiao, J. (2015). Lsun: Construction of a large-scale image dataset using deep learning with humans in the loop. arXiv preprint arXiv:1506.03365.

[Yu et al., 2022]

Yu, J., Xu, Y., Koh, J. Y., Luong, T., Baid, G., Wang, Z., Vasudevan, V., Ku, A., Yang, Y., Ayan, B. K., Hutchinson, B., Han, W., Parekh, Z., Li, X., Zhang, H., Baldridge, J., and Wu, Y. (2022). Scaling autoregressive models for content-rich text-to-image generation. TMLR.

[Yu et al., 2023]

Yu, L., Cheng, Y., Sohn, K., Lezama, J., Zhang, H., Chang, H., Hauptmann, A. G., Yang, M.-H., Hao, Y., Essa, I., et al. (2023). Magvit: Masked generative video transformer. In CVPR, pages 10459–10469.

[Zhang and Sennrich, 2019]

Zhang, B. and Sennrich, R. (2019). Root mean square layer normalization. NeurIPS, 32.

[Zhang et al., 2023a]

Zhang, C., Zhang, C., Zhang, M., and Kweon, I. S. (2023a). Text-to-image diffusion models in generative ai: A survey. arXiv preprint arXiv:2303.07909.

[Zhang et al., 2023b]

Zhang, C., Zhang, C., Zheng, S., Zhang, M., Qamar, M., Bae, S.-H., and Kweon, I. S. (2023b). A survey on audio diffusion models: Text to speech synthesis and enhancement in generative ai. arXiv preprint arXiv:2303.13336.

[Zhang et al., 2024a]

Zhang, H., Lu, Y., Alkhouri, I., Ravishankar, S., Song, D., and Qu, Q. (2024a). Improving training efficiency of diffusion models via multi-stage framework and tailored multi-decoder architecture. In CVPR, pages 7372–7381.

[Zhang et al., 2021]

Zhang, H., Yin, W., Fang, Y., Li, L., Duan, B., Wu, Z., Sun, Y., Tian, H., Wu, H., and Wang, H. (2021). Ernie-vilg: Unified generative pre-training for bidirectional vision-language generation. arXiv preprint arXiv:2112.15283.

[Zhang et al., 2023c]

Zhang, L., Rao, A., and Agrawala, M. (2023c). Adding conditional control to text-to-image diffusion models. In ICCV, pages 3836–3847.

[Zhang et al., 2023d]

Zhang, S., Dong, L., Li, X., Zhang, S., Sun, X., Wang, S., Li, J., Hu, R., Zhang, T., Wu, F., et al. (2023d). Instruction tuning for large language models: A survey. arXiv preprint arXiv:2308.10792.

[Zhang et al., 2024b]

Zhang, X., Wei, X.-Y., Zhang, W., Wu, J., Zhang, Z., Lei, Z., and Li, Q. (2024b). A survey on personalized content synthesis with diffusion models. arXiv preprint arXiv:2405.05538.

[Zhao et al., 2019]

Zhao, B., Meng, L., Yin, W., and Sigal, L. (2019). Image generation from layout. In CVPR, pages 8584–8593.

[Zhao et al., 2017]

Zhao, J., Wang, T., Yatskar, M., Ordonez, V., and Chang, K.-W. (2017). Men also like shopping: Reducing gender bias amplification using corpus-level constraints. In EMNLP, pages 2979–2989.

[Zheng et al., 2023]

Zheng, H., He, P., Chen, W., and Zhou, M. (2023). Truncated diffusion probabilistic models and diffusionbased adversarial auto-encoders. In ICLR.

[Zhou and Shimada, 2023]

Zhou, Y. and Shimada, N. (2023). Vision+ language applications: A survey. In CVPR, pages 826–842.

[Zhu et al., 2016]

Zhu, J.-Y., Krähenbühl, P., Shechtman, E., and Efros, A. A. (2016). Generative visual manipulation on the natural image manifold. In ECCV, pages 597–613. Springer.

[Zhu et al., 2007]

Zhu, X., Goldberg, A. B., Eldawy, M., Dyer, C. R., and Strock, B. (2007). A text-to-picture synthesis system for augmenting communication. In AAAI, volume 7, pages 1590–1595.

[Zhu et al., 2023]

Zhu, Z., Zhao, H., He, H., Zhong, Y., Zhang, S., Yu, Y., and Zhang, W. (2023). Diffusion models for reinforcement learning: A survey. arXiv preprint arXiv:2311.01223.

[田村 and 中村, 2023]
田村 雅人、中村 克行. (2023).『Pythonで学ぶ画像認識』機械学習実践シリーズ. インプレス.

索引

E

F

G

H

I

J

K

L

M

N

O

P

Q

R

S

T

北田俊輔（きただ・しゅんすけ）

LINEヤフー株式会社リサーチサイエンティスト・法政大学大学院特任研究員。2023年3月に法政大学大学院理工学研究科を修了。博士（工学）。日本学術振興会特別研究員（DC2）を経て現職。コンピュータビジョンや自然言語処理を始め、その融合領域であるVision&Language分野にて研究に従事。現在はユーザにとって魅力的な画像やデザインの作成を支援するような最先端技術の研究開発に携わる。

STAFF

ブックデザイン	山之口正和（OKIKATA）
カバーイラスト	篠崎理一郎
編集協力	井尻善久・土井賢治・長内淳樹・岡田俊太郎
DTP制作／編集協力／校正	株式会社トップスタジオ
デザイン制作室	今津幸弘
デスク	渡辺彩子
副編集長	田淵 豪
編集長	柳沼俊宏

■商品に関する問い合わせ先
このたびは弊社商品をご購入いただきありがとうございます。本書の内容などに関するお問い合わせは、下記のURLまたは二次元バーコードにある問い合わせフォームからお送りください。

https://book.impress.co.jp/info/

上記フォームがご利用いただけない場合のメールでの問い合わせ先
info@impress.co.jp
※お問い合わせの際は、書名、ISBN、お名前、お電話番号、メールアドレス に加えて、「該当するページ」と「具体的なご質問内容」「お使いの動作環境」を必ずご明記ください。なお、本書の範囲を超えるご質問にはお答えできないのでご了承ください。

●電話やFAXでのご質問には対応しておりません。また、封書でのお問い合わせは回答までに日数をいただく場合があります。あらかじめご了承ください。
●インプレスブックスの本書情報ページ　https://book.impress.co.jp/books/1123101104 では、本書のサポート情報や正誤表・訂正情報などを提供しています。あわせてご確認ください。
●本書の奥付に記載されている初版発行日から3年が経過した場合、もしくは本書で紹介している製品やサービスについて提供会社によるサポートが終了した場合はご質問にお答えできない場合があります。

■落丁・乱丁本などの問い合わせ先
FAX　03-6837-5023
service@impress.co.jp
※古書店で購入された商品はお取り替えできません。

Pythonで学ぶ画像生成 機械学習実践シリーズ

2025年3月21日　初版発行

著者　北田俊輔
発行人　高橋隆志
編集人　藤井貴志
発行所　株式会社インプレス
〒101-0051 東京都千代田区神田神保町一丁目105番地
ホームページ　https://book.impress.co.jp/

印刷所　株式会社広済堂ネクスト

ISBN978-4-295-02110-0 C3055
Printed in Japan